国家现代农业产业技术体系麻类体系经费资助
黑龙江省财政厅省属科研院所科研业务费项目资助
黑龙江省药用麻类产业协同创新体系亚麻种质创新岗位资助

亚麻与多胚亚麻学

◎ 康庆华　王玉富　孙中义　等　著

中国农业科学技术出版社

图书在版编目（CIP）数据

亚麻与多胚亚麻学 / 康庆华等著. --北京：中国农业科学技术
出版社，2022.11

ISBN 978-7-5116-6027-5

Ⅰ.①亚…　Ⅱ.①康…　Ⅲ.①亚麻—研究　Ⅳ.①S563.2

中国版本图书馆CIP数据核字（2022）第 222840 号

责任编辑　李　华
责任校对　李向荣
责任印制　姜义伟　王思文

出 版 者　中国农业科学技术出版社
　　　　　北京市中关村南大街 12 号　　邮编：100081
电　　话　（010）82109708（编辑室）　　（010）82109702（发行部）
　　　　　（010）82109709（读者服务部）
网　　址　https://castp.caas.cn
经 销 者　各地新华书店
印 刷 者　北京建宏印刷有限公司
开　　本　185mm×260mm　1/16
印　　张　21
字　　数　447 千字
版　　次　2022 年 11 月第 1 版　　2022 年 11 月第 1 次印刷
定　　价　98.00 元

《亚麻与多胚亚麻学》

著者名单

顾　　问　熊和平　关凤芝

主　　著　康庆华　王玉富　孙中义

副 主 著　黄文功　姜卫东　张利国　宋喜霞

参著人员（以姓氏笔画为序）

于　莹　王红蕾　朱　炫　刘立军　安　霞

吴广文　吴立成　邱财生　余明明　邸桂俐

张　正　张树权　陈晓艳　陈继康　郑　楠

房郁妍　赵浩含　姚丹丹　姚玉波　袁红梅

谢冬微

审稿人员（以姓氏笔画为序）

于　莹　王玉富　王贵江　朱爱国　刘立军

吴广文　陈继康　盛万民　康庆华　谢冬微

序　言

　　亚麻起源于地中海、外高加索、波斯湾、中国，中国是亚麻起源地之一。早在5 000多年前的新石器时代，瑞士湖栖居民和古代埃及人已经栽培亚麻并用其纤维纺织衣料，埃及各地的"木乃伊"也是用亚麻布包裹的。亚麻是一种历史悠久的天然纤维作物，在中国有着数千年的栽培历史。我国亚麻种植面积及产量均在世界排名第二。从我国北方的东北、华北、西北，到南方的云南大理、西双版纳均有亚麻种植。亚麻种植皆世代传承，熟悉种麻技术的农民有上千万之众。亚麻种植拥有深厚的群众基础和强大的技术支撑。

　　亚麻的强大生命力在于其内在的优良特性。现代麻业在我国特色产业发展中表现出多方面优势：一是解决麻农增收问题，如种植一亩亚麻收入可达1 800余元，显著高于一般农作物，正逢种植结构调整、一二三产业融合发展之际，有着较长产业链条、可生产高档高附加值产品的多用途亚麻成为农民增收和脱贫致富的理想作物。二是解决就业问题，亚麻产业是劳动密集型产业，纤维原料厂及麻纺行业从业人数高达数万人以上，工农业产值超过百亿元。三是增强出口创汇能力，2021年我国亚麻纱线累计出口2.71万t，金额2.66亿美元；亚麻布累计出口3.17亿米，金额9.12亿美元，较2020年大幅增加；亚麻纱、亚麻布合计出口金额11.78亿元，同比增加59.71%，较五年前的亚麻纱、亚麻布合计出口增长57.71%，出口金额创下近十年新高。我国的亚麻产品远销五大洲，曾为我国出口创汇、产值利税的重要产业。四是亚麻用途广，亚麻全身都是宝，纤维部分是纺织工业的优质原料，籽粒部分是食品、制药等工业的重要原料，初加工后的麻屑除可用于造纸外，还是全世界所公认的制造人造板的优质原料，种植10万公顷亚麻，仅人造板一项，即可创造工业产值6亿元。当前全国麻纺织行业的主要指标稳中有升，亚麻纺织行业发展最快。目前全国拥有各类亚麻企业近200家，其中国营和乡企亚麻原料厂140家，具有亚麻纺纱能力的企业30余家，分布在全国12个省（区），占世界纺锭总量的15%左右，居世界第二位。亚麻混纺行业更是发展迅速，许多棉、毛和化纤纺织企业也在纷纷尝试与亚麻混纺。目前我国已成为世界亚麻纱、亚麻布出口量最大的国家。

　　我国"十五"以来，随着国家推动科学技术发展的政策出台，在历代传统技术的基础上，从中央研究机构到地方研究单位，均在倾力研究，成果卓著，亚麻新品种及高新技术产品不断诞生，优特亚麻新品种、高档亚麻纤维制品、亚麻酸、木酚素等相继问世，为做大做强具有鲜明民族特色的亚麻产业提供了坚实的技术支撑。

《亚麻与多胚亚麻学》汇聚了国家麻类产业技术体系亚麻品种改良岗位及有关专家的研究成果，理论与实际相结合，内容翔实新颖，图文并茂。期望从事亚麻科学研究的同行可以从中受到启迪，并为关注亚麻和多胚亚麻学科及产业的人们提供参考。本著作分为四章，分别包括了绪论、亚麻、多胚亚麻、亚麻品种改良岗位多胚亚麻科研论文选编。本书的出版得到了财政部、农业农村部"现代农业产业技术体系麻类体系亚麻品种改良岗位科学家"项目、"黑龙江省财政厅省属科研院所科研业务费"项目、"黑龙江省农业产业协同创新体系药用麻类产业体系"项目、"黑龙江省农业科学院创新跨越工程"项目、黑龙江省科技厅"三区人才支持计划科技人员专项计划"项目、"黑龙江省科技特派员"项目、"哈尔滨市杰出人才青年科学基金"项目的资助。希望此书催生出亚麻学科及产业快速发展的春天。

国家麻类产业技术体系首席科学家
中国农业科学院麻类研究所副所长

2022年6月21日

前　言

亚麻的驯化、种植和利用是伴随人类文明一同发展起来的，亚麻的历史几乎与人类文明史齐名。有记载，古埃及人一两万年前就开始在尼罗河河畔种植亚麻。古埃及是亚麻发展最早的起源地，亚麻的种植与利用成为古埃及文明的一个重要标志。从现代考古的发现推断，亚麻织布最迟出现在公元前5000年至公元前4000年，且当时已经出现了织布机。在伊朗和其他一些古老民族都有利用亚麻的悠久历史，包括亚述人、巴比伦人、卡尔迪亚人、罗马人和希腊人，都有利用亚麻纤维纺织的记载和描述。亚麻纺织在3 000年前传入欧洲，在1 200年前比利时就以家庭为单位开始种植加工亚麻和纺纱。公元1760年，俄国发明了亚麻梳麻机，使亚麻纺织工业进入了新时代。1810年，法国人发明了湿纺细纱机，从此亚麻纺织业进入了兴盛时期，亚麻生产促进了许多国家的发展与社会进步。

亚麻在中国作为食用和药用种植已有5 000多年的栽培历史，而纤维用亚麻的栽培史仅百年。但这百年的历史却促使中国成为亚麻纺织大国，为满足我国人民生活需求和支撑社会经济发展发挥了重要作用。当前，我国迈上了全面建设社会主义现代化国家的新征程，不断提高的亚麻农产品有效供给能力和质量安全水平，将为推动全面乡村振兴提供更加有力的支撑。

亚麻既是高品质食用油脂的来源，也是高品质纺织纤维的来源，还是重要的医药原料。

亚麻籽油为我国华北、西北的主要食用油，我国油用亚麻种植高峰期曾达到2 000多万亩。亚麻籽营养丰富，富含亚麻酸、亚麻籽胶、蛋白质、木酚素等有益成分。作为人体不能自身合成的必须脂肪酸——α-亚麻酸在亚麻油中的含量高达50%～60%，具有显著的降血脂、抗血小板聚集、扩张心动脉和延缓血栓形成的作用，使得亚麻油成为为数不多能提供丰富α-亚麻酸的一种优质的天然保健油。随着人们保健意识的增强以及对亚麻油认识的深入，亚麻油作为食用油已经从华北、西北扩大到全国，成为我国食用油不可或缺的一部分。

亚麻纤维是被人类最早发现和利用的天然纤维，亚麻纤维吸湿散热，保健抑菌，防污抗静电，防紫外线，并且阻燃效果极佳。亚麻纤维制成的织物用途非常广泛，可以用作服装面料、装饰织物、家居和汽车用品等。1906年，清政府首次从日本北海道引进俄罗斯栽培的纤维用亚麻"贝尔纳"等4个品种，并在奉天农事试验场试种，开启了我国纤维亚麻产业先河。随后，纤维亚麻在辽宁省的金州、熊岳、辽阳，吉林省的公主岭、长春、吉林、农安，黑龙江省的海林、一面坡、哈尔滨、双城、海伦、齐齐哈尔等地进行试种。1936年在黑龙江省、吉林省相继建立了亚麻原料生产厂。1952年，作为苏联援建中国的首批大中型企业——哈尔滨亚麻纺织厂在哈尔滨市崛起。这是我国现代亚麻纺织工业的起点。随着中国的改革开放，亚麻纺织在全国开花，使中国的亚麻纺织规模达全球领先，改革开放至今我国亚麻纺织始终稳居世界第一位。

随着新品种、新技术、新纺纱织造方法及新的整理工艺的出现，亚麻制品产业的发展势头越来越好。21世纪初，我国纤维亚麻的种植面积一度发展到300多万亩，成为世界上种植纤用亚麻面积最大的国家。但由于我国纤用亚麻种植起步晚，品种选育、良种扩繁、高效种植及市场环境等诸多环节与发达国家存在较大差距。近年来，我国纤用亚麻种业"卡脖子"问题尤为突出，导致种植面积萎缩，原料依赖进口，市场价格剧烈波动，严重影响麻纺产业持续健康发展。

破解亚麻原料有效供给的瓶颈，关键在于自立自强地育种创新。自2008年起，国家麻类产业技术体系作为财政部和农业农村部联合支持的50个农产品的现代农业产业技术体系之一正式启动。国家麻类产业技术体系赋予了亚麻品种改良科学家岗位"开展亚麻生物育种，攻克亚麻种业瓶颈"的使命。10余年来，在亚麻品种改良岗位的接续努力下，亚麻育种技术和优异品种选育均取得了较好的进展，尤其是在多胚亚麻种质创新与利用方面奠定了良好的基础，成为当前亚麻品种改良的重要手段。由亚麻品种改良岗位科学家牵头，联合本团队和国家麻类产业技术体系有关团队，系统总结相关研究成果，共同编著《亚麻与多胚亚麻学》一书，以期为丰富和提升我国亚麻育种方法和技术水平，加快培育符合我国亚麻产业需求的优质、高产、专用亚麻新品种提供重要支撑。

本书共分四章。第一章为绪论，主要介绍亚麻历史、生产与利用现状，展现了亚麻与历史、文化、宗教以及人类文明的渊源，国际、国内亚麻种植的发展和变化历程；并从纤维用、籽用、药用等方面介绍了亚麻的用途，展现了亚麻与人民健康休戚相关。第二章为亚麻，介绍了亚麻的分类、生物学特性、生长发育与遗传规律、种质资源与农艺性状鉴定、育种与繁种技术、主要品种等。第三章为多胚亚麻，系统论述了植物多胚研究进展、亚麻多胚发生及遗传研究、多胚种质创新与利用、多胚亚麻研究成果、多胚亚麻研究展望等内容，从植物无融合生殖的种类和表现形式、植物无融合生殖的研究方法、植物无融合生殖的发生及遗传调控机制等入手，介绍了多胚与无融合生殖的关系、多胚亚麻的发生遗传机制以及种质创新和品种改良的利用成果。第四章为亚麻品种改良岗位多胚亚麻科研论文选编。

此书的编辑和出版，得到了国家麻类产业技术体系首席科学家朱爱国研究员、有关岗位科学家、试验站及黑龙江省农业科学院、黑龙江省农业科学院经济作物研究所的有关领导、专家的大力支持。特别是国家麻类产业技术体系亚麻生理与栽培岗位科学家王玉富研究员、沅江麻类综合试验站陈继康站长和水分生理与节水栽培岗位科学家刘立军副教授，为本书的编写做出了贡献并在审定过程中提出了宝贵意见，在此一并表示感谢！愿此书的出版能够为我国亚麻育种、亚麻种植业以及亚麻产业的发展再度辉煌尽到绵薄之力！

由于作者水平所限，书中难免出现错误和不当之处，敬请读者斧正与谅解。

2022年10月22日

目　录

第一章

绪　论

第一节　亚麻历史与现状

一、亚麻文化

亚麻可能是人类所知的最古老的纤维作物。*Linum usitatissimum* L.是亚麻拉丁文名称，此名称恰当描述了亚麻的实用性和多功能性。事实上，*Linum*的名字来源于凯尔特语中的Lin，即"线"的意思，*usitatissimum*的名字是拉丁语"多用途"的意思。名词"Flaxseed"和"Linseed"根据地域的不同有着不同的含义，在欧洲，"Flaxseed"是指用来种植获得纤维产物的亚麻种子，而"Linseed"是指油用亚麻种子（Oilseed flax），主要用于工业和饮食业。在北美，人们偏爱称食用亚麻籽为"Flaxseed"。在中国，习惯于将名词"Flaxseed"认为是纤维用亚麻种子，"Linseed"是指油用亚麻种子，也称胡麻种子。所以这些名词可以互相替换使用，用来描述亚麻，即*Linum usitatissimum* L.。

有关亚麻文化由来已久，传承至今已万年有余。现广泛种植的亚麻，在一两万年前，已经被古埃及人在尼罗河畔种植，从金字塔的壁画中，就可以看到小麦、亚麻和豆类、瓜菜、葡萄等农作物。据大多考古资料证明古埃及盛产亚麻，大部分亚麻种植以获得亚麻纤维和亚麻籽为主，当然也有某些种类的亚麻因其开花美丽动人而作观赏用。其中就有一年生的大花亚麻，其花为红色或粉红色，也有多年生开蓝色花亚麻，和开金黄色花的金色亚麻等。

当今，亚麻纤维有"天然纤维皇后"之美誉，其天然、低碳、吸湿、抗菌、舒适、耐热、环保、防紫外线等一系列无与伦比的高贵品质正引领着人们走进健康的生活，回归绿色自然的世界。亚麻籽被誉为超级食品、黄金种子、陆地上的深海鱼油、可吃化妆品等美誉，亚麻籽富含Lignans（木酚素类、木脂素类等）植物荷尔蒙，ω-3多不饱和脂肪酸，膳食纤维及植物蛋白质等益于人体健康的多种营养物质。亚麻籽榨油、提胶，可食用、可生产油漆、清漆、肥皂、化妆品、油布和合成树脂等原料。《本草纲目》中记载："亚麻，补五脏、益气力、长肌肉、填脑髓、去肥脂、节酸碱、润燥、祛风；治皮肤瘙痒、麻风、眩晕和便秘。"因此，药用也是亚麻文化的一大传承。

有关亚麻的史话几乎与人类的文明史齐名。一两万年以前，古埃及人就开始在尼罗河谷地种植亚麻。公元前8000年，野生种冬亚麻（*L.bienne*）确定存在于新月沃土上（叙利亚、土耳其和伊朗）。公元前7000年在新月沃土上形成了农业，亚麻是最初被驯化的作物之一。公元前6000年以前，叙利亚、伊朗大粒种子的种植以及美索不达米亚盆地其他地区亚麻的种植，成为灌溉农业系统发展演化中的一部分。公元前1400年埃及人将亚麻籽油用作防腐剂，将亚麻布用于木乃伊的制作，当时亚麻布也是埃及人衣服的主要面料。根据相关报道，在铁器时代（公元前900至公元前400年），亚麻在纳维亚半岛被作为纺织原料。据考古记录，追溯到2 000年前，也可能是5 000年前，中国人主要利用亚麻油。后来，殖民化将亚麻的种植技术带到了北美和澳大利亚。公元800年罗马帝国时代，查理曼大帝命令国民种植亚麻籽。1800年工业革命开始，铺地板用的亚麻布在英国获得了专利。

时光荏苒，纵观历史长河，无不闪烁着亚麻史话的神奇和璀璨。古人用简陋的生产工具凭借着自己的勤劳和智慧，使亚麻这种得天独厚的纤维资源得以开发利用。古老埃及文明、源远流长的中国和希腊文化都与多彩的亚麻文化联系在一起。

（一）源远流长的埃及文明与古代亚麻

埃及是世界上最早栽培和利用亚麻纤维的国家，是亚麻纺织发展的起点。与其他任何文明相比，亚麻在埃及有着更重要的地位，因为埃及人很少用羊毛和棉花作为纺织原料。当时，亚麻被视为尼罗河赐予埃及人的礼物。正如古代埃及赞歌中所说："人们身着从自己的土地里出产的亚麻。"由此可见，埃及人与亚麻的特殊关系。罗马学者普林尼指出，亚麻对于埃及经济的重要性是显而易见的，它为整个埃及提供了衣物。普林尼描述道，亚麻生长在几乎沙化的土地上，只需春天播种，夏天就可以收获。事实上，古代埃及人正是用亚麻从阿拉伯和印度换取他们所需要的商品，亚麻种植给埃及带来了巨大的回报。

在漫长历史的各个时期，埃及始终以亚麻织物质量上乘而驰名于世。早在公元前5000年前埃及人就已掌握了手工纺织亚麻布的技术。在埃及新石器时代、史前时期、第一、三、四、六、十二王朝等时期出土的织物中，从薄的网状亚麻布到各种粗亚麻布种类齐全（图1-1）。

图1-1　公元4世纪、5世纪、6世纪亚麻织物

　　早王朝时期，埃及人的纺织麻布技术有了很大提高，考古发掘出土了一块古埃及第一王朝（约公元前3000年）时期的亚麻布残片，其经纬的密度达到每平方厘米64根×48根，对法老的木乃伊裹尸布进行研究发现，亚麻布的密度为每平方厘米内63根经纱和74根纬纱。当时的纺织是由妇女担任，已可同时用两个锤子操作，把锤子放在离纤维原料若干英尺的地方，纺出较长的纱。为了增加这个距离，织布者坐在高凳上。这时期埃及人使用的织机是平放的，从埃及第十八王朝时期陵墓的一些浮雕上可知，中王朝时期已有了立式纺织机，它与地面垂直安放，可织出更长的织物，法老木乃伊的长裹布是用这种织机织成的。

　　亚麻在埃及人去世后的葬礼中以及许多宗教仪式上有着十分重要的作用。尸体用亚麻籽油进行防腐处理，用厚的亚麻布重新塑造体腔，用亚麻带绑住木乃伊，再用亚麻布将木乃伊包裹。细的亚麻布和包装材料的使用量可以显示木乃伊的地位和财富。埃及遗留下来的亚麻布被认为制造于公元前5000年。有关亚麻培育和亚麻籽方面的知识可能通过犹太人出埃及而得到了传播。

　　从公元前1200年前埃及人所绘制的手织机的图样来看，经纬上不悬挂重锤，而是在两根卷轴之间水平排列着一种"棕丝杆"用皮条和棕丝连接在一起，把棕丝杆向上提，单数的经线就出现在双数经线之上，把棕丝杆向下推，则单数的经线就在双数经线之下，随着棕丝杆的上提下推，再穿过一根纬线，把纬线排列整齐后，再用一种类似梳子的工具把纬线压紧，这种方法可使织布的效率提高。从第六王朝一个陵墓的铭文中得知，当时各种亚麻织物的产量达10万匹之多。到新王国时期（公元前16至公元前11世纪），已使用一种悬式纺链和由两人操作的立式织布机，可以织出幅面较宽的布了。在埃及第十一王朝的时候，亚麻布的幅宽都统一在160～180cm。

　　古埃及人的纺织品（图1-2），尤其是亚麻布质地优良，是当时对外贸易的主要商品之一。公元前5世纪，埃及王阿玛西斯曾敬奉给希腊雅典娜女神一个绣着金色灿烂棉花图案的亚麻胸甲，编织胸甲所用的每根线，都是由360根整齐均匀排列的亚麻纤维组成的。织技之精，图案之美，无与伦比。

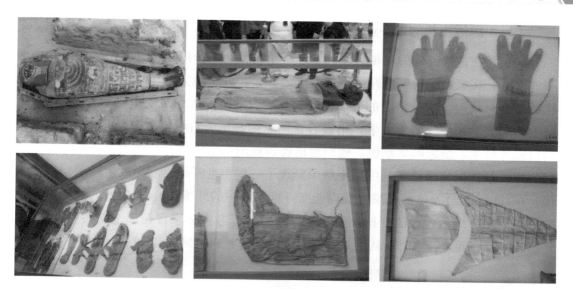

图1-2　1799年发现的公元前196年埃及Ptolemy五世国王及出土的亚麻制品

随着纺织业的快速发展，染色技术也发展起来，埃及人已掌握了从植物中提取茜红、蓝靛等颜色，用于染布。那时候的埃及人已经把身着服装的亚麻面料质量优劣作为体现身份的象征了。

古埃及气候炎热，人们衣着较少，布料轻薄。男子们无论地位高低皆袒胸脯，下身着包缠式围裙，都是以亚麻制成的，叫做"罗因·克罗斯"（Loin cloth），法语称这种亚麻缠腰布为"闲提"（Shenti）。而女子以紧身高腰直筒亚麻裙为主，称为"丘尼卡"，用背带吊在肩上或腰带系住，其款式多样。由于当时亚麻染色较难，埃及服装以白色调为多见。

（二）古希腊亚麻文化

历史学家告诉我们，如果没有古希腊文明，就没有后来的欧洲文明。古希腊的重要历史地位同样表现在亚麻纺织的发展历程中。在古埃及，人们的衣料主要是亚麻织物，古代西亚则主要是毛织物，而到古希腊时期，这两种纤维的利用都发展到相当水平。公元前1800年至公元前1400年，克里特文化达到鼎盛期，克诺索斯宫殿的壁画表明克里特人在织物和刺绣技术上远比埃及人要强，并已经开始使用织机。

迈锡尼人从北方南下时，就会织一些粗糙的亚麻织物，但他们不久就从征服的爱琴海域各城邦那里学会了先进的织造技术，其中从特洛伊人那里学到了许多纺织和刺绣技术，这在荷马的叙述诗《伊利亚特》和《奥德赛》中都有描述。

（三）源远流长的世界亚麻文化

其实，在古代亚麻的种植区域和亚麻纤维的使用十分广泛，并不限于埃及、中国和古希腊。文献记载，亚麻纤维也像蚕丝一样，在许多地方都很早进入人类的生活，从新石器时代起，瑞士栖湖的人们就栽培亚麻，取其纤维织成衣料（图1-3）。以色列希伯来大学和美国哈佛大学、格鲁吉亚国家博物馆考古学家联名发表在2009年325卷11期《科学》杂志的文章说，他们对格鲁吉亚的一洞穴进行早期人类活动考古始于1996年，最近用显微镜在洞中黏土层中发现了一些古老纤维，利用放射性碳14测定年代，在1.3万和2.1万年前土层中发现亚麻纤维，其中的纤维为3.4万年前。这是迄今已知人类使用纤维最古老的证据。而此前的1854年，考古学家曾在瑞士湖底发现过1万年前的亚麻布残片，当时被认为是世界上最古老的亚麻织物。

图1-3　瑞士亚麻

在希腊的新石器时代早期遗址上发现了亚麻籽，年代为公元前2400年，在瑞士新石器时代晚期遗址上，在意大利和德国青铜器时代早期遗址上同样发现了亚麻籽。古罗马帝国兴盛时期，欧洲各地也普遍栽培亚麻和使用亚麻纤维。在保加利亚的鲁赛布、格鲁吉亚等都有公元前几世纪的亚麻遗迹。新石器时代，埃及人就将亚麻引进了地中海沿岸国家，进入中世纪后，亚麻种植开始流向法国、英国、比利时、荷兰、俄罗斯、罗马尼亚等欧洲国家。到10世纪初，亚麻纤维即开始作为商品在市场上流通。

史料记载，亚麻纺织也应是从非洲古埃及开始的。公元17世纪初，英国人建起了世界上第一个亚麻纺织厂。公元1760年，俄国发明家罗季昂·格林科夫发明了亚麻梳麻机，使亚麻纺织工业进入了新时代；随后，在盛产亚麻的法国，拿破仑为了解决当时的衣着问题，发布勒令悬赏100万法郎奖励发明可以生产更好的亚麻纺织品的纺纱机；1810年，法国人菲利普·热拉尔发明了湿纺细纱机，从此人类纺织史上就出现了亚麻纺织业的第一次兴盛时期。亚麻织品以更为广阔的用途进入人们的生活领域。在以后的一个多世纪里，纺织原料和纺织技术发展，棉、毛织品发展更快，以后又是人造纤维的飞速发展，虽然其他纤维纺织品的总量上远远超过了古代的丝和麻，但是，人类社会不会也不可能忘记，几千年以来如此影响着人们生活的传统产品（图1-4）。

图1-4　古代亚麻服饰

（四）中国的亚麻文化传承与传奇

亚麻，中国古代称鸟麻、壁虱胡麻，其纤维用来纺织，籽实用来榨油食用。据古代东方历史文物的研究，远在5 000年前中国就已把亚麻当作纤维作物栽培。也有中国是亚麻栽培的起源地之一的说法。远在5 000多年前新石器时代，先民就已经用野生的大麻、亚麻和葛麻来进行最初的纺织，并开始进行人工栽培。也有文献认为中国最早的亚麻种植是在公元前119年，西汉的张骞以特使身份出使西域时从西域带回的农作物种子之一。据传汉武帝年间，皇帝为了联合大月氏夹击匈奴，派张骞出使西域，历尽千险到达河西走廊一带，被匈奴骑兵发现，100多人全部被俘。匈奴单于软禁了张骞，并逼迫他娶了匈奴女子。11年之后，张骞逃到大宛国。正好赶上一女子出嫁，娘家人陪送的嫁妆中放着一斗亚麻籽。张骞听说亚麻籽有促进生育、保胎的效果，决定把亚麻籽放在弧（古代竹弓）中带回汉朝。回朝后，张骞把亚麻籽献给皇帝及后宫妃嫔，并向他们详细介绍了亚麻籽的作用。汉武帝患有风湿疹，晚上浑身奇痒难受，太医调治很久未好，听张骞介绍亚麻功效，坚持吃了两个月亚麻籽，皮肤病奇迹般好了，头风病症状也明显减轻，还长出许多黑发。汉武帝大喜，遂令在皇家园林种植亚麻籽，亚麻籽的种植在古老的中国大地上逐渐推广。张骞的西域之行，将亚麻籽从西域带入我国内蒙古、甘肃、宁夏等地。由于是放在弧（古代竹弓）中带回，因此当地又将亚麻称为胡麻，主要产区包括内蒙古、甘肃、宁夏、河北、新疆等地，后来成为我国西北地区重要的油料经济作物，亚麻籽油被当地居民奉为营养保健佳品。虽然很多学者对此说法表示怀疑，但张骞出使西域带回亚麻籽已成中国亚麻文化中不可抹去的一段佳话。《史记》亦记载，汗血宝马、亚麻籽乃为"大汉双宝"。公元11世纪苏颂《图经本草》（1061年）所载，亚麻仁有养血祛风、益肝补肾的功效，用来治疗病后虚弱、眩晕、便秘等症。16世纪，在《方土记》一书中曾这样评价亚麻的用途："亚麻籽可榨油，油色青绿，燃灯甚明，入蔬鲜美，皮可织布，秸可作薪，饼可肥田。"唐五代宋初敦煌地区广泛种植的一种油料作物被叫做"黄麻"。根据"黄"与"胡"音韵的相似，及文献记载的"黄麻"形态特征，推知当时敦煌地区种植的"黄麻"为"胡麻"，即现今的油用亚麻。自宋代之后，"胡麻"常见于相关农书之中。

油用亚麻俗称为胡麻，并在我国沿用已久。古书中均称为胡麻。胡麻的新奇和神奇也使它成为诗人喜欢吟咏的对象，因此成为古代诗歌中的常见意象，与胡麻在社会生活中扮演的角色相同，它首先是作为一种食物进入诗歌领域的。唐代诗人王绩《食后》写自己的晚饭云："田家无所有，晚食遂为常。菜剪三秋绿，飧炊百日黄。胡麻山鲣样，楚豆野麋方。始暴松皮脯，新添杜若浆。葛花消酒毒，萸蒂发羹香。鼓腹聊乘兴，宁知逢世昌。"王缙《送孙秀才》写招待朋友的饮食："帝城风日好，况复建平家。玉枕双纹簟，金盘五色瓜。山中无鲁酒，松下饭胡麻。莫厌田家苦，归期远复赊。"秦系《山中奉寄钱起员外兼简苗发员外》写自己的穷困："空山岁计是胡麻，穷海无梁泛一槎。稚子唯能觅梨栗，逸妻相共老烟霞。高吟丽句惊巢鹤，闲闭春风看落花。借问省中何水部，今人几个属诗家。"有粮食时胡麻并不用来作为主食，用胡麻为饭时往往是不得已而为之。这些诗中写到用胡麻为饭，都是在强调生活的穷困或简朴，胡麻成为珍馐佳肴的对应物，乃隐者、贫穷之家用以度日和待客的食材。

诗是现实生活的写照，既然胡麻可以食用，又有药用价值，又是道家必备饮食，因此种植胡麻也进入诗歌的吟咏。张籍《太白老人》云："日观东峰幽客住，竹巾藤带亦逢迎。暗修黄箓无人见，深种胡麻共犬行。洞里仙家常独往，壶中灵药自为名。春泉四面绕茅屋，日日唯闻杵臼声。"戴叔伦《题招隐寺》云："昨日临川谢病还，求田问舍独相关。宋时有井如今在，却种胡麻不买山。"唐代《代妻作答诗》云："蓬鬓荆钗世所稀，布裙犹是嫁时衣。胡麻好种无人种，正是归时底不归？"宋代诗人梅尧臣《种胡麻》："悲哀易衰老，鬓忽见二毛。苟生亦何乐，慈母年且高。勉力向药物，曲畦聊自薅。胡麻养气血，种以督儿曹。傍枝延扶疏，修策繁囊韬。霜前未坚好，霜后可炮熬。诚非腾云术，顾此实以劳。"明知食胡麻非成仙之术，种之只是作为药用。

胡麻在西域只是植物、油料和食品之一种，传入中土后，其功用才得到进一步的认识和发挥。胡麻的食用价值在汉地得到传播和发扬。李时珍的《本草纲目》中载，"亚麻，今陕西人亦种之，即壁虱胡麻也"，说明陕西也是古代油用亚麻主要种植地之一。吴其濬《植物名实图考》记载，以采种为目的亚麻种植，最初在山西、云南省最多，称为山西胡麻，但在雁石山中发现有野生亚麻，故有从野生种逐渐驯化之说。同时有文献记载了亚麻科有22属，其中有4个属在我国有分布。亚麻属是其中之一，仅亚麻属在我国就分布有9个种，其中8个为野生种。我国地方品种能适应高寒气候生长，主要分布在华北、西北和东北等地。

　　纤用亚麻和纤籽兼用亚麻在中国的栽培历史很短。1906年，清政府的奉天农事试验场（在今辽宁省沈阳市）从日本北海道引进俄罗斯栽培的亚麻"贝尔纳"等4个品种，先后在辽宁省、吉林省和黑龙江省进行试种。到1936年，在东北三省各地经过30余年的试验证明，吉林省中部平原和东部部分山区，黑龙江省的松嫩平原和三江平原适于种植亚麻，并建厂进行原料生产，形成了一定的生产规模，20世纪80年代中国成为世界上最大的纤维亚麻种植和纺织大国。

　　中国亚麻纺织企业由20世纪50年代哈尔滨亚麻纺织厂独家的15 756枚纱锭、592台织机开始发展，至今已经成为规模、出口额世界第一的亚麻纺织大国。我国亚麻织物通过抽纱、刺绣成精美的工艺品，远销全球各地，深受国内外用户欢迎。随着麻纺加工技术的提高，亚麻服饰产品渐上档次，追求服饰的品牌个性、环保和文化内涵已悄然地来到了人们的身边，这是服饰风格化、完善化、国际化之后当代服饰的一个新起点，也是人类精神文明向更高层次发展的一个标志。亚麻服饰在满足人们基本消费需要的同时，能够直观地体现出穿着者的品位、个性及审美情趣和时尚意识，因而具有独特的文化特征。亚麻是一种绿色环保产品，本身就具有极大的市场吸引力，具有广大的发展前景和可持续发展特性。在重视环保性的基础上与品牌文化特色相结合，使天然环保的亚麻服饰的物质功能与基于一定文化特色的亚麻服饰的精神功能相结合，实现绿色环保的主题文化特色，给亚麻服饰增添文化意蕴，提升了亚麻服饰文化内涵。在今天人们追求生活品质、更加关注环保的形势下，亚麻这一自然界的宠儿，必将成为21世纪绿色环保主流产品。

　　亚麻也是中欧文化交流的象征。2011年，《纺织服装周刊》发表"用文化引导品牌提升"一文提到与鼎鼎大名的丝绸之路不同的一条商路"亚麻之路"。古罗马帝国时期的欧洲，亚麻产品和亚麻制作技术得到大规模普及，在中国与古罗马帝国的交往中，丝绸传入罗马帝国，亚麻则进入中国，形成了这条不仅是商品交换更是文明交融之路——"亚麻之路"。2012年在大连举行了亚麻时尚大会"亚麻之路——国际亚麻文化静态展"。展会上回顾了中世纪欧洲与古代中国之间的这条长期被人们忽略的"亚麻之路"，西起古罗马帝国，经过法国、阿拉伯、俄罗斯等地，最终进入印度和中国中原地区，一直延伸到江南。亚麻之路是传递亚麻生活的文化品牌，是自然、环保、绿色、健康生活的推崇。亚麻生活是富有文化品位的生活，融合了现代人对生活新的感悟和追求，在都市纷杂喧嚣的环境中，显得尤为弥足珍贵。

　　进入21世纪，黑龙江省农业科学院经济作物研究所谢冬微博士为了探知不同用途亚麻在进化过程中的变异，对来自国家中期库的3 000份材料的表型、地理来源和遗传多样性情况进行分析，构建了300份核心种质自然群体，该群体包含国内材料183份，国外材料117份，其中油用型80份、纤用型140份、兼用型80份；通过对不同种植环境下的300份核心种质进行的基于SLAF（简化基因组测序）测序的主成分分析、进化分析和群体结构分析，结果表明了不同用途亚麻之间存在着明显的变异。主成分分析和群体结构分析表明油用、纤用及纤籽兼用亚麻间存在不同程度的基因渗入现象。该结论不仅仅是一项研究成果，更能体现出一种融合与渗透的亚麻文化。

（五）亚麻与宗教

古今中外，都有着源远流长的麻文化、麻崇拜，亚麻被赋予一种神性意味。古代，人们把麻和魔的诱力结合起来，从我国上古时的祭师、巫师以及后来儒、释、道的文化传承，甚而到阿拉伯世界的宗教、欧美的宗教，都是把麻作为圣物敬献，同时也作为圣物加在自身上，与纯化自身躯体、纯化灵魂与沐浴斋戒一道，表示最大的虔诚与敬祀。

人类对亚麻最初的认识就来源于宗教。对中国人影响最大的宗教就是佛教、道教和儒教。就佛教来看，古印度人常常用亚麻布包裹食物，用亚麻来祭祀先祖。《普曜经》《因果经》记载，佛祖释迦牟尼觉悟证道之前，以苦行自修，每日仅食一麻一米（一麻说的就是亚麻籽）。在道教与儒教中，亚麻也常常成为道士和儒生们的衣冠用料，在各类祭祀、仪式或日常穿着中，麻制品都扮演着重要的作用。

亚麻也与基督教有着一定的缘分。《圣经》中多处记载了人们用亚麻籽压榨油用来食用、照明等。主耶稣用亚麻籽磨粉让病人食用，并给受伤的人用亚麻籽磨粉敷在伤口上以加快伤口愈合，病人不仅得以康复，而且脑子更加聪慧，眼睛更加明亮。亚麻也可说成是基督教圣物，整个基督教世界影响最大的是一块亚麻布——"都灵尸衣"，也就是耶稣从十字架上被解下来时包裹尸体用的。

亚麻与伊斯兰教也大有关系。《古兰经》中记载，亚麻籽是真主的食物，在伊斯兰教中称为"智慧食物"。把手放在《古兰经》上或抱着《古兰经》起誓，起誓完毕后要吃亚麻油手抓饭。在一些信奉伊斯兰教的民族地区，至今仍然以传统亚麻油烹调食物，他们认为亚麻"清净无染"。

亚麻被誉为光明与圣洁的象征。这是文献记载中最古老的关于"亚麻风格"的朴素而简练的表述。在神性的高空，伊斯兰长袍，基督教庭的圣经、圣袍等，无不是神圣精美的麻织物，埃及的法老服饰，还有中国道士的青衣法帽都用亚麻布，仙游者的着装用麻衣，相命经典有"麻衣相书"，还有赐人长寿的女仙"麻姑"。最不可思议的是，古今中外的巫士、法师多用麻网作为法器降妖捉怪。宗教界，亚麻成为图腾，成为圣物，数千年来成为向天地神明、宗祖先贤祭祀膜拜时最神圣的敬献敬奉。麻以洁白、洁净、阳刚、正气、古老，成为一种百邪不侵的圣物和神圣祥瑞的载体。

在道家修道理论中服食胡麻可以长生，修道者往往服食胡麻，胡麻遂成为道教意象。李白诗《句》有云："举袖露条脱，招我饭胡麻。"招食者显然乃修道之士。王维《奉和圣制幸玉真公主山庄因题石壁十韵之作应制》写玉真公主："碧落风烟外，瑶台道路赊。如何连帝苑，别自有仙家。此地回鸾驾，缘溪转翠华。洞中开日月，窗里发云霞。庭养冲天鹤，溪流上汉查。种田生白玉，泥灶化丹砂。谷静泉逾响，山深日易斜。御羹和石髓，香饭进胡麻。大道今无外，长生讵有涯。还瞻九霄上，来往五云车。"王昌龄《题朱炼师山房》："叩齿焚香出世尘，斋坛鸣磬步虚人。百花仙酝能留客，一饭胡麻度几春。"姚合《过张云峰院宿》："不食胡麻饭，杯中自得仙。隔篱招好客，扫室置芳筵。家酝香醪嫩，时新异果鲜。夜深唯畏晓，坐稳岂思眠。棋罢嫌无敌，诗成贵在前。明朝题壁上，谁得众人传。"钱起《柏崖老人号无名先生男削发女黄冠自以云泉独乐命予赋诗》："古也忧婚嫁，君能乐性肠。长男栖月宇，少女炫霓裳。问尔餐霞处，春山芝桂旁。鹤前飞九转，壶里驻三光。与我开龙峤，披云静药堂。胡麻兼藻绿，石髓隔花香。帝力言何有，椿年喜渐长。窅然高象外，宁不傲羲皇。"李端《杂歌呈郑锡司空文明》："昨宵梦到亡何乡，忽见一人山之阳。高冠长剑立石堂，鬓眉飒爽瞳子方。胡麻作饭琼作浆，素书一帙在柏床。啖我还丹拍我背，令我延年在人代。乃书数字与我持，小儿归去须读之。觉来知是虚无事，山中雪平云覆地。东岭啼猿三四声，卷帘一望心堪碎。蓬莱有梯不可蹑，向海回头泪盈睫。且闻童子是苍蝇，谁谓庄生异蝴蝶。学仙去来辞故人，长安道路多风尘。"王建《隐者居》："山人住处高，看日上蟠桃。雪缕青山脉，云生白鹤毛。朱书护身咒，水噀断邪刀。何物中长食，胡麻慢火熬。"宋代诗人胡则《题紫霄观》："绮霞重叠武陵溪，溪岭相逢路不迷。白石洞天人不到，碧桃花下马频嘶。深倾玉液琴声细，旋煮胡麻月色低。犹恨此身闲未得，好同刘阮灌芝畦。"从这些诗里可以知道，食胡麻是古代修道者的重要饮食内容，在诗人笔下成为对道家中人的赞美和称颂，胡麻已然包蕴着浓厚的宗教观念和意趣。

二、亚麻的应用历史

（一）亚麻纤维的应用

据考古学记载，埃及是世界上最早栽培和利用亚麻的国家。从出土文物可见古代亚麻纤维在多方面应用，如亚麻布、地毯、绳、网、纱和合股线等麻纤维制品。

到近代，亚麻纤维主要应用于织布。亚麻布具有两个主要的优点，一是亚麻纱强度是棉花的两倍；二是亚麻纤维中空，使得它具有良好的吸水能力，能将人体体表的水分吸收。人们穿着亚麻面料制成的衣服时感觉舒适，因为汗水能够迅速蒸发，使人感觉凉爽。此外，毛细作用能够使亚麻纤维布料在潮湿的条件下拉力更大，亚麻布能制成耐用的帆、帐篷、毛毯和袋子等。另外中空的亚麻纤维能够有效地隔音，1982年加拿大安大略省多伦多市修建的罗伊·汤姆森音乐厅就利用这个特性，将亚麻布作为内部材料使用。

目前，法国是世界上亚麻主产国与消费国。法国生产的亚麻纤维主要用于纺织品，用以制造衣物和高品质的床上用品。亚麻纤维除了用于纺织品以外，做纤维复合材料也是用途之一。法国的工业生产厂家发现这种天然纤维具有新的用途，汽车配件生产厂商把亚麻当作生态原料，并用于汽车的内装修。一旦发生事故时这种材料对人体不会产生危险。在巴黎西北部诺曼底地区的伊夫洛，一家名为工业亚麻技术公司的新生企业，用亚麻纤维生产汽车车门的内饰板。汽车配件生产厂商对使用天然纤维非常感兴趣，这样能让他们生产的汽车更符合生态的要求，也更便于回收利用。工业亚麻技术公司联合一些汽车配件的生产厂商，通过在合成材料中使用亚麻，用了两年的时间成功开发出汽车车门内饰板，该板材是一种合成的材料，用50%的聚丙烯纤维和50%的亚麻纤维制成，也可以用四六比或七三比的比例来制作合成材料。在工业亚麻技术公司的工厂里，天然的亚麻纤维经过漂白或保持原色，与聚丙烯纤维混合经过均匀化处理和拉伸变成一层未编织的细纤维，几十层细纤维一层层呈网状叠放，各层之间用一定的针法固定制成毛坯，毛坯的厚度为几个毫米。重量根据产品的不同，每平方米为150~3 000g。一般情况下毛坯根据需要进行切割之后就可以发给汽车配件生产商，由汽车配件生产商对最终产品进行热压成形。对于某些型号的产品，工业亚麻技术公司也可以完成压缩的工序。2004年该公司已经在为欧宝的Corsa和雪铁龙的C5生产车门的内饰板，为雷诺的Twingo车生产后窗台装饰板，每天生产的车门内饰板可以装备2 000辆汽车。亚麻作为一种大家都很喜欢的天然纤维，在发生事故时用它装饰的车门内饰板不容易损坏。此外，该材料的使用能够将最终成品的重量减轻20%，而且价格上也很合适。工业亚麻技术公司已取得了汽车工业供货商的资格（EAQF），获得了ISO 9002认证，以及AQP认证（"产品质量保证"认证）。

纤维亚麻在中国的种植历史不长，始于1906年。由苏联援建的"东北亚麻联合总厂"于1950年开始建设，1952年国庆节正式投产并更名为"哈尔滨亚麻纺织厂"，细布、帆布加工生产线各一条，设计能力为年产亚麻布1 200万m²。哈尔滨亚麻纺织厂的投产和苏联援建156项工程在内的呼兰、阿城两座现代化亚麻原料厂相继投产，标志着我国开始有了自己的现代化亚麻纺织加工体系，但是发展比较缓慢，随着中国的改革开放中国亚麻纺织工业得到迅猛发展，无论在生产规模和技术水平上，均取得了突破性进展，规模最大的时候纺纱锭数达到200多万枚。这期间亚麻产品向多样化、新颖化、高档化方面发展，实现了由工艺用布为主向服装用布为主转移，产品向多样化方面发展，开发了亚麻纱、漂白布、混纺交织布、染色和印花布、色织提花布、针织布、装饰布、产业用布等上百个花色品种。

20世纪80年代，亚麻二粗得以利用在棉纺设备上，亚麻制品除纯亚麻系列外，尚有麻棉混纺布系列、麻涤混纺布系列。在攻克了亚麻布无浆织造工艺的难关后，大批棉织机加入了制造亚麻布的行列，给出口提供了充足的货源。20世纪90年代，我国成为世界亚麻纱布出口量最大的国家，并且彻底改变了亚麻制品以"一平二素"的传统出口面貌，代之以五彩缤纷的无梭机织亚麻布、多种结构的亚麻布、不同幅宽的亚麻布走向世界。黑龙江省兰西县1996年被命名为"中国亚麻之乡"后，2005年又被命名为"中国亚麻纺编织名城""全国纺织产业集群试点地区"和"全国亚麻汽车坐垫生产基地县"，利用亚麻文化增加城市魅力，扩大城市影响。自主研发的六大类150多种亚麻终端产品行销全国，其中亚麻汽车坐垫等编织品占国内市场份额80%以上，产品远销欧美、东南亚等国际市场。

亚麻产品具有的卫生性、舒适性、凉爽性和抗菌性已被多家研究机构和研究者证实。美国S.戴维斯采用脑电图来记录眼睛的移动与席子之间的湿度、身体和皮肤温度对睡眠影响所做的调查表明，与棉床单相比，采用亚麻席使人更容易入睡，且睡得好，醒后心情愉悦。俄罗斯研究机构在中亚做过7年的试验，证明穿着亚麻服装比穿棉、丝服装的表面温度低2～2.5℃，而皮肤与衣服之间的温度，穿着亚麻织物比其他织物低3～4℃，亚麻织物对皮肤的贴吸力只有棉织物的70%。上海医科大学公共卫生学院卫生微生物学教研室用接触法对不同时间3种席子上细菌的存活情况的检测结果表明，与竹席、草席对比，亚麻席具有显著的抑菌作用，对绿脓杆菌、白色念珠菌等国际标准菌的抑菌率达65%以上，对大肠杆菌、金色葡萄球菌的抑菌率高达90%以上。俄罗斯亚麻韧皮研究院的日维金院长鉴定认为，对人体来说（特别是皮肤病患者）穿任何织物都比不上亚麻织物。他们做了上千次试验，得出的结论是，如果人长期生活、工作在亚麻装饰（包括亚麻贴墙布、亚麻床上用品、亚麻地毯、亚麻窗帘、亚麻桌布、亚麻沙发罩、亚麻衣着等）的环境中，寿命可延长10～12年。亚麻纤维作为绿色健康产品未来的发展将有无限的可能。

（二）亚麻籽的利用

古人将亚麻籽磨成粉或制成油食用，亚麻油也可以用来照明。通过丝绸之路，胡麻制饼、胡麻制丸和胡麻制羹等饮食文化也传入汉地，胡麻的种植为制作这些饮食提供了基本的食材和调料。汉灵帝好"胡饭"，公卿大臣竞相仿效，造成京师洛阳一时流行胡风的习气。从东汉末年起，胡麻食品即成为日常生活的常用食品。这种胡食主要是来自西域各民族的食品，只是作为调剂和点缀。胡麻本身可以充饥，又是制作胡食的原料，因此作为食材很早就受到重视。《晋书·殷仲堪传》记载，"殷仲堪举兵反，其巴陵仓实为桓玄所取，城内大饥，以胡麻为廪"。这说明胡麻并不是作为主食的理想食材，殷仲堪是在无奈之下才充作军粮的。而通常所谓"胡麻饭"并不是单纯用胡麻做原料。李时珍指出，"刘、阮入天台，遇仙女，食胡麻饭，亦以胡麻同米做饭，为仙家食品焉尔"。因此，胡麻在饮食中主要是用于榨油和调料。第一，胡麻可以榨油，胡麻油即亚麻油，是一种古老的食用油。胡麻油在中国有着悠久的食用历史，贾思勰《齐民要术》中就讲到用胡麻籽榨油，陶弘景和寇宗奭的书中指出胡麻油有多种用途，一是燃灯，二是供食，三是入药。正是由于可以榨油，胡麻在宋代被称为"油麻"。胡麻只适宜生长在寒冷地区，加之产量、出油率较低，所以胡麻油一直未能广泛普及。第二，作为胡饼的原料。胡食中有胡饼，即带胡麻的大烧饼，胡麻是必备的原料。《释名·释饮食》云："胡饼，作之大漫冱也；亦言以胡麻着上也"。大漫冱，《太平御览》引作"大漫汗"，意思是无边际，形容其饼很大。可知最初传入的"胡饼"是大型的"饼"，上着胡麻。这种大饼在西域称"馕"，乃波斯语发音，说明它最初是西亚的食物，丝路古道上考古发现过古代的胡饼。秦汉以前，人们的主食是煮饼或蒸饼。胡饼不是煮和蒸，而是用炉子烤熟的。贾思勰《齐民要术》中记载做髓饼法："以髓脂、蜜，合和面。厚四五分，广六七寸。便著胡饼炉中，令熟。"说明汉地髓饼的制法借鉴了胡饼的经验。《太平御览》引《续汉书》云："灵帝好胡饼，京师皆食胡饼。"又引《魏志》云："汉末赵歧避难逃至河间，不知姓字。又转诣北海，着絮巾裤，常于市中贩胡饼。"可见汉代已有"胡饼"，此后成为常用的食品。王隐《晋书》记载："王羲之幼有风操，郗虞卿闻王氏诸子皆俊，令使选婿。诸子皆饰容以待客，羲之独坦腹东床，食胡饼，神色自若。"《晋书·王长文传》："州辟别驾，乃微服窃出，举州莫知所之。后于成都市中蹲踞啮胡饼。"正是因为胡饼以胡麻为配料，故后来石勒才改称麻饼。《艺文类聚》引《邺中记》："石勒讳胡，胡物皆改名。胡饼曰'麻饼'，胡绥曰'香绥'，胡豆曰'国豆'。"在唐代开放的社会里，生活方式胡化之风甚盛。饮食方面更加流行胡食。第三，胡麻还被用于制作胡麻羹。贾思勰《齐民要术》记载了"作胡麻羹法"："用胡麻一斗，捣煮令熟，研取汁三升。"医学典籍《千金·食治》就曾有记载："胡麻花，七月采最上标头者，阴干用之"；又引陈藏器说："阴干渍汁，溲面食，至韧滑。"中国本来就是饮食文化发达的国家，胡麻籽的食用，丰富了中国饮食文化的内容。

目前我国亚麻籽加工呈现出快速发展态势，每年加工亚麻籽约为120万t，主要产品为亚麻油，其次是亚麻胶、亚麻籽粉、蛋白粉、亚麻油粉、木酚素等。

近年来亚麻籽及其榨油的副产品作为饲料的应用也逐步开启。添加亚麻籽的饲料喂养家禽和牲畜，可使其更加健康，提高营养价值和经济效益。用含亚麻籽的日粮饲喂产仔母鸡，能够增加雏鸡组织中的ω-3不饱和脂肪酸含量，改善幼雏健康状况，提高成活率。产蛋鸡日粮中添加亚麻籽可以大大提高蛋黄中的ω-3不饱和脂肪酸含量，增加鸡蛋的营养价值。亚麻籽饲料喂牛可提高牛犊的免疫力，增强其抗病性，提高奶牛的受孕率，还可以改善肉牛的肉质和奶牛的奶质。在羊和猪的研究中也有类似的结论。碾磨后的亚麻籽添加到宠物的口粮中也可改善其健康水平，预防肿瘤。

世界卫生组织（WHO）和联合国粮农组织（FAO）于1993年联合发表声明，鉴于α-亚麻酸的重要性和人类普遍缺乏的现状，决定在世界范围内专项推广α-亚麻酸。我国城乡居民ω-6/ω-3 多不饱和脂肪酸比例也偏高，应增加膳食中ω-3系列多不饱和脂肪酸摄入量所占比例。亚麻籽油含有丰富的α-亚麻酸（C18：3），含量一般在50%~60%。德国和日本关于亚麻生物活性物质作为保健食品的研究已经申请了若干专利，用来预防全民的心脑血管疾病。目前，国内外开发的亚麻保健食品主要有"亚麻蛋白粉""黄金亚麻籽粉""有机褐色亚麻籽""天然真正冷磨金色亚麻籽""亚麻籽油""保健超级亚麻籽油胶囊""发芽的亚麻籽粉""健康谷物肉桂燕麦集群与亚麻籽""自然冷榨的亚麻籽油""亚麻籽油软胶囊"等多种产品已在市场上推广。随着时代的进步，人们发现亚麻越来越多的功能，开发出的适合不同人群口味的亚麻产品也会越来越多，其益智、明目、减肥、抗精神压力、抗过敏等保健功能也会得到充分地发挥。

（三）亚麻药用

1. 亚麻籽药用价值历史记载情况

亚麻籽具有较高的药用价值，可治疗多种病症，在我国古代就已成为最常见的药物之一。古代很多医学典籍都对亚麻籽的药用价值作了记载。例如李时珍在《本草纲目》中对亚麻籽功能提到，"服食百日，能除一切痼疾；服食一年，身面光洁不疾；久食则明目洞视，肠柔如筋，可长生久视，令人不老"。苏颂《图经本草》中有"亚麻籽出兖州，味甘，微温，无毒……治大风疾"。说明亚麻仁有养血祛风，补益肝肾的功效，也用来治疗病后虚弱，眩晕、便秘等症。《中医宝典》认为亚麻籽拥有"治大风疮癣"的良好功效；据《滇南本草》所记载，亚麻的根"大补元气，乌须黑发"，茎"治关风痛"；叶"治风邪入窍，口不能言"；亚麻籽有"治肺痨""平肝，顺气，通肠"等功效。《昆明民间常用草药》记载，亚麻的种子及根"平肝，顺气，润肠。治睾丸炎、疝气、慢性肝炎、肝风头痛、便秘"。《食疗本草》载："胡麻主治伤中虚亏，补五脏，增力气，长肌肉，长智力。它又能滋养五脏，滋养肺气。止心凉，利大小肠"。

2. 亚麻籽药用功效

亚麻籽含有能够改善人体机能的常见七大类营养素（多不饱和脂肪酸、亚麻蛋白、膳食纤维、木酚素、维生素、矿物质、碳水化合物）中的最重要的五大类，因此，亚麻籽具备明显的医用和药用价值，能够有效地改善人体机能和新陈代谢。很早以前，人们就发现用亚麻作药品有很好的抑癌作用，研究进一步证实亚麻还含有木酚素、3'-去甲基盾叶鬼臼树脂毒素、盾叶鬼臼树脂毒素和β-谷甾醇等抑癌物质。

因此，亚麻被认为具有补五脏，增气力，长肌肉，长智力，润肤、润养五脏，滋实肺气，止心惊，利大小肠，耐寒暑，驱逐湿气、游风、头风，止痛，收敛，利尿，化痰，化脓等功能，被人们用于治疗疖子、支气管炎、烧伤、癌、痈肿、结膜炎、鸡眼、咳嗽、腹泻、淋病、痛风、发炎、酒精中毒、疲劳过度、风湿、烫伤、硬化症、溃疡、痉挛、催生促胎盘尽快剥离、补产后体虚等病。

在美国和日本，亚麻籽胶被列入《美国药典》和《食品化学品药典》中，作为一种天然食品添加剂和药物原料出现。在亚麻籽胶中多糖类物质主要由酸性多糖和中性多糖组成，以酸性多糖为主，酸性多糖由鼠李糖、半乳糖、岩藻糖和半乳糖醛酸组成，其物质的量比为4.8∶3.1∶1.0∶3.0，中性多糖主要由木糖、葡萄糖、阿拉伯糖和半乳糖组成，其物质的量比为6.0∶3.2∶2.8∶1.0。亚麻籽胶还具有护肤、美容、保健的功效。例如亚麻胶在降低糖尿病和冠状动脉心脏病的发病率，防止结肠癌和直肠癌，减少肥胖症的发生等方面均起到一定的作用。α-亚麻酸胶囊、木酚素等产品在欧美药店中都有销售。

3. 亚麻的民间药用偏方

将亚麻籽研成细末涂抹在头发上，可以使头发生长。将亚麻籽和蜂蜜蒸成糕饼，可治百病。用它来炒着吃，使人不生风病。精神错乱者长期食用会行走正常，不胡言乱语。将它嚼烂涂抹在小孩的头疮上，有一定疗效。也可将它煎成汤用来洗恶疮和妇女的阴道炎。亚麻种子单独或与芥菜、山梗菜属植物种子混合压成膏状物后，可用于治疗疖子。有时候种子也可被烘烤成膏状物。亚麻籽茶可以治疗感冒、咳嗽、泌尿系统疾病（在饮用的时候可添加蜂蜜和柠檬汁）。亚麻油可以作为松弛剂，和石灰水以一定比例混合就可制成非常有名的卡伦油，它可用于治疗烧伤和烫伤。亚麻油和蜂蜜混合在一起是一种效果很好的化妆品，可去掉脸上的雀斑。亚麻油还可以作为兽药，治疗羊和马的腹泻。将亚麻种子煮沸后制成的果冻可用来饲养牛犊。

随着时代的发展，"药食同源""治未病""医养结合"等理念逐渐得以普及，越来越多的社会大众意识到传统中医药材的重要性，亚麻籽也在中国现代中医药领域中被广泛应用。《现代版中医古籍目录（1949—2012）》《亚麻籽知识宝典》等现代医学著作都对亚麻籽的起源、功效作用、适用人群、内在成分、量能指标等有着详细的记录。可见，亚麻籽是我国传统中医成果结晶之一，对推动中国中医药产业的发展，改善国人的身体健康有着重要的价值和作用。

（四）亚麻其他应用

在19世纪后期，英国的Frederick Walton发明了易于清理、具有弹性地板表面的油毡，他的这项发明基于亚麻籽油氧化和聚合的特性。Panati和Heinrich在1987年和1992年报道了松香和软木通过亚麻籽油混合后，压到粗麻布或帆布的背面可以制成油毡，碾压厚度均匀然后在大的烤炉中烘烤并切割成片。油毡价格低廉并且耐用，广泛应用，但这种材料后来被合成地板替代。目前由于对天然产品的热衷，人们又对油毡的使用产生了兴趣。

用油布铺桌，在20世纪上半叶的北美厨房成为一项标准，如今油布仍在厨房中使用。这些"易于清理"的桌布与用亚麻籽油涂过的油画一样，具有装饰的图案和颜色。现在人们还研究了亚麻籽油作为风化剂应用于混凝土路面和建筑方面。Cumming（1999）年报道，安大略省的奶牛场工人发现，在牛舍铺上只涂有亚麻籽油或涂亚麻籽油与柴油混合物的水泥板时，能够防止牛蹄损伤。

第二节　亚麻种植与生产

一、亚麻种植面积变化历程

（一）世界范围亚麻的种植变化历程

早在一两万年前，就有古埃及人开始在尼罗河谷地种植亚麻的记载，新石器时代，埃及人就将亚麻引进地中海沿岸国家，中世纪以来，亚麻又从瑞士传到法国、英国、比利时等国家。到10世纪初，亚麻纤维已开始作为商品在市场上流通。到近代，由于亚麻的生物学特性、起源、栽培利用的历史等因素，全球种植纤维用亚麻的国家有20多个，面积比较大的国家有法国、俄罗斯、白俄罗斯、中国、比利时、埃及、荷兰、波兰等。这些国家主要分布在北半球，多数集中在北纬40°～65°，处于温带和寒温带的欧亚两大洲。西欧亚麻种植主要集中于法国、比利时、荷兰3个国家，其他西欧国家已很少种植，这3个国家中，超过75%以上的种植面积分布在法国的诺曼底南部和法国北部地区，包括卡尔瓦多斯、滨海塞纳、索姆、加莱海峡、瓦兹和厄尔；东欧的俄罗斯西部地区气候较适于种植亚麻，虽然种麻水平不高，产量较西欧国家低，但这一地区在种麻面积和产量上均有较大潜力。白俄罗斯和乌克兰种麻自然条件虽然不如波兰等国家，但也适于种植亚麻，只是目前种植水平不高，单产差，但种麻面积和产量上均有较大发展空间。1961—2020年60年的时间里平均每年全世界纤维亚麻种植面积98.6万hm²，各个年度的种植面积见表1-1。20世纪80年代以前每年的纤维亚麻播种面积为150万～200万hm²。20世纪80年代以后亚麻种植面积下滑。2014年下降到20多万hm²，2015年开始回升，2020年全球纤维亚麻种植面积回升到28.5万hm²。但是从纤维产量来看（表1-2），虽然每年的纤维产量有较大的波动，但是总体趋势比较平稳，进入21世纪比20世纪略有增加，这说明了科技的进步提高了亚麻的单产，为满足纤维的供应做出了贡献。近几年亚麻纤维价格走高，亚麻种植面积将有进一步扩大的趋势。

表1-1　1961—2020年全世界亚麻种植面积统计

年份	面积 (hm²)	年份	面积 (hm²)	年份	面积 (hm²)	年份	面积 (hm²)	年份	面积 (hm²)	年份	面积 (hm²)
1961	2 041 125	1971	1 569 468	1981	1 315 605	1991	860 526	2001	513 207	2011	219 046
1962	2 161 473	1972	1 564 363	1982	1 359 769	1992	808 114	2002	457 863	2012	223 108
1963	1 923 215	1973	1 538 239	1983	1 416 614	1993	649 226	2003	488 405	2013	205 296
1964	2 044 778	1974	1 510 367	1984	1 431 822	1994	528 895	2004	518 443	2014	203 377
1965	1 882 718	1975	1 545 652	1985	1 401 823	1995	625 599	2005	494 199	2015	214 756
1966	1 788 955	1976	1 573 108	1986	1 336 461	1996	544 681	2006	356 156	2016	224 356
1967	1 752 396	1977	1 549 354	1987	1 323 116	1997	449 038	2007	336 917	2017	234 900
1968	1 688 561	1978	1 544 711	1988	1 299 273	1998	455 597	2008	323 804	2018	241 131
1969	1 652 432	1979	1 456 088	1989	1 203 442	1999	474 817	2009	249 836	2019	264 152
1970	1 598 391	1980	1 520 686	1990	1 039 214	2000	446 917	2010	208 235	2020	285 418
平均	1 853 404	平均	1 537 204	平均	1 312 714	平均	584 341	平均	394 707	平均	231 554

数据来源：联合国粮食及农业组织统计数据（FAOSTAT）。

表1-2 1961—2020年全世界亚麻纤维产量统计

年份	纤维产量（t）	年份	纤维产量（t）	年份	纤维产量（t）	年份	纤维产量（t）	年份	纤维产量（t）	年份	纤维产量（t）
1961	696 579	1971	776 566	1981	609 564	1991	980 725	2001	840 716	2011	260 952
1962	770 812	1972	731 425	1982	636 423	1992	744 932	2002	1 208 092	2012	329 876
1963	723 097	1973	696 367	1983	797 424	1993	693 578	2003	1 222 404	2013	300 443
1964	724 467	1974	676 881	1984	833 561	1994	842 508	2004	1 460 236	2014	765 533
1965	803 387	1975	802 630	1985	763 174	1995	1 004 890	2005	1 508 921	2015	749 842
1966	770 451	1976	842 908	1986	738 146	1996	817 956	2006	1 108 724	2016	831 600
1967	797 507	1977	786 329	1987	948 800	1997	675 777	2007	908 006	2017	801 156
1968	685 367	1978	726 798	1988	919 099	1998	642 144	2008	977 827	2018	893 576
1969	778 815	1979	641 694	1989	802 946	1999	767 118	2009	661 280	2019	1 091 776
1970	703 134	1980	619 661	1990	687 649	2000	823 703	2010	297 458	2020	976 113
平均	745 361	平均	730 125	平均	773 678	平均	799 333	平均	1 019 366	平均	700 086

根据FAO统计的数据可见，进入21世纪，在经过2010—2013年短暂的低谷后，种植亚麻面积及产量双双回升（图1-5和图1-6），其中纤维产量较大的前10个国家有法国、中国、比利时、俄罗斯、白俄罗斯、英国、荷兰、埃及、捷克、乌克兰，这些国家2001—2020年纤维的年平均产量分别为460 753t、201 921t、47 515t、44 684t、43 818t、17 323t、15 791t、8 500t、5 159t、4 327t。

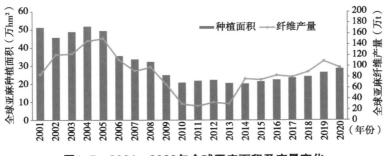

图1-5 2001—2020年全球亚麻面积及产量变化

数据来源：联合国粮食及农业组织统计数据（FAOSTAT）。

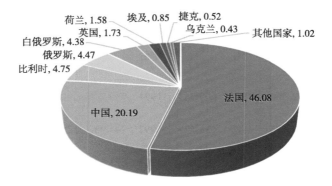

图1-6 2001—2020年全球亚麻产量分布（万t）

数据来源：联合国粮食及农业组织统计数据（FAOSTAT）

2001—2020年纤维亚麻年平均种植面积较大的10个国家分别为：法国（79 669.8hm²）、俄罗斯（61 138.4hm²）、白俄罗斯（59 352.2hm²）、中国（52 392.3hm²）、比利时（14 659.9hm²）、英国（11 896.3hm²）、埃及（9 405.7hm²）、乌克兰（8 682.5hm²）、荷兰（2 920.7hm²）、捷克（1 993.6hm²）。这10个国家中捷克种植面积下降比较快，目前已经没有纤维亚麻种植，详见表1-3。

表1-3 2001—2020年主要亚麻种植国家种植面积统计

年份	法国	俄罗斯	白俄罗斯	中国	比利时	英国	埃及	乌克兰	荷兰	捷克
2001	67 849	116 000	80 000	142 823	17 401	17 267	7 647	23 600	4 755	6 560
2002	67 417	80 800	68 000	139 909	16 015	18 336	8 000	24 600	4 096	5 843
2003	76 528	84 180	67 676	156 676	20 047	15 331	9 600	26 600	4 553	5 684
2004	80 526	99 930	77 081	154 340	20 407	14 451	10 700	32 200	4 485	5 365
2005	78 644	89 210	72 132	158 959	19 031	13 571	11 200	23 600	4 600	4 499
2006	76 605	59 470	65 807	87 881	15 500	12 000	8 900	10 300	3 900	2 903
2007	76 200	65 780	65 476	67 851	14 297	11 907	9 677	11 500	3 500	704
2008	67 904	67 420	78 155	57 620	11 914	11 882	9 534	5 800	2 618	162
2009	56 653	63 606	64 785	18 610	11 277	11 447	9 841	1 800	2 159	153
2010	55 164	43 180	59 191	9 510	11 000	11 021	9 905	1 000	1 896	13
2011	60 869	48 168	61 177	6 720	11 286	10 409	10 100	1 300	2 156	0
2012	67 432	50 155	57 189	7 325	10 581	9 350	10 000	2 100	2 077	0
2013	60 651	46 042	53 359	5 200	10 000	10 000	10 000	1 450	1 881	

（续表）

年份	法国	俄罗斯	白俄罗斯	中国	比利时	英国	埃及	乌克兰	荷兰	捷克
2014	66 489	41 145	45 230	10 000	11 600	10 500	9 000	1 400	1 983	2
2015	78 866	49 564	40 294	3 398	13 860	9 876	8 763	1 400	2 405	3
2016	88 480	43 974	44 066	3 489	15 095	10 125	8 941	1 500	2 415	4
2017	98 218	42 217	45 929	2 676	15 957	10 167	9 044	1 400	2 494	3
2018	105 880	42 100	45 571	4 131	14 720	10 056	9 155	1 000	2 220	
2019	121 670	44 437	49 224	4 925	14 830	10 116	9 088	800	2 290	
2020	141 350	45 390	46 702	5 803	18 380	10 113	9 019	300	1 930	
平均	79 669.8	61 138.4	59 352.2	52 392.3	14 659.9	11 896.3	9 405.7	8 682.5	2 920.7	1 993.6

（二）中国亚麻种植变化历程

中国是亚麻栽培历史较长的国家，油用亚麻在中国已经种植了几千年。现代纤维亚麻的种植从1906年开始试种，满清政府奉天农事试验场开始在辽宁省金州、熊岳、辽阳，吉林省公主岭、长春、吉林、农安，黑龙江省海林、一面坡、哈尔滨、双城、海伦、齐齐哈尔等地进行试种，取得了很好的效果。后来扩展到新疆、湖南、云南、浙江等地，目前种植区域主要分布在黑龙江、新疆、云南、内蒙古、甘肃、宁夏等地，但仍以黑龙江省为中国亚麻的主要种植基地。

改革开放以来，由于创汇的需求、亚麻纤维产品出口的拉动我国亚麻种植面积迅速上升，并居世界前列，1988年达到第一个高峰，种植面积158 959hm²，其后纤维亚麻种植面积短暂下降。2003年以后，随着世界经济的复苏和国内外需求的上升，纤维亚麻种植面积迅速回升，亚麻纺织工业得到了较大发展，亚麻纺织对亚麻原料的需求增长调动了亚麻种植业的发展积极性，除黑龙江等传统产区种植面积继续扩张，新疆地区有较快发展外，云南等地区试种亚麻也有一定成效。我国的亚麻种植面积在2005年达到又一个高峰，由于亚麻忌连种的原因，所以在2006年开始出现大面积土地停止种植的现象，加上种植大省黑龙江省由于多方面原因缩减了种植面积，导致了全国总面积在2006年出现大规模的减少，2007年的金融危机导致市场的萎缩、原料需求下降也进一步加剧了种植面积的下降，持续到2008年。

亚麻种植大省黑龙江在2001年种植面积达到最高峰，2002—2003年属于正常波动。2004年，种植面积出现大面积缩减。尤其是2006年，种植面积仅有4.81万hm²，下降幅度较前一年达41.6%。到2007年，种植面积已经缩小到4.13万hm²，2008年为

3.64万hm²（表1-4）。种植面积不断下降除了国外市场需求下降原因导致以外，还有其他许多原因，如现有原种基地规模小，产出的良种不能满足麻农需求；有的麻农自繁自用，进口种子种植后也出现快速退化现象。近年由于全球变暖，黑龙江省气候条件发生变化，亚麻收获季节雨水较多，种植亚麻风险变大，亚麻原料收购价格较低，亚麻产量和质量大幅下降（图1-7）。

表1-4　中国及黑龙江省1978—2012年纤维亚麻种植高峰期间的产量变动情况

年份	中国			黑龙江省		
	面积（万hm²）	总产（万t）	单产（kg/hm²）	面积（万hm²）	总产（万t）	单产（kg/hm²）
1978	5.29	9.8	1 858	4.92	9.4	1 919
1979	5.47	10.2	1 868	5.15	9.8	1 901
1980	9.26	18.3	1 974	8.88	17.5	1 970
1981	8.39	19.0	2 263	8.03	18.3	2 277
1982	5.50	6.1	1 106	5.33	5.9	1 111
1983	5.47	13.4	2 456	5.31	13.1	2 471
1984	6.84	19.2	2 803	6.54	18.6	2 847
1985	8.03	15.8	1 975	7.37	14.8	2 003
1986	8.16	20.8	2 553	7.92	20.4	2 581
1987	12.61	32.0	2 539	12.05	31.1	2 578
1988	14.69	36.9	2 512	13.91	35.2	2 531
1989	9.69	24.3	2 507	8.79	32.3	2 539
1990	8.71	24.2	2 775	8.15	22.3	2 742
1991	10.55	28.9	2 738	9.66	26.6	2 759
1992	7.90	22.6	2 863	6.98	19.5	2 797
1993	6.84	18.8	2 744	6.36	17.0	2 676
1994	9.25	25.0	2 706	8.22	21.7	2 635
1995	11.30	35.2	3 119	9.99	32.0	3 204
1996	9.23	26.5	2 880	8.38	23.6	2 812
1997	6.13	15.4	2 510	5.37	13.1	2 447
1998	3.93	10.0	2 550	3.51	9.0	2 558
1999	5.37	17.0	3 162	4.86	14.6	3 013
2000	9.62	21.4	2 229	8.84	18.0	2 039
2001	14.14	34.5	2 441	12.44	28.1	2 262

（续表）

年份	中国			黑龙江省		
	面积 （万hm²）	总产 （万t）	单产 （kg/hm²）	面积 （万hm²）	总产 （万t）	单产 （kg/hm²）
2002	13.85	52.4	3 784	10.14	35.7	3 516
2003	15.53	46.5	2 993	11.05	26.7	2 416
2004	15.30	66.9	4 374	8.95	35.8	4 000
2005	15.77	69.5	4 405	8.24	34.5	4 190
2006	8.67	42.5	4 905	4.81	23.3	4 852
2007	6.67	28.4	4 255	4.13	15.4	3 734
2008	5.67	25.7	4 531	3.64	15.0	4 120
2009	1.77	8.6	4 824	1.13	4.42	3 915
2010	0.87	4.46	5 148	0.53	2.17	4 139
2011	0.61	3.94	6 472	0.26	1.16	4 507
2012	0.69	3.81	5 524	0.158	0.92	5 807

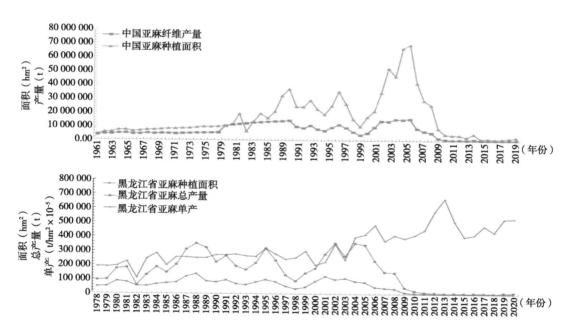

图1-7　中国1961—2020年亚麻面积、产量变化和黑龙江省1978—2020年
亚麻面积、总产及单产变化

数据来源：联合国粮食及农业组织统计数据（FAOSTAT）和黑龙江统计年鉴。

二、国内外亚麻技术发展趋势及市场需求分析

世界上种植纤维亚麻的法国、中国、比利时、俄罗斯、白俄罗斯、英国、荷兰、埃及、捷克、乌克兰、波兰、保加利亚等20多个国家中，俄罗斯、法国、荷兰、比利时为传统种麻大国，原茎产量7 500kg/hm²左右，长麻产量1 200～1 800kg/hm²，混合出麻率33%，处于世界领先水平，形成集亚麻种植、原料加工、销售于一体、经营效益显著的亚麻集团化公司。以产麻大国著称的俄罗斯、乌克兰亚麻纤维梳成率为55%～60%、纤维强度高、断头率低、可生产出世界水平的高支纱。欧盟为保证内部亚麻纺织企业的原料供应和竞争力，对亚麻的种植及科研投入力度大，高新技术得以应用于亚麻科研，培育出超世界水平的亚麻品种。

2011—2015年俄罗斯亚麻种植实行了良种补贴政策，生产田每吨种子补助2 500元人民币，繁种田每吨种子补助24 000元人民币。种质资源的搜集、鉴定工作受到极度保护和重视。法国保存各类亚麻品种资源5 000余份，俄罗斯亚麻资源中心每年有上千份的种质资源提供给育种者。在育种新方法新技术方面广泛开展了有用基因的轮回选择，抗锈病、抗枯萎病、抗倒伏、抗旱等多抗性育种，诱变育种，生物技术和杂种优势利用等工作，培育出大批高产、高纤新品种。俄罗斯、法国、波兰、捷克等国家不断提高良繁技术水平并建立起规范的良繁体系，种子纯度高，所以在"九五""十五"期间我国曾进行了大量引种工作，如目前生产上主栽的Diane（戴安娜）、Argos（高斯）、Agatha（阿卡塔）等。而"十一五"期间，随着各国对种质资源重视程度的增大，尤其是俄罗斯对种质资源的保护意识增强，给引种工作增大了难度，引种量相对缩小。

20世纪90年代，中国的亚麻纺织业迅速发展，亚麻原料企业140余家，亚麻纺织企业30余家，纺锭突破35万锭。亚麻纺织工业的总体规模仅次于俄罗斯，居世界第二位，形成以西欧、中国和俄罗斯为代表的世界亚麻纺织格局。我国亚麻纺织行业发展带动了整个亚麻产业链的发展壮大。"十五"期间纤维亚麻产区由黑龙江向新疆、内蒙古、吉林、云南、湖南、浙江辐射，亚麻种植面积达13.3万hm²，但年产长麻仅4万～5万t，无法满足亚麻纺织企业8万～10万t长麻的原料需求。亚麻原料的供不应求源于生产不足，解决的关键是扩大种植面积和优良品种的不断供应。

中国亚麻育种从1950年开始，通过我国几代科学家的不懈努力和创新，至今已有黑亚、中亚、华亚、华星、双亚、内纤亚、吉亚、晋亚等60余个品种被育成，品种水平不断提高，原茎产量4 500～7 000kg/hm²，增幅20%，长麻产量600～900kg/hm²，长纤维含量16%～18%。在云南冬季种植原茎产量最高可达到8 000～9 000kg/hm²，创造了世界亚麻原茎单产最高的纪录，为产业的可持续发展做出了贡献。亚麻育种方法不断改进，采用传统的杂交育种结合组织培养、辐射诱变、化学诱变、转基因等育种技术，选育出了抗盐碱、抗倒、抗病、抗旱等种质和品种，如黑亚6号、黑亚8号、双亚

5号、双亚7号、吉亚1号、黑亚16号、黑亚19号等，但无论从研究深度、广度都远不如国外。

2007年世界性经济危机的爆发，国际上的纺织企业受到相当大的冲击，纺织厂、亚麻厂纷纷倒闭，亚麻种植业开始萧条。国内的亚麻育种工作者抓住契机，积极引进国外先进的育种技术，短期内提高了育种水平，选育出接近世界水平的品种，如华亚2号、华亚3号、华亚4号、华亚5号等亚麻新品种，提高了市场竞争力。在世界经济复苏期纤维缺口仍为50%以上的市场需求下，新育成的亚麻品种具有更广阔的应用前景。

进入21世纪以来，人类生存条件、生活质量、消费观念正在发生深刻的变化，健康和环保成为时尚的主题。亚麻因其纯天然、可再生、能降解、无污染的环境亲和性，顺应了时代潮流，美、欧、亚、非正在争抢麻类份额。所以提高亚麻终端产品科技含量，以服装等高档产品出口，将全面提升我国亚麻行业的竞争能力。

根据我国亚麻产业的发展，在国家现代麻类产业体系的支持下，黑龙江省农业科学院经济作物研究所组织有关专家对20年来亚麻育种和相关的一些技术进行了总结。

第三节　亚麻的用途

亚麻的主要用途包括纤维用、油用、药用。按经济特征分类，一般把栽培种亚麻划分为纤维用亚麻、油用亚麻和纤籽兼用亚麻三大类型。亚麻具有较高的经济价值，从原茎到种子都可加工利用。

一、纤维用

亚麻纤维是人类最早发现并使用的天然纤维。"衣、食、住、行"是人类生活的基本需要，其发展过程，标志着人类物质文明的历史阶段。古代纺织加捻技术发明以前，是先从容易生产的长丝纤维开始的，这就是丝和麻。文献记载，亚麻纤维也像蚕丝一样，最早进入人类的生活，远在石器时代，瑞士栖湖和热带埃及，人们就栽培亚麻，取其纤维织成衣料，到古罗马帝国兴盛时期，欧洲各地更加普遍。亚麻可以作为古代埃及、希腊、罗马文明的象征。

亚麻纤维是世界上最古老的纺织纤维，亚麻纤维制成的织物用途很广泛，可以用作服装面料、装饰织物、桌布、床上用品和汽车用品等产业用品。随着新品种、新技术、新纺纱方法、新织造方法及新的整理工艺的出现，亚麻制品产业的发展势头越来越好。

亚麻的开发利用价值高，亚麻茎制取的纤维是纺织工业的重要原料，可纯纺，亦可与其他纤维混纺。亚麻纺纱可采用干法纺纱或者湿法纺纱。亚麻短纤维也可用于非织造布生产，如纸张，同时也可用来生产产业用纺织品，如绝缘材料。亚麻的下脚料可用来制作一些工业制品。由于亚麻纤维与动物纤维、其他植物纤维、合成纤维相比，具有许多独特的不可替代的优点，决定了它在国民经济中占重要地位。首先，亚麻纤维强韧、柔细，其强度是绢丝的1.6倍，可纺支数高，织物平滑整洁，适宜制作高级衣料。其次，亚麻纤维具有吸湿性强、散热快、耐摩擦、耐高温、不易燃、不易裂、导电性小、吸尘率低、抑菌保健等独特优点，被广泛应用于制作汽车用品（亚麻坐垫），亚麻的散热性能是普通冰丝材质的5倍之多，棉布的17～19倍，而且吸热慢，使用亚麻坐垫要比普通材质的汽车坐垫温度低3～4℃，研究表明亚麻可以使人体排汗量比其他坐垫减少1.5倍左右，亚麻纤维吸湿性比较好，可以吸收相当于其自重的20%左右的水分，可以使车内保持干爽。同时在飞机翼布、军用布、消防水龙带、室内装饰布、医疗和卫生保健服装及工艺刺绣品等也有广泛应用。再次，混纺织物中只含有10%的亚麻就足以起到防静电的作用。最后，亚麻下脚料和麻屑也有较高的利用价值，加工后的短纤维即麻棉，可与毛、丝、棉、化纤等生产混纺纱，也可纺纯麻纱；麻屑是制造人造板材或高级纸张的优质原料。以亚麻为原料开发的生态地膜，可用于水田、旱地和温室栽培，使地温升高的同时还可培肥土壤。

获取亚麻纤维的第一个工序是除籽，接着就是沤麻，沤麻的方法主要有露水沤麻和水池沤麻两种。雨露沤麻方法就是将亚麻散铺在地面上，通过露水、雨水、阳光以及一些细菌的作用，将亚麻外部的表皮果胶分解。水池沤麻的方法是将亚麻浸泡到水中，经过6～20d，通过细菌的作用使亚麻表皮果胶分解，但这个过程与雨露沤麻比成本较高。亚麻纤维的这两个加工阶段实际上也是人们常说的脱胶过程，由于亚麻纤维是一种多细胞的韧皮纤维，亚麻纤维的细胞在基于韧皮部与木质部之间的果胶层是以束状态的方式生长，把细胞交接在一起而形成分散的纤维，亚麻单纤维靠果胶质轴向搭接或侧向转接形成纤维束，纤维之间、韧皮与木质部之间都靠果胶质相连。亚麻脱胶的目的主要是破坏纤维束与周围组织的黏结程度，使得韧皮部与木质部易于分离，同时又较少破坏连接单纤维之间的胶质。除了传统的雨露浸渍和水池沤麻之外，还有酶处理、化学处理及物理方法，其中雨露沤麻的纤维分离度最小，化学处理的纤维分离度最大，但对亚麻纤维的损伤也要大一些。

亚麻是一年生的草本植物，优良的纤维用亚麻，茎直径不到2mm，而茎长可以在1m以上。为了维持它的生命需在生长期内吸收和运送大量的水分，亚麻纤维是在麻茎的皮层，占有20%位置，是运送养分、水分的主要组成部分。由于又细又长的亚麻有极大的比表面积，水分的需要量很大，亚麻每形成1kg干物质需要400～470kg水，而且要在短短的70～80d的生长期内。为了与自然斗争取得生存，亚麻纤维就要具有比其他纤维大几倍的吸湿和运送水的能力。因此亚麻纤维具有惊人的吸湿、散湿能力，夏季穿着亚麻衣料会感觉舒服、凉爽，冬季觉得温暖。

亚麻纤维特有的低静电、低磁场效应能增强其纺织品的优良卫生功能。中国纺织科学研究院和北京市劳动保护科学研究所也在一项试验中发现，毛、麻、棉纤维在空气中摩擦产生的静电量，以亚麻最低，比棉小7倍。

亚麻纤维平直光洁，在50倍以上的放大投影中，它像一节节竹子，没有棉、毛纤维等扭曲。这个特点，虽然使它失去了纤维产品的弹性和易于起皱，但却以它的平直、光洁的纤维结构，使其成为难以积上细微尘埃或污物的纺织品，如平面铺设的垫、罩等，也因尘埃找不到藏身之处而易于清除。在卫生性能上作为低静电的补充。

亚麻纤维的横断面呈五角形，而且具有自然的光泽。这使它既能在阳光过烈时减少辐射热的伤害，又能适当地获取阳光热量。这种表面自然光泽特性，当它制成衣服时，可以保护皮肤，又能帮助人体调节环境影响。

亚麻单纤维细度高达4 500～7 500公支，不但比中国闻名于世的苎麻（1 500～2 000公支）细几倍，甚至比棉花还细，但是由于平均长度只有20mm左右，因此必须以束纤维纺纱，而且出现了独特的湿法纺纱工艺，获得了高密度的湿纺纱或相对疏松的干法纺纱。这就有条件根据不同需要，制造更适应人体卫生条件的产品。虽然亚麻纤维本身的导热系数与其他纤维一样，但是却可以依赖不同的工艺生产方式，制成紧密的有金属丝感觉的湿纺细纱，使织物更具凉爽感。也可以用相对松疏的干纺纱产品作为外衣织物，以增加保暖感。

亚麻的纤维在吸湿条件下具有发热功能（称润湿热），人们从纺织材料的热学特性中知道，亚麻的吸湿热能量比棉高18%。众所周知在生产过程中，喷水加湿的纤维堆，立即发热，如通风不良甚至引起自燃，根据计算，1kg亚麻衣服从冬季室内18℃，相对湿度45%，走到室外5℃，相对湿度95%的寒冷处，约可以放热60 000卡，相当于身上带着一个70W的电热器。

因此，亚麻织物与其他任何织物相比，在卫生性、舒适度等方面都有较大优势。亚麻织物具有调温、抗过敏、防静电、抗菌的功能，由于亚麻的吸湿性好，所以亚麻织物手感干爽。如今防皱、免烫亚麻制品的诞生和混纺产品的出现，使亚麻产品的市场得到进一步拓展。在国际上，亚麻的织造多为片梭织机和剑杆织机，产品包括细致优雅的亚麻手帕、衬衫衣料、绉绸、花式色纱产品、运动装以及麻毛混纺产品。家用产品则包括窗帘、墙布、桌布、床上用品等。产业用产品则包括画布、行李帐篷、绝缘布、滤布以及航空用产品。亚麻可与毛、聚酯等纤维进行交织或混纺，形成风格独具、物美价廉的纺织产品。

亚麻纤维用于毛纺织是实现毛织物的轻薄化、凉爽化的新途径。由于羊毛纤维和亚麻纤维在细度、弹性、伸长、卷曲等方面性质差异较大，混纺时工艺较难控制，如飞毛和绕皮辊严重、断头、落麻多，生产效率低、消耗大、纺纱支数低等往往采用羊毛与亚麻进行交织，形成毛经麻纬的平纹产品，由于双经单纬的结构，布面轻薄滑爽，并且平整坚牢。这种毛麻产品采用的经向密度要比硬挺的亚麻纱形成的纬纱密度大，呢面显现的大都是毛纤维，所以后整理重点针对毛纤维进行。毛麻交织凉爽织物兼具羊毛与亚麻的优点，在服装领域拥有良好的市场。

亚麻纤维可用作非织造布复合材料，通过真空辅助树脂传递模压法可以制作亚麻纤维非织造布或不饱和聚酯复合材料，由于亚麻密度比所有的无机纤维都小，而弹性模量和拉伸强度与无机纤维相近，在复合材料中可部分取代玻璃纤维等作为增强材料，亚麻纤维与玻璃纤维及碳纤维等相比，纤维柔软，通过对其进行适当的脱胶处理，选择合理的梳理工艺，用针刺加工方法可以生产定量、蓬松度符合要求的非织造布增强纤维毡，同时纤维损伤小，且增厚效果好，作为增强材料，其具有生产流程短、无须织造、加工成本低等优点，有利于节约能源且环保。

二、油用

亚麻种子含油量一般30%～45%，亚麻油为亚麻科植物亚麻的种子榨取的油。在常温下压榨得到的油为黄色液体，有特异香气，在空气中易被氧化变浓，颜色逐渐变深。亚麻油中主要成分含亚麻酸、亚油酸、油酸及棕榈酸、硬脂酸等脂肪酸。此外，还含有阿魏酸二十烷基酯、多种甾类、三萜类、氰苷类等有机化合物。亚麻油炒菜、调味、凉拌以及各种糕点都可选用。亚麻油不论生、熟都可食用，在冬季低温条件下不易凝固。纯亚麻油也因富含人体必需的α-亚麻酸和维生素E、木酚素等营养成分，受到全球营养界的普遍重视。我国华北、西北地区传统上用作食用油。英国、法国等30多个国家已批准将亚麻油作为营养添加剂或功能性食品成分使用。

亚麻油因富含亚麻酸、亚油酸等不饱和脂肪酸，特别是富含人体必需的α-亚麻酸，对降血脂、抗血凝、软化血管、补益大脑，对癌症、冠心病、糖尿病、前列腺癌等有预防和治疗的作用，长期食用亚麻油，就能给身体充分的防范资源，可提升身体的免疫功能。亚麻籽油还具有亮泽肌肤的功效，可以改善皮肤的脂肪含量，使肌肤滋润、柔软有弹性，同时令皮肤呼吸及排汗正常，减轻种种皮肤问题。此外，还具有减肥、提升抗压力、减轻过敏反应、降低胆固醇、改善滞水症等功能，所以纯亚麻油是人们食用中的保健调味品。

亚麻油中含有对人体有益的不饱和脂肪酸，尤其富含可促进新陈代谢、改善毛细血管循环、带给细胞营养的维生素E，是优异的抗氧化物质，能有效的防止衰老。更重要的是亚麻油中含有的亚麻酸成分还被医学证实有抑制胃溃疡、气喘等疾病，防止肤质恶化，提高免疫力的作用。就护肤保养而言，亚麻油对于皱纹、黑斑、肌肤干燥等问题都有防患于未然的抑制作用。另外，亚麻油干燥性强，是优良的干性油，被广泛用于油漆、油墨、染料中，是人造丝、合成橡胶不可缺少的原料。

亚麻籽榨油后的饼粕含蛋白质23%~33%，残存油分在8.6%以上，是良好的家畜饲料。

三、药用

亚麻除了纤维用和油用外，也有很大的药用价值。亚麻种子含黏胶和油，故有润滑、缓和刺激的作用。可用于治疗局部炎症。内服治疗消化道、呼吸道及泌尿道炎症。亚麻苦苷能调解小肠的分泌和运动机能。亚麻油含多量不饱和脂肪酸，故用来预防高脂血症和动脉粥样硬化。许多研究表明亚麻具有药用价值。

（一）降低血糖

亚麻籽含有10%~15%的膳食纤维素。可溶性纤维可以降低餐后血糖的生成和血胰岛素升高的反应。补充各种纤维使餐后血葡萄糖曲线变平的作用与纤维的黏度有关。黏度可以延缓胃排空速度，延缓淀粉在小肠内的消化或减慢葡萄糖在肠内的吸收。

（二）抗肿瘤作用

加拿大多伦多大学科学家的最新研究表明，亚麻籽有助于治疗乳腺癌。据了解，科学家们进行了一项试验，让一组患乳腺癌的妇女食用亚麻籽粉，同时让另一组患者使用普通药物。试验结果发现，每天食用3汤匙亚麻籽粉的患者乳腺肿瘤明显缩小。研究还显示，食用亚麻籽粉对妇女月经期间的乳房疼痛、肿大和肿块也有疗效。植物雌激素可分为异黄酮、木酚（酯）素和香豆雌甾烷3类。木酚（酯）素主要存在于亚麻籽中。谷物中木酚素的含量为2~7mg/kg，而亚麻籽含木酚素为2~3mg/g，脱脂亚麻粕木酚素含量成倍增加，因而亚麻籽是人和哺乳动物木酚素主要的来源。木酚（酯）素作为植物雌激素的一种有如下功能，一是抑制人体乳腺癌的生长，即减少乳腺肿瘤的大小和减少其产生的概率。二是能增加绝经期妇女阴道细胞成熟，显示其雌激素活性，显著地减轻妇女绝经期症状。三是预防结肠癌。同时能增加免疫功能，包括有助于减缓肾功能的衰退，有益于狼疮性肾炎减轻和辅疗作用。四是美国杜克大学医疗中心研究组验证食用亚麻籽后可预防前列腺癌的扩散。由此，使男性前列腺特定抗原的含量降低，也就是使PSA（前列腺特异抗原）降低，PSA是检测前列腺癌的指标之一。

（三）促进神经系统、脑和视网膜的发育，高度增加智力和保护视力

1989年英国的一位教授发表文章称，"日本儿童智能指数比较高与食用鱼的习惯有关"，引起了对鱼油中DHA的深入研究，研究表明DHA有显著提高学习记忆功能。亚麻籽油的α-亚麻酸含量很高，可代谢为DHA。所以，亚麻籽油对提高学生学习记忆功能很有作用。α-亚麻酸代谢产物DHA是大脑、视网膜等神经系统磷脂的主要成分，是婴幼儿生长发育所不可缺少的物质。当体内缺乏α-亚麻酸时，可出现脱发、视觉障碍和神经性皮炎等症。动物试验证明，饲喂富含α-亚麻酸的食物，使子代小鼠视网膜中的DHA增加，视网膜反射能力增强。所以，对孕妇和婴儿来说，摄取α-亚麻酸尤为重要，因为其代谢产物DHA对胎儿的神经系统、脑和视网膜的发育起着重要的作用。在开始怀孕时就应多摄取含α-亚麻酸的油。婴儿出生后也还要补充α-亚麻酸，以保证婴儿大脑的正常发育。所以，富含α-亚麻酸的亚麻籽油对孕妇和婴儿具有极其重要的作用。

（四）抗衰老，预防老年痴呆症

亚麻籽中的α-亚麻酸是体内各组织生物膜的结构材料，也是合成人体一系列前列腺素的前体。当人体摄取过量饱和酸或出现其他代谢紊乱时，体内的Δ6-脱氢酶受到抑制，从而影响α-亚麻酸的转化。因此，及时补充α-亚麻酸对保证体内正常代谢具有重要作用。如果缺乏α-亚麻酸，大脑神经系统必须代偿产生假反应，其结果通常是效率降低，反应迟钝。中老年要多摄取一些α-亚麻酸及亚油酸含量高的油脂，提高脑功能和记忆能力，可预防老年痴呆症。

（五）治疗过敏性疾病

亚麻籽中的α-亚麻酸可降低多核白细胞（PMNS）及肥大细胞膜磷脂中花生四烯酸（AA）的含量，使过敏反应时花生四烯酸（AA）释放量减少，从而降低左旋甲状腺激素（LT4）的生成；二十碳五烯酸（EPA）还有与AA竞争5-脂氧化酶的作用。富含α-亚麻酸的亚麻籽油对过敏反应的中间体PAF（血小板凝集活化因子）有抑制作用。因此，亚麻籽油是预防和治疗过敏性疾病最佳保健食品。但由于整个身体要重新组织，要将过敏彻底消除需一段较长时间，更要全面性的营养辅助。

（六）改善关节炎

试验证明，ω-3脂肪酸（α-亚麻酸）对治疗及防止关节炎有极大作用。60%风湿关节炎患者接受ω-3脂肪酸及ω-6脂肪酸治疗后，可以完全停止食用非类固醇的抗炎药物，而另外有20%则可将非类固醇抗炎药物减半。

第二章

亚　麻

第一节　亚麻的分类及生物学特性

一、亚麻的分类

亚麻（*Linum usitatissimum* L.）属于亚麻科亚麻属，草本或茎基部木质化。茎不规则叉状分枝。单叶、全缘，无柄，对生、互生或散生，1脉或3～5脉，上部叶缘有时具腺毛。聚伞花序或蝎尾状聚伞花序；花瓣5枚；萼片全缘或边缘具腺毛；花瓣长于萼片，花瓣蓝色、白色、紫色、红色、粉色等，雄蕊5枚，与花瓣互生，花丝下部具腺毛，雌蕊柱头5室，呈齿状。蒴果卵球形或球形，开裂。

亚麻属有200多个种，主要分布于温带和亚热带地区。中国约9个种，主要分布于西北、华北和西南等地。

中国亚麻属分种检索表

A.萼片边缘具腺毛：

B.花黄色；萼片长约为蒴果的2倍 …………… 长萼亚麻*L. corymbulosum* Reichb.

BB. 花淡紫色、蓝紫色和浅红色或近白色；萼片明显短于蒴果：

C. 一年生或二年生草本；花瓣长为萼片的2倍 ………… 野亚麻*L. stelleroides* Planch.

CC. 多年生草本；花瓣长为萼片的3～4倍……… 异萼亚麻*L. heterosepalum* Regel

AA. 萼片边缘无腺毛。

B. 一年生或两年生草本；果实假隔膜边缘具缘毛 ……… 栽培亚麻*L. usitatissimum* L.

BB. 多年生草本；果实假隔膜不具缘毛：

C. 花柱异长 ……………………………………………… 宿根亚麻*L. perenne* L.

CC. 花柱长与雄蕊近等长。

D. 叶1脉；花梗纤细，外展或下垂：

E. 茎上部叶片较密集，叶具长不育枝，叶片边缘平展………黑水亚麻*L. amurense* Alef.

EE. 茎上部叶较疏散，通常无不育枝，叶缘内卷，

基部叶鳞片状 ·· 垂果亚麻 *L. nutans* Maxim.

DD. 叶3～5脉；花梗较粗壮，直立或斜上生：

E. 叶线状披针形，1～3脉；萼片长3～4mm ··············· 短柱亚麻 *L. pallescens* Bunge

EE. 叶条形或狭披针形，3～5脉；萼片长5～7mm ······ 阿尔泰亚麻 *L. altaicum* Ledep.

（一）长萼亚麻

一年生草本，高10～30cm。根为直根，灰白色，纤细。茎单一，直立，光滑或被星散柔毛，中部以上假二叉状分枝，或茎多数而基部仰卧。叶互生或散生，圆柄；叶片狭披针形，长10～15mm，宽1～2mm，先端渐尖成芒状或钝，两面无毛，边缘具微牙齿，1脉。花单生叶腋或叶对生，有时散生茎上，常在茎上部集为聚伞状；花多数；苞片与叶同型，花梗与叶片近等长或稍短，直立；萼片披针形，长4～6mm，宽1～1.5mm，长于蒴果近2倍，具一条凸起的中脉，下部边缘具腺毛；花瓣黄色，倒长卵形，长6～8mm，宽约2mm，先端钝圆，基部渐狭成爪；雌、雄蕊同长。蒴果圆卵形，黄褐色，长2～3mm，宽约1.5mm。种子卵状椭圆形，长约1mm，亮黄褐色，光滑。花期5—6月，果期6—7月。

分布于新疆西部和西南部。生于沙质或沙砾质河滩、平原荒漠或低山草原。中亚各国和哈萨克斯坦也有分布。

（二）野亚麻

一年生或二年生草本，高20～90cm。茎直立。圆柱形，基部木质化，有凋落的叶痕点，不分枝或自中部以上多分枝，无毛。叶互生，线形、线状披针形或狭倒披针形，长1～4cm，宽1～4mm，顶部钝、锐尖或渐尖，基部渐狭，无柄，全缘，两面无毛，6脉3基出。单花或多花组成聚伞花序；花梗长3～15mm，花直径约1cm；萼片5枚，绿色，长椭圆形或阔卵形，长3～4mm，顶部锐尖，基部有不明显的3脉，边缘稍膜质并有易脱落的黑色头状带柄的腺点，宿存；花瓣5枚，倒卵形，长约9mm，顶端啮蚀状，基部渐狭，淡红色、淡紫色或蓝紫色；雄蕊5枚，与花柱等长，基部合生，通常有退化雄蕊5枚；子房5室，有5棱；花柱5枚，中下部结合或分离，头状柱头，干后黑褐色。蒴果球形或扁球形，直径3～5mm，有纵沟5条，室间开裂。种子长圆形，长2～2.5mm。花期6—9月，果期8—10月。

分布于江苏、广东、湖北、湖南、河北、山东、吉林、辽宁、黑龙江、山西、陕西、甘肃、贵州、四川、青海和内蒙古等省（区）。生于海拔630～2 750m的山坡，路旁和荒山地。俄罗斯（西伯利亚）、日本和朝鲜也有分布。茎皮纤维可制造人造

棉、麻布和造纸原料。

（三）异萼亚麻

多年生草本，高20～50cm。根木质化，粗壮，下部多分枝。茎多数，直立，无毛，基部为淡黄色或近白色的鳞片。叶多数，无柄，散生或螺旋状排列；叶片条状披针形或狭披针形，长15～30mm，宽2～5mm，无毛，前端钝或急尖，基部圆形，3～5脉，近顶部叶缘具红褐色腺毛。花序顶生，聚伞状，具4～8花；花直立，花梗粗壮，长与萼片近相等；萼片长5～8mm，披针形或卵状披针形，先端急尖，边缘具腺毛，内萼片宽卵形或圆卵形，边缘具有腺毛或仅一侧具腺毛；花瓣淡蓝色或紫红色，倒长卵形，长于萼片3～4倍，上部具有明显冠檐，基部渐狭成宽的爪；雌雄蕊异长。蒴果球形或卵球形，黄棕色，长8～12mm，果瓣长尖。种子扁状椭圆形，淡黄棕色。长约5mm，宽约1.5mm。花期6—7月，果期7—8月。

分布于天山西部（伊犁）。生于山地草原或旱生灌丛。中亚天山和哈萨克斯坦也有分布。花大而美丽，具有观赏价值。

（四）宿根亚麻

多年生亚麻（云南种子植物名录中称为豆麻）。多年生草本，高20～90cm。根为直根，粗壮，根颈头木质化。茎多数，直立或仰卧，中部以上多分枝，基部木质化，具密集狭条形叶的不育枝。叶互生；叶片狭条形或条状披针形，长8～25mm，宽3～8mm，全缘内卷，先端锐尖，基部渐狭，1～3脉。花多数，组成聚伞花序，蓝色、蓝紫色、淡蓝色，直径约2cm；花梗细长，长1～2.5cm，直立或稍向一侧弯曲。萼片5枚，卵形，长3.5～5mm，外面3片先端急尖，内面2片先端钝，全缘，5～7脉，稍凸起；花瓣5枚，倒卵形，长1～1.8cm，顶端圆形，基部楔形；雄蕊5枚，长于或短于雌蕊或与雌蕊近等长，花丝中部以下稍宽，基部合生；雌蕊与雄蕊互生；子房5室，花柱5枚，分离，头状柱头。蒴果近球形，直径3.5～7mm，草黄色，开裂。种子椭圆形，褐色，长约4mm，宽约2mm。花期6—7月，果期8—9月。千粒重2.6～3g，含油率36.8%，纤维含量18%～22%。该种有一定栽培价值，在青海驯化栽培，原茎产量可达4 200kg/hm²。

分布于河北、山西、内蒙古、西北和西南等地。生于干旱草原、沙砾质干河滩和干旱的山地阳坡疏灌丛或草地，海拔高度达4 100m。俄罗斯（西伯利亚）至欧洲和西亚皆有广泛分布。本种的花应为花柱异长，但所见中国标本仅是花柱长于雄蕊，而未见到其短于雄蕊的类型。

（五）黑水亚麻

多年生草本，高25～60cm。根为直根系，根茎木质化。茎多数，丛生，直立，中部以上分枝，基部木质化，具密集线形叶的不育枝。叶互生或散生，狭条形或条状披针形，长15～20mm，宽约2mm，先端锐尖，边缘稍卷或平展，1脉。花多数。排成稀疏的聚伞花序，花梗纤细，萼片5枚，卵形或椭圆形，长4～5mm，先端有短尖，基部有明显凸起的5脉，侧脉仅至中部或上部；花瓣蓝紫色，倒卵形，长12～15mm，宽4～5mm，先端圆形，基部楔形，脉纹显著；雄蕊5枚，花丝近基部扩展，基部耳形；子房卵形，花柱基部连合，上部分离。蒴果近球形，直径约7mm，黄色，果梗向下弯垂。花期6—7月，果期8月。

分布于东北、内蒙古、陕西、甘肃、宁夏、青海等地。生于草原、干山坡、干河床沙砾地等。俄罗斯远东和蒙古国有分布。

（六）垂果亚麻

多年生草本，高20～40cm。直根系，根茎木质化。茎多数，丛生，直立，中部以上又出分枝，基部木质化，具鳞片状叶，不育枝通常不发育。茎生叶互生或散生，狭条形或条状披针形，长10～25mm，宽1～3mm，边缘稍卷，无毛。聚伞花序，花蓝色或紫蓝色，直径约2cm；花梗纤细，长1～2cm，直立或稍偏向一侧弯曲；萼片5枚，卵形，长3～5mm，宽2～3mm，基部有5脉，边缘膜质，先端锐尖；花瓣5枚，倒卵形，长约1cm，先端圆形，基部楔形；雄蕊5枚，与雌蕊近等长或短于雌蕊，花丝中部以下稍宽，基部合生成环；雄蕊5枚，锥状，与雄蕊互生；子房5室，卵形，长约2mm；花柱5枚，分离。蒴果近球形，直径6～7mm，草黄色，开裂。种子长圆形，长约4mm，宽约2mm，褐色，花期6—7月，果期7—8月。

分布于东北西部草原区、内蒙古、宁夏、陕西和甘肃。生于沙质草原和干山坡。蒙古国、俄罗斯（西伯利亚和贝加尔地区）有分布。

（七）短柱亚麻

多年生草本，高10～30cm。直根系，粗壮，根茎木质化。茎多数丛生，直立或基部仰卧，不分枝或上部分枝，基部木质化，具卵形鳞片状叶；不育枝通常发育，具狭的密集的叶。茎生叶散生，线状条形，长7～15mm，宽0.5～1.5mm，先端渐尖，基部渐狭，叶缘内卷，1脉或3脉。单花腋生或组成聚伞花序，花直径约7mm；萼片5枚，卵形，长约3.5mm，宽约2mm，先端钝，具短尖头，外面3片具1～3脉或间为5脉，侧脉纤细而短，果期中脉明显隆起；花瓣倒卵形，白色或淡蓝色，长为萼片的2倍，先端圆形、微凹，基部楔形；雄蕊和雌蕊近等长，长约4mm。蒴果近球形，草黄色，直径约4mm。种子扁平，椭圆形，褐色，长约4mm，宽约2mm。花期5—6月、果期6—9月。

分布于内蒙古、宁夏、陕西、甘肃、青海、新疆和西藏（拉萨、江孜）等地。生于低山干山坡、荒地和河谷沙砾地。俄罗斯（西伯利亚）至中亚各国皆有分布。

（八）阿尔泰亚麻

多年生草本，高30～60cm。根粗壮，根颈木质化。茎直立，多数或丛生，光滑，中部以上分枝。叶散生或螺旋状排列，无柄，叶片条形或狭披针形，长20～25mm，宽2～2.5mm，先端渐狭，长渐尖或急尖，基部钝圆，两面无毛，3～5脉。聚伞花序具不多的花，疏散排列；花梗直立，长于叶；苞片与叶同型；外萼片宽卵形或椭圆状卵形，长5～7mm，宽约2mm，先端急尖，具不明显的尖头，内侧萼片先端钝圆，边缘膜质；花瓣蓝色或蓝紫色，倒卵形，长为萼片的3倍，先端钝圆或微凹，基部渐狭成黄色的爪；雄蕊与萼片近等长，花丝基部合生，雌蕊与雄蕊近等长。蒴果黄棕色，卵球形，长6～7mm，宽4～5mm，下部围以宿存萼片。种子长卵形，呈褐色，长约4mm，宽约3mm。花期6—7月，果期7—8月。

分布于新疆北部。生于山地草甸、草甸草原或疏灌丛。中亚西天山和哈萨克斯坦有分布。

（九）栽培亚麻（通称亚麻）

一年生草本。茎直立，高30～120cm，叶线状披针形或披针形，长2～4cm，宽1～5mm，先端锐尖，基部渐狭，无柄，内卷，有3（5）出脉。花单生着生于枝顶或枝的上部叶腋，组成疏散的聚伞花序；花直径15～20mm；花梗长1～3cm，直立；萼片5，卵形或卵状披针形，长5～8mm，先端凸尖或长尖，有3（5）脉；中央一脉明显凸起，边缘膜质，无腺点，全缘，有时上部有锯齿；花瓣5，倒卵形，长8～12mm，蓝色或紫蓝色，稀白色或红色，先端啮蚀状，雄蕊5枚，花丝基部合生；退化雄蕊5枚，钻状；子房5室，花柱5枚，分离，柱头比花柱微粗，细线状或棒状，长于或等于雄蕊。蒴果球形，干后棕黄色，直径6～9mm，顶端微尖，室间开裂成5瓣；种子10粒，长圆形，扁平，长3.5～4mm，棕褐色。花期6—8月，果期7—8月。

全国各地皆有栽培，但北方和西南地区较为普遍；原产地中海地区，现欧亚温带地区多有栽培，为重要的纤维、油料和药用植物。

韧皮部纤维构造如棉，细长而有光泽，强韧弹性，黄白色，为最优良纺织原料，束纤维长度可达1.2m，用以纺纱织布，主要用于服装，还可以用于绳索、麻袋、造纸、复合材料等；全草及种子可入药；种子榨油，在我国华北、西北地区被广泛食用，此外还可以用作印刷墨、润滑剂和药用等。

按用途不同可以将栽培亚麻分为以下3种类型（图2-1）。

1.纤维亚麻；2.纤籽兼用亚麻；3.油用亚麻

图2-1　栽培亚麻类型

1. 纤维亚麻

一年生，喜冷凉，适宜生长的温度为20～25℃，黑龙江、新疆等省（区）春季4—5月播种；云南、湖南、浙江等省10—11月播种。在黑龙江、吉林等省生育期为70～80d，新疆、山西等省（区）为90～100d，云南、湖南、浙江等省为130～180d。株高70～120cm，茎秆光滑，茎粗1.5mm。密植时只有一根茎，纤维含量为20%～35%。分枝4～5个，蒴果5～8个。花蓝色、白色、浅粉色、玫瑰色，生产上应用的大部分品种为蓝色。种皮褐色、浅褐色、乳白色等，生产上应用的大部分为褐色。

2. 纤籽兼用亚麻

株高60～90cm，有时有分茎，花序比纤维亚麻发达，单株蒴果较多。主要特征居于油用和纤维亚麻中间，栽培目的是种子和纤维兼顾。种子产量及千粒重均高于纤维亚麻。千粒重6～9g，含油率35%～45%。茎纤维含量15%～20%。我国西北、华北有栽培。花蓝色、紫红色、玫粉色、白色等。种皮褐色、浅褐色、乳白色等。

3.油用亚麻

株高40～60cm，生育期70～120d，分茎较多，分枝发达，每株蒴果数10～30个，最多可达100多个。种子千粒重7～16g，含油率40%～48%。花蓝色或白色。种皮褐色、浅褐色、乳白色等。

二、亚麻植物学特征

亚麻全植株由根、茎、叶、花、蒴果和种子6部分构成。

（一）根

亚麻根属于直根系，由主根和主根上分生的侧根组成。主根细长略呈波状，侧根短小细弱，呈稠密的网状分枝。根系的长度与密度，随品种类型、栽培条件而不同。亚麻主根长1m左右，深的可达1.5m，侧根长短随土壤类型和品种及栽培条件而不同。纤维用亚麻，其根系发育较其他类型弱，大部分侧根分布在20cm的浅土层中，以近表土5～10cm处的侧根密度最大。一般根系的重量仅占地上部分重量的9%～15%，所以纤维用亚麻比较耐旱，也容易倒伏。油用和匍匐亚麻的根系比较发达，根系入土较深，因此抗旱能力强。纤籽兼用亚麻的根系发育介于两者之间。亚麻根系比其他作物细小，并且吸收能力微弱。为促进亚麻根系发育及吸收，获得亚麻的各项高产，要求细致的土壤耕作及土壤中供应充分易溶解的营养物质。

亚麻出苗后15～20d，进入枞形期，植株地上部分生长缓慢，而根系生长十分迅速。当亚麻进入快速生长期时，强大稠密的根系已经形成，可以吸收足够的水分和营养物质，以满足地上部植株生长发育的需要，充分发挥增产潜力。到开花期，根系生长逐渐缓慢。根据亚麻根系的生长习性，通过土壤耕作、施肥等措施，促进亚麻根系的生长发育，对亚麻增产起重要作用。

（二）茎

亚麻茎细长，绿色，表面光滑，并附有蜡质，茎上着生稀疏或稠密的叶片。一般茎高69～120cm，茎粗1～5mm。纤用亚麻在密植情况下，一般不分枝，仅梢部有4～5个分枝；稀植时，茎粗而多分枝；油用亚麻分枝性很强，种子产量高。亚麻幼芽和分枝存在着相互抑制性。切除茎基部的侧芽，能诱导高部位侧芽和主茎顶芽的生长。亚麻茎的高度、粗度、分枝性和色泽是纤用亚麻品质极重要的标志。麻茎越高，工艺部分越长，含长纤维越多。

一般麻茎中部直径在1.0～1.5mm，即在3cm距离内排22根麻茎左右。麻茎各部位的纤维含量是不同的，茎基部的纤维含量约占该部分茎重12%，中部为35%，上部为

28%～30%，因此麻茎中部所占比例越大，出麻率越高。

麻茎色泽与成熟度有关，在一定程度上标志着纤维品质。正常麻茎色泽在浅黄色与黄绿色之间。密度稀或氮肥过多，则麻茎粗，分枝多，木质部发达，纤维束排列松散，出麻率低，机器加工使分枝部分纤维脆弱，容易断裂，降低长麻率。

亚麻茎由表皮层、韧皮部、形成层、木质部和髓组成。表皮层由一层薄壁细胞组成，外面附有一层角质层和蜡质，可减少水分蒸发和病虫的侵害。韧皮部在表皮内侧，由韧皮薄壁细胞组成，在这些细胞里聚集一群一群的多形厚壁细胞——纤维细胞组成的纤维细胞群，每群称为一个纤维束。沤麻能破坏韧皮部的薄壁细胞，而分离出的每根纤维是一个纤维束，一般韧皮部有30～40个纤维束均匀地分布成一圈完整的环状纤维束层。纤维束分布在整个麻茎，纤维束的分布方向有的一直到茎尖端，有的到达叶部。达到茎顶端的纤维束一直与根部连续，但在顶端游离的分枝，除向花及种子方向发展外，也有向叶痕方向发展的，叶痕数目及其分布与纤维束分枝有重大关系。逆向抚摸亚麻纤维时，会发现毛羽状的线就是纤维束向叶痕方向发展的结果。

亚麻的纤维是成束的，不像苎麻纤维单独而稀疏地分布在韧皮部外，韧皮部厚度由于茎部不同而差异。一般茎基部的韧皮部不够发达，越近梢部的韧皮部越发达。韧皮部越发达，麻茎中纤维比例越大。

形成层由一层排列整齐、软弱、致密、不坚定的细胞组成，在成熟的麻茎切片中不常看到形成层，这是因为它们已死掉的缘故。形成层是分生组织，在麻茎生长过程中，有向外分生韧皮部细胞、向内分生木质部细胞的功能，组成木质部和韧皮部。

木质部由高度木质化的厚壁细胞组成，髓在木质部的内侧，由大型的薄壁细胞组成，其中有导管，它由形成层细胞伸长和增大而成，当导管形成时，内部原生质死去，导管逐渐变厚而木质化。髓由髓细胞组成，细胞间隙较大，在成熟期内，髓细胞几乎完全破裂，形成一个髓腔。

在抗倒伏性方面，多数亚麻品种与木质化组织和厚壁细胞多少有关，但也有少数品种具有较少的木质化组织，却有较大的初生纤维和维管束。

（三）叶

亚麻叶为绿色、全缘，无叶柄和托叶。三出叶脉，两条侧脉并不着生在中脉基部，而来自茎维管束。叶和茎覆盖一层厚度不等的蜡质。下部叶片互生，一般按螺旋状生于茎的外围。叶较小，一般叶长1.5～3.0cm，叶宽0.2～0.8cm。全株叶片一般在50～120枚。由于叶片在茎上的着生部位不同，其形状、大小以及在茎上的排列方式和着生密度都有所不同。种子萌发后出土的为一对子叶，呈椭圆形。植株下部的叶片较少，呈匙形，一般为互生。中部叶片较大，呈纺锤形。上部叶片细长，呈披针形或线形。纤维亚麻的叶片数少于油用亚麻和纤籽兼用亚麻。

国内亚麻品种叶片表皮细胞排列不整齐，取向不定；国外品种表皮细胞的排列则较为整齐有序。国内品种单位面积气孔数量较国外品种少，且排列方向不定；国外品种基本上是按固定方向排列的。如国内品种黑亚5号其表皮细胞排列无规律性，显得杂乱无章；而国外品种高斯的表皮细胞则排列得非常整齐有序，并且比其他品种更加向外部突出。国外种叶片表面蜡质层较薄，为片状结构，气孔比较暴露，几乎与蜡质层在同一平面上；国内品种蜡质层较厚，为茸毛状，气孔位于蜡质层下方较深处。由于上述结构特点，国外品种接受光照较多，光合作用能力强，植株生长发育较快。但其叶片中水分蒸发得也较快，在天气比较干旱时如不能及时浇灌，则植株将因缺水而生长矮小。国内品种因气孔下陷较深，且蜡质层厚而密集，故叶片保水能力强于国外品种。在叶片表面几乎所有品种都存在一种凸起的嵴状结构，有的品种为横向排列，有的品种为纵向排列，有的品种为斜向排列，还有少数品种如双亚3号排列不规则。此结构可能是由角质物质组成，其功能可能与增加叶片强度有关。此种结构在早熟品种如双亚3号、高斯中明显减少，与其他品种有很大差异。

（四）花

亚麻的花序是总状伞形花序，着生在上部分枝的顶端。花呈漏斗状或圆碟状。花的颜色多为蓝色、浅蓝色、蓝紫色、紫色、白色，少数也有浅粉色和粉红色。亚麻花属于五元构成类型。花有花萼、花瓣、雄蕊各5枚，雌蕊1枚，柱头5裂。雄蕊与花瓣同数而互生，花丝基部连合。柱头浅蓝色，子房呈球形，多为5室，每室有胚珠2个，受精后发育成为种子。

栽培亚麻是自花授粉作物，异花授粉率通常不高，一般为1%～3%。一朵亚麻花的开放时间只不过几个小时，凌晨开放，中午左右凋谢。在凉爽阴暗的天气条件下，落花较晚，开花可持续一整天。在同样的温度和光照条件下，油用亚麻的开花持续时间通常较长，异交百分率高的品种花凋谢较慢，开花持续时间长，为异花授粉创造了更多的机会。

亚麻在下午或晚上不再开花。花临开之前，花冠明显超出花萼但仍旧卷抱在一起，只是在第二天日出时才舒展开来，有时也在黎明前开花。在花蕾状态时花丝尚短，花药和花粉粒只有较少的色素沉着，雄蕊发育不完全，只是到了开花的时刻花药才裂开。

进行人工杂交时只需在卷曲的花冠超过花萼的情况下对花蕾实行去雄。用手指捏住花蕾，用镊子拔去花冠，去掉5枚花药。第二天早晨柱头比较敏感，应在此刻进行授粉。授粉要注意早些进行，因为花药在日出见光后很快散出花粉。

1. 花萼

亚麻花有5个萼片，其中最初的两个萼片在外面，是全暴露的；另外两个在里面，是部分被覆盖的；第5个在中间，一边暴露在外，另一边被覆盖。萼片分离或基部连合；绿色的花萼有两种性状可作为区分不同品种的标志，即是否有斑点、边膜及尖端是否存在花青苷色素。仅按照花萼的形状不能用来区分不同品种的斑点，花萼的脊部经常呈鱼刺状分布的很清晰的一种小斑点，在斑点差别很明显的情况下可作为理想的标志性状。这个性状也出现某种程度的波动。斑点强度随着植株年龄的变化而变化，如在开花末期比开花始期经常呈较多的斑点。生长条件同样产生影响，干热天气对生长不利，使斑点增加。花青苷是一类水溶性的类黄酮类化合物，广泛存在于植物的根、茎、叶、花、果实、种子中，使这些组织器官呈现出红、蓝、紫等不同的颜色。花青苷染色强度是品种波动较大的一个性状，冷凉和不利的生长条件可明显提高它的强度。

2. 花瓣

亚麻花有5个花瓣，呈螺旋状排列，每一片都是一边暴露，另一边被覆盖。花瓣一个压一个，在整个花冠中，有时呈顺时针方向螺旋线形，有时呈逆时针方向螺旋线形。但花瓣覆盖方向绝不是品种的标志，因为在同一株亚麻上有时会发现两种类型的花。正常情况下，花瓣长略大于宽，然后也有的品种是宽大于长。有些品种的花瓣中部径向隆起呈屋脊状（摩洛哥的品种和阿根廷的品种），有些品种的花瓣则稍微卷曲，也有卷曲的花瓣同时又较窄，并在中间隆起呈屋脊状。

3. 雄蕊

绝大多数情况下，雄蕊包括贴向柱头的花药和在轻微的扭曲状态中呈切线方向的花丝。雄蕊盘绕在柱头周围。某些品种的花丝呈轻微卷绕状，另一些品种的花丝则是直立的。某些大粒种亚麻的雄蕊直形，不触及花柱，这个性状可用来同纤维用亚麻品种相区别。花药为椭圆形，扁平，侧面脊状。裂缝沿两个侧脊出现，花药壁像书页一样掀开并卷向外面，让花粉逸出。花粉粒圆形而有光泽，呈蓝色或橙色，在潮湿情况下聚集一团。花丝的色泽与瓣脉相同，瓣脉是蓝色时，花丝也是蓝色，但当瓣脉是浅红色（紫色或浅红色花）时，花丝为紫色。当天气连续几天很凉时，花丝可褪至白色。花丝背面以及花丝基部附近，即退化雄蕊继续存在的部位，有花蜜形成。花朵并不发散任何香气。

4. 雌蕊

子房由联生的5心皮构成，每个心皮上面是花柱，花柱末端为棒槌状柱头。柱头里面有大量乳头状突起，外面光滑，是花柱的延长。在横断面上，子房有5个子房室，每个房室包含两个被一不完整中隔分开的胚珠，属于中轴胎座，珠脊是内向和下降的。花柱和柱头的不同形态可以用于区分不同品种。花柱可为直形或卷绕形，它的扭曲方式通常与花丝的扭曲方式相同，但也有的品种花柱扭曲，而花丝是直形的，或者花柱直形而花丝为扭曲的。柱头通常是互相贴近的，但某些品种的柱头是分离的，例如Pastel具有容易识别的分散的柱头。柱头有的位于花药顶端之下，有的位于同一水平，有的位于花药之上。对于在凉爽条件下开放的花，这个特征很明显。花柱可为白色或蓝色。花柱的颜色不受花瓣颜色的影响。由裂片组成的柱头可为白色、玫瑰色或紫色。柱头的背面是由花柱的延长部分构成的，与花柱色泽相同。柱头裂片的色泽通常取决于与瓣片、花药和花粉粒相同的基因。花的年龄和温度两种因素使柱头色泽发生波动。

（五）蒴果

子房发育成具有5室的球状蒴果，也有卵形或略长的卵形蒴果，通常蒴果的形状和体积是与种子的形状和体积有关联的。蒴果顶端稍尖，每室被一不完整中隔分为两半，正常情况下含有两粒种子。成熟时呈黄褐色，不同程度地开裂。裂缝是沿着分隔心皮的隔膜形成的。心皮脊脉处也有一裂缝，但不太明显。隔膜由紧贴在一起的两层膜构成，并在开裂时以室为单位分开。

绝大部分栽培亚麻品种，其蒴果为半开裂型。裂缝沿着心皮接合线，有时也沿着心皮的中脉产生，但裂开的部分没有分散或没有完全分散而使种子逸出。干热的天气促使蒴果开裂。某些起源于印度等热带国家的品种完全不开裂，心皮接合部无裂缝。野生亚麻和个别品种蒴果为开裂型，心皮之间裂缝很宽，使种子落地。一些蒴果坚硬品种的特点是，在成熟前蒴果上有强烈的紫色花青苷色素沉着，蒴果同时木质化，很难破碎。

同心皮边缘相连的和心皮中脉连接的两种不完整类型的隔膜，其边缘均有茸毛。可将隔膜有毛品种和隔膜无毛品种加以区分。北欧起源的纤维用亚麻以及热带国家起源的茎极短的油用亚麻，其隔膜无毛。摩洛哥大粒种亚麻的隔膜均有毛，其他种则由有毛和无毛的混合植株组成，其中有毛植株通常占绝大多数。

形成蒴果数量与分枝密度成正比，但也受温度、养分等因素影响，还与植株生育状况有关。在正常发育条件下，一般每个蒴果可结8～10粒种子。每株蒴果数，纤维亚麻1～10个蒴果或更多，纤籽兼用亚麻10～40个或更多，而油用亚麻40～100个或更多。

（六）种子

亚麻经大小孢子和雌雄配子体发育结束后开始开花，雄蕊花药开裂，散出大量的花粉并落到柱头上，花粉很快在柱头上萌发，花粉管沿柱头经花柱的引导组织伸长到达子房室的上部，然后通过珠孔附近的腺毛状结构，由珠孔进入胚囊，释放精子，受精时，胚珠大小约900μm×450μm，合子经24～30h后开始分裂，个别为12h，第一次分裂为横分裂，产生二细胞型原胚，近珠孔端为基细胞，合点端为顶细胞。开花3d时发育成20μm×20μm大小的球形原胚，在此基础上原胚开始分化，开花4d，胚珠生长较快，接近成熟时大小（3 100μm×1 400μm），此时已分化成100μm×120μm的心形胚，心形胚逐渐长大、凹陷，两个子叶原基逐渐明显，开花8d时胚尚小，12d时胚迅速长大，15d左右胚已充满整个胚珠，接近成熟胚的大小，胚随胚珠生长而不断长大，成熟胚为直立型，两枚子叶很大，其长度约占整个胚长的2/3。其内贮藏营养物质，胚轴和胚根较短，两者界限不清，外形上难以区分，胚芽位于两片子叶的交界处，亚麻幼胚的发育类型属茄型。

在卵细胞进行受精的同时，极核与另一个精子进行融合，产生三倍体的初生胚乳核，初生胚乳核休眠时期很短，即开始分裂，不断产生胚乳游离核，胚乳分裂先于合子，并且分裂速度较快。随着胚乳游离核的不断形成，胚囊不断长大，由于胚和胚乳不断吸收胚囊周围的营养使其珠心细胞很快瓦解。胚乳的细胞质稠密，常在胚囊中央集聚成一条，并在珠孔端将原胚包围，胚乳在合点端形成细长的吸器，在胚和胚乳形成过程中，内珠被细胞内贮藏大量营养物质，以供胚和胚乳发育需要，当胚发育到中后期，胚乳游离核开始形成胚乳细胞，亚麻种子近成熟时，靠近胚的外侧和种皮之间有数层细胞组成的胚乳，胚乳细胞内含大量糊粉粒和油脂，供胚萌发需要。

亚麻胚珠为双珠被，幼小珠被各由2～3层细胞组成。以后随胚珠发育，内珠被由于中层细胞不断分裂，产生由多层细胞组成的内珠被，内珠被的内表皮形成珠被绒毡层。该层细胞特点是排列整齐，细胞径向伸长，为以后胚和胚乳发育过程提供营养。随着胚和胚乳发育，珠被逐渐发生变化，外珠被层数未变，仍为2～3层，但细胞体积明显增大，最外一层的细胞表面有角质层，径向伸长，细胞内含有大量的果胶质，种子成熟时，该层细胞遇水黏化膨胀，内层供给营养。发育后期细胞壁加厚，不规整，最内一层珠被绒毡层保留并积累色素，变成色素层。

亚麻种子是由种皮、胚乳和胚3部分构成，种皮由角质层、表皮层、薄壁细胞层、石细胞层、第二薄壁细胞层和色素层组成。种子的表皮层内含有果胶物质，吸水性强，遇上阴雨天，容易引起种子变黏，失去种皮光泽。石细胞层保持种皮的硬度，而第二薄壁细胞层和色素层使种子具有色泽。种皮下面为蛋白质层或胚乳层，胚生长时用它做养料。胚乳含有丰富的蛋白质和油脂细胞层，在发芽时向胚芽输送营养物质。种子中部为胚，胚由两片子叶、胚芽和胚根组成。

亚麻的种子扁卵形，表面多红棕色或灰褐色、棕褐色，少数金黄色和白色，表面平滑而有光泽，种子前端形如鸟嘴而弯曲，一端钝圆，另一端尖而歪向一侧。种子的大小及重量，因品种及栽培条件有所不同。千粒重差别很大，为1～16g。野生亚麻种约为0.8g，纤维用亚麻为4～6g，油用亚麻为5～16g。亚麻种子一般为长3.2～4.8mm，宽1.5～2.8mm，厚度0.5～1.2mm。种子在放大镜下可见微小的凹点，种脐位于尖端凹入部分，种脊浅棕色，位于一侧边缘。种皮薄，除去种皮后可见棕色薄膜状的胚乳，内有子叶2片，黄白色，富油性，胚根朝向种子的尖端，嚼之有豆腥味。

亚麻种子含油35%～48%，蛋白质24%～26%，无氮浸出物22%，其他为灰分和水。

三、亚麻的生长发育

（一）生长发育时期的划分

亚麻的生长发育时期，可分为出苗期、枞形期、快速生长期、开花期和成熟期。整个生育期在我国北部地区种植纤用亚麻为70～80d，油用亚麻为90～110d。纤籽兼用型亚麻70～110d不等。

1. 出苗期

亚麻为双子叶植物，播种后在水分、温度条件适宜的情况下，种子开始萌发，子叶和胚根吸水膨大，然后胚根突破种皮而伸入土中，胚芽迅速向上伸长，子叶顶出地面。有50%幼苗出土的日期为出苗期。子叶出土后变为绿色，开始进行光合作用，此时幼根也开始从土里吸收营养物质。亚麻出苗快慢与土壤温度、水分有密切的关系。在土壤温度适宜的条件下，温度越高，亚麻种子发芽出苗越快，反之就慢。在正常条件下，亚麻一般从播种到出苗为5～9d，整个苗期15d左右。

亚麻种子发芽需要的水分因品种不同而异，一般萌发时，吸水量为种子本身重量的1倍多。亚麻种子发芽最低温度为1～3℃，最适温度为20～25℃。亚麻播种以土层以下5cm，温度7～8℃，平均气温4.5～5℃为宜。亚麻种子在低温下仍具有发芽的能力，有利于抢墒播种保全苗。种子在低温条件下发芽，还可减少种子内部脂肪的消耗。亚麻种子在5℃发芽时，种子内保存60%的脂肪，在18℃发芽的种子，保存脂肪只有40%。

2. 枞形期

亚麻幼苗出土后25d左右，植株高度在5～10cm，并出现3～6对真叶，这些真叶叶片紧密地聚集在植株顶端，呈现小枞树苗状，这一时期称为枞形期。这时地上部幼苗生长缓慢，每昼夜地上部生长速率0.3～0.6cm；但地下根系生长迅速，在株高5cm左右时，根系长度可达25～30cm。纤用亚麻产区的黑龙江、吉林从5月上旬出苗到6月上旬是枞形期，枞形期一般20～30d。

3. 快速生长期

亚麻的快速生长期有20d左右。亚麻在枞形期之后，麻茎即进入旺盛生长阶段，这时植株是靠节间伸长而快速生长的。当亚麻植株中约50%的植株孕蕾，生长点下垂时，亚麻开始进入快速生长期。亚麻在快速生长期每昼夜生长速率可达3～5cm，其中尤其以现蕾前后生长最快，到开始开花时，生长减慢。亚麻的类型不同麻茎的生长速率亦有明显差别。生育初期以油用亚麻类型生长速度较快，出苗后仅30d，株高就为收获时的39%～53%，而纤用亚麻类型仅为22%～31%。但生育后期则以纤用型亚麻的生长速度快，收获时的株高也以纤用亚麻类型为最高。同一类型亚麻的麻茎生长速度，又由于播种期和播种方法不同而异。一般早播的麻茎生长速度较慢，每天生长速度1.02～2.40cm，而晚播的麻茎生长速度较快，为2.2～3.0cm。但植株高度一般以晚期播种的较高，而产量与品质则以适期早播的产量高、品质好。条播密植的在初期生长速度较快，但到中后期则以稀植的较快，植株高度也以稀植的较高。亚麻植株昼夜都生长，以早晨生长最慢，以后渐快。

4. 开花期

从现蕾到开花为5～7d。纤用亚麻从出苗到开花为50～60d，开花期一般7～10d。油用亚麻花期较长，从始花到终花10～27d。亚麻每次开花的时间在3～5h。当亚麻植株开始开花时，亚麻茎仍继续伸长，到开花末期则完全停止。亚麻停止生长以后，虽然外界环境如温度、水分、湿度适宜，对麻茎继续伸长没有多大影响，但雨水过多会使亚麻茎秆继续保持绿色，易出现贪青晚熟。

亚麻开花期的田间植株标准：10%植株开花为始花期，50%植株开花的日期为开花期。

5. 成熟期

纤用亚麻开花终了后15～20d达到成熟期，油用亚麻30～40d达到成熟期。按发育过程可分为绿熟期、黄熟期和完熟期3个阶段。

（1）绿熟期。即开花后20～30d，这时麻茎和蒴果尚呈绿色，下部叶片开始枯萎脱落，种子还没有充分成熟，种子中有绿色的小叶和叶腋，这个阶段的种子品质很差，不能作种子用。

（2）黄熟期。即工艺成熟期，是纤维品质最好的时期。全株蒴果大部分黄色或淡黄色，蒴果中的种子多数已变淡黄色，少数种子变成褐色，尚有少数种子为绿色，种子坚硬有光泽。纤维品质也好。黄熟期时的亚麻麻茎迅速木质化，表皮变黄绿色，麻田中麻茎有1/3变为黄色，茎下部1/3叶片脱落，蒴果1/3变黄褐色，种子呈棕黄色，即纤维成熟期。

（3）完熟期。即种子成熟期。此时麻茎变褐色，叶片脱落，蒴果呈暗褐色，且有裂缝出现，摇动植株时种子在蒴果中沙沙作响，种子坚硬饱满，但纤维已变粗硬，品质较差。

纤用亚麻的成熟期田间植株标准是：50%以上植株具有工艺成熟期的特征时，即为纤用亚麻工艺成熟期。纤籽兼用和油用亚麻的田间植株特点是：50%以上植株具有黄熟期和完熟期的特征时即分别为纤籽兼用和油用亚麻的适宜成熟期。

（二）亚麻生长发育特性

1. 亚麻温光反应特性

亚麻生育期内需要经过春化和光照两个阶段才能正常生长发育、开花结实。

（1）春化阶段。在种子萌动阶段和苗期，低温具有春化作用。亚麻春化阶段因品种类型不同而异。纤维用亚麻在3~10℃的条件下需要3~10d，兼用类型亚麻在5~8℃条件下需要6~8d，油用亚麻5~8℃条件下需要8~11d。

（2）光照阶段。亚麻为长日照植物。日照缩短时，发育延迟；持续光照，发育加快。在春化阶段结束后便进入光照阶段。连续光照（日照时长12h以上）和逐步提高温度（16~20℃）时，25~28d即通过光照阶段。油用和兼用类型亚麻的光照阶段比纤维用类型亚麻要长些。亚麻在枞形期可以结束光照阶段进入快速生长期，接着现蕾、开花、结果，达到成熟期。

2. 亚麻生长与环境的关系

（1）种子发芽与环境条件。亚麻种子发芽时需自重的110%~160%的水分。其吸水过程为，短时间急剧吸水期，缓慢吸水期和再急剧吸水期。种子发芽是在种子缓慢吸水期的终止，胚根突破种皮；再急剧吸水期是在胚根和胚芽突破种皮后开始生长的时候。

亚麻种子充分吸水后，发芽出苗的快慢与温度有关。亚麻种子在1~3℃的低温下仍能发芽，但温度低于1℃时就不能发芽。发芽出苗速度，随温度升高而加快。1978—1979年黑龙江省甜菜研究所试验结果表明，6.2℃的气温下，从播种到出苗为17d；9.8℃的气温为11d；温度达到20.5℃时，缩短到6d。

（2）亚麻生长与环境条件。

①温度：纤用亚麻适于温和湿润的气候条件。生育期间要求温度逐渐上升，变化不剧烈。昼夜温差小，温度不太高的条件，有利于亚麻营养体生长，促进麻茎长得高、细、均匀，以提高原茎和纤维的产量及品质。

亚麻在生育初期能耐短期的低温，尤其在两对真叶时对低温忍耐力较强，但幼苗刚出土，子叶将要展开时，耐低温能力较弱，此时遇到的低温容易造成死苗、缺苗，影响产量和质量。亚麻从出苗到开花的适宜温度为11~18℃。如快速生长前期，平均气温超过22℃，则加快麻茎发育，提前现蕾开花，使麻茎生长加快，纤维组织疏松，降低纤维出麻率和品质。开花以后温度稍高，对纤维产量及品质影响不大，且有利于种子成熟。纤用亚麻从出苗到纤维成熟整个生育期需要的有效积温为1 500～1 700℃，油用亚麻为1 600～2 200℃。纤用亚麻在营养生长期对温度的需求比油用亚麻少，而在生殖生长期则相反，纤籽两用亚麻介于两者之间。

②光照：亚麻是长日照植物。在生长发育过程中，光照时间的长短和强弱，与植株高度、发育时期和分枝特性有密切关系。纤用亚麻在长日照（13～16h）条件下顺利地通过光照阶段，促进发育和成熟，而在短日（10～12h）条件下发育延迟。

影响亚麻光照阶段的主要气象因素是光照时数，光照时数延长，通过光照阶段快。反之，8h短光照不能通过光照阶段（表2-1）。

表2-1 不同光照时数对现蕾期的影响

处理	播种期	出苗期	出苗至现蕾日数（d）	成熟情况
自然光照	5月15日	5月23日	43	开花末期
8h光照	5月15日	5月23日	未现蕾	
10h光照	5月15日	5月23日	60	开花始期
12h光照	5月15日	5月23日	54	近终花期
16h光照	5月15日	5月23日	39	绿熟期
24h光照	5月15日	5月23日	28	成熟期

光照强度影响纤用亚麻的纤维发育。在光照较弱的条件下，纤维发育较好，木质化程度减少，但是光照过弱，对纤维发育将发生严重的不良后果。亚麻在人工遮光的条件下，麻茎的纤维束非常疏散，一束内纤维细胞数显著减少，细胞中腔大，降低纤维品质。孙洪涛等（1986）利用温室条件进行人工光照强弱处理，观察亚麻生长发育情况指出，由于生理辐射强度和灯光密度不同，麻株生长速度与叶片数目有显著差异（表2-2），9d内株高、叶片数，强光照射下显著增多。此外，光能利用还随密度而异。播种过稀，亚麻植株茎秆较粗，纤重增加，但出麻率降低，纤维品质也差。所以适当密植，充分利用光能，可以增加亚麻的出麻率，提高亚麻的纤维品质。这说明用合理的播种密度来提高光能利用率，是提高纤维产量和品质的有效措施。

中国栽培的3种亚麻类型，由于长期生长在不同地理位置，受纬度差异、海拔高低及日照长短的影响，形成了不同的生态特征。如纤用亚麻株高为70～120cm，分枝3～5个；纤籽兼用亚麻在中部温带地区株高40～70cm，分枝5～10个；油用亚麻多在低纬度的温带、亚热带地区种植，植株高度仅20～40cm，分枝多达10～20个。

表2-2　温室不同人工光照强度对亚麻株高、叶片生长发育速度的影响

调查日期（月/日）	A（灯光密度375 W/m²）		B（灯光密度125 W/m²）	
	株高（cm）	叶片数	株高（cm）	叶片数
3/11	49.9	71.2	22.5	47.7
3/12	52.5	72.4	23.7	47.6
3/14	60.7	76.8	27.7	48.4
3/15	64.9	78.6	29.1	50.0
3/16	69.2	80.4	31.4	53.2
3/17	72.3	81.4	32.7	52.4
3/18	76.4	85.4	34.3	54.0
3/19	79.9	85.6	35.7	56.4
3/20	84.2	92.8	37.8	59.5
9d增长量	34.4	21.6	15.3	12.4
平均日增长量	3.81	2.04	1.70	1.38
3/26	105.5	105.8	51.0	69.2

③水分：亚麻是需水较多的作物。每形成0.5kg干物质，需要200～215kg的水。亚麻生育期遇到高温干燥，亚麻茎秆长得较矮，纤维发育不良，单纤维较短且缺乏弹性。而在凉爽湿润的条件下，亚麻茎秆长的较高，纤维柔软且富有弹性。但雨量过多或排水不良，也不宜亚麻生长。雨量过多时，亚麻茎秆软弱，容易倒伏，成熟期晚，亚麻出麻率和纤维品质均降低。

亚麻从出苗到开花阶段，土壤持水量以80%为宜。土壤持水量降至40%将影响原茎及纤维产量。开花末期到成熟期，土壤持水量以40%～60%为宜。亚麻生长的不同阶段，对水分的需求量也不同。据黑龙江省农业科学院经济作物研究所1980—1981年试验，出苗期到枞形末期耗水量占总耗水量的9%～13%，快速生长期到开花期占73%～80%，开花期到工艺成熟期耗水量占11%～14%。

亚麻从快速生长到开花这一时期，水分供应情况直接影响原茎产量和纤维品质。黑龙江省农业科学院经济作物研究所1980—1981年试验显示，这一时期的耗水量与株高、干物质积累呈显著正相关，r值分别为0.928 7和0.968 0。

亚麻生育期间，总耗水量的34.46%水分由地面蒸发到空中（表2-3），其余65.54%由叶面蒸腾作用蒸发掉。

表2-3　亚麻生长时期叶面蒸腾和株间（地面）蒸发（%）

	苗期	快速生长期	成熟期	全生长期
叶面蒸腾	1.96	42.94	20.64	65.54
株间蒸发	2.06	23.53	8.84	34.46
总蒸发	4.05	66.47	29.48	100

亚麻蒸腾强度与叶面积大小呈高度相关。最高的蒸腾系数和蒸腾能力，发生于苗期土壤水分较低时和快速生长期间。亚麻植株含水量也受气候条件的影响。干旱条件下，麻茎作为贮水器官，由基部将水分送向梢部。世界著名优质亚麻产地有法国的布雷斯特、比利时的布鲁塞尔等地，在播种时气温7℃左右，收获时气温17℃左右，而且气温稳步上升，整个生育期间月平均雨量为60~80mm，雨量分布均匀，纤维品质良好。

中国纤维亚麻生产区的黑龙江，年降水量400~500mm，能满足亚麻生长发育的需要。但是由于全年降水量分布不均，尤其在亚麻出苗期到快速生长期的5—6月，往往少雨干旱，此时正是亚麻需水较多的时期，如能及时补水，对提高亚麻原茎、纤维产量和品质有较明显的效果。

在非灌区种植亚麻，只有依靠降雨，采取农业措施，保持土壤中含有充足的水分，来满足亚麻生长的需要。亚麻在生育的各个时期，降雨分布均匀，有利于营养体的发育，纤用型品种最好是出苗期到枞形期降水量达到50~60mm，枞形期到开花期达到100~150mm，开花期到成熟期达到50~70mm为宜。

亚麻遭受轻微受旱时，叶片开始稍卷，植株萎蔫、生长慢；中等受旱时，中午时生长点叶片呈萎蔫状态，生长很慢；严重受旱时，白天萎蔫，晚上不易恢复，植株下部叶片变黄，脱落。在大气干旱和土壤干旱同时并存时，亚麻生长点不久出现枯萎，叶片很快变黄脱落。

亚麻的耐旱性因品种不同而有差别。黑龙江省农业科学院经济作物研究所自20世纪50—60年代至今研究表明，耐旱性强的品种有л-1120、瑞士10号、华光1号、и-7等；耐旱性中等的品种有胜利者、瑞士9号等。中国育成的黑亚2号、黑亚3号、黑亚16号、黑亚21号、华亚3号、华亚6号和华亚8号等品种，都有较强的抗旱性，广泛应用于干旱地区推广。

④土壤：亚麻对土壤条件要求比较严格。种植亚麻要求土层深厚，土质疏松，保水保肥力强，而又排水良好，没有杂草，营养物质较丰富的黑钙土和淋溶黑钙土为最好。沙土保水保肥力差，黏土春季地温上升慢，通气透水不良，土壤容易板结，出苗

不整齐，保水排水均差。腐殖质土发芽整齐，良好，原茎产量高，但韧皮层薄，木质部所占比例大，出麻率低。碳酸盐黑土只要0~10cm土层含盐量在0.2%以下，亚麻能正常生长；含盐量超过0.3%时亚麻植株不同程度地受到盐害，抑制生长或枯萎死亡。亚麻本身适于中性或微酸性的土壤生长，土壤pH值6.5~7.0为宜。

⑤营养元素：纤维亚麻根系纤细吸肥能力较弱，吸肥时间短而集中。黑龙江省甜菜研究所1973—1976年试验结果表明，亚麻原茎产量7 500kg/hm²，从土壤中吸收氮2.05kg/hm²、磷0.35kg/hm²、钾2.1kg/hm²。亚麻不仅需要氮、磷、钾三要素，而且还需要铁、锰、硼、锌等微量元素，缺少任何一种元素都会影响亚麻的生长发育。亚麻在不同生育期内要求三要素的临界期不同，充分满足各临界期对营养的要求，对提高亚麻原茎产量和纤维品质是十分必要的。

亚麻对氮、磷、钾和钙都有一定的要求。氮素对亚麻纤维产量、品质有明显作用，但氮素过多会使植株生长迅速而发育缓慢，延长生育期，亚麻原茎产量随着施氮量增加而增加。不同种类的氮肥对亚麻生产有不同效应。铵态氮和硝态氮对亚麻产量没有什么明显影响，但二者对亚麻生长发育和纤维品质有明显差异。铵态氮可以促进亚麻发育，麻茎较细，木质部不发达，且增加长纤维的数量，纤维有弹性，伸长度、整齐度和纤维素含量增加，其浸渍过程也较快。

亚麻对磷的吸收前期较慢，后期较快。亚麻从出苗到枞形期施磷，对根系的发育有良好作用。开花到成熟期需磷较多，尤其以开花前后需磷最多。缺磷的亚麻会影响其纤维产量和品质；施磷可增加纤维细胞数目，减少细胞壁木质化程度，有利于提高纤维品质。

亚麻在整个生育期都需要钾素，缺钾将显著影响亚麻产量和质量。钾肥能增加亚麻纤维强度，减少病害并防止倒伏。亚麻生育前期缺钾，将大幅度降低原茎产量和纤维品质。生育中后期即现蕾到开花和由蒴果开始形成到蒴果成熟这两个阶段，吸收钾素较多。亚麻植株含钾丰富时，植株的下部含钾量要高于上部，缺钾时则相反。植株含钾量一般为0.4~5.1g/kg鲜重；若现蕾期植株含少于1.4g/kg鲜重的钾、1.1g/kg鲜重的氮，则表示缺钾。

亚麻不同生育期对氮、磷、钾的吸收率研究方面，黑龙江省甜菜研究所1979年试验结果表明，在枞形期吸收氮素量最多；在开花期吸收磷最多，其次是工艺成熟期和快速生长期；钾素在开花和快速生长期吸收率较高。可见亚麻在生育初期对氮素要求最高，在中后期需要磷素较多，中期则需钾素较多。

亚麻在营养生长期对钙敏感，低钙可促进植株体内蛋白质和可溶性氮含量。低钙刺激叶片的呼吸作用；完全缺钙时，则呼吸作用大大上升；多钙时，则阻碍叶绿素的形成，还减少土壤中铁、铜、锌的溶解度。

亚麻对微量元素也有要求，硼、锌、铜、铁、镁、锰、钼等微量元素对亚麻生长发育起着一定作用。施硼能增加纤维和种子产量，还可提高纤维品质。缺硼使亚麻器官中油脂和磷质含量减少，柱头细胞伸长，后期叶绿素少。锌可增强亚麻种子发芽力和促进地上部生长，还可促进纤维细胞的发育，提高纤维产量和品质。1982—1984年黑龙江省农业科学院经济作物研究所试验表明，用硫酸锌拌种，亚麻原茎和纤维分别增产9.6%和23.4%。缺锌可引起叶片生长不正常及纤维细胞的伸长。施铜可增加纤维和种子产量，并增加纤维强度和抗亚麻萎蔫病，还可以增加叶片重量和叶绿素含量。在含有锌的情况下，加入0.01mg/L的铜更有利于亚麻生长。因此，单独施锌或铜，不如两者混施效果好。钠对纤维结构和品质有良好影响，能使纤维发育均匀，细胞壁加厚，钠过量则易使纤维束断裂，纤维细胞变形。铁和亚麻植株中叶绿素含量多少有关，因此缺铁也影响亚麻的纤维产量。钼对亚麻生长有一定的促进作用，亚麻植株缺钼，其根的发育缓慢，直接影响亚麻植株的生长发育。有钼则苗中氮、磷、钾、钙、镁和钠的含量较低；缺钼上述元素含量较高。这说明在土壤中含有一定量可吸收的钼，可促进其他元素的平衡吸收和有效利用。

（3）开花习性与外界条件关系。亚麻是总状伞形花序。分枝由上往下依次出现，开花顺序是自上而下，自里向外交替开放。主茎生长点的顶花最先开放，以后各分枝上的花陆续开放；但主茎上各分枝间第一朵花开放时间，并不是向上向下顺序开放，而是中部或中下部的花先开，然后下部或上部的花继续开放。在各分枝内，分枝顶端的花开放后，各个分枝及其再分枝的花依次开放。密植窄行条播的亚麻花期在7~12d，纤用亚麻因密植、窄行、条播故开花期短。亚麻花蕾一般是在3~4时增大，花冠逐渐放大，5—6时开始开花，8—10时开花最盛，中午11时花瓣开始凋萎脱落。开花的早晚和多少与栽培技术和气候条件有关。氮肥过多或稀植时，开花延迟，花期也长；栽培密度大，开花较早，花期较短。亚麻在高温晴朗的天气里开花最多，阴天低温条件开花则较迟，开花数也少。

亚麻在刚现蕾时其花蕾大小为2.0~2.5mm，成熟时为9.0~10.0mm，随着花蕾的增大，外观形态也发生变化。当花蕾2.0~2.5mm时，花粉母细胞进入四分体初期，尚未形成核，四分体后期可以观察到明显的细胞核。随后进入单核中央期。单核中央期的花蕾发育4~5d，细胞核被液泡挤压靠近细胞壁，进入单核靠边期。此后细胞进行一次不对称的有丝分裂，形成大小不等的生殖核和营养核，即双核期。双核期的花药，其生殖核进一步分裂为两个核，成为一个营养核，两个生殖核，即三核期。此时细胞中淀粉积累增多，花药成熟。花蕾外观形态与花药发育时期的关系见表2-4，花药不同发育期距离开花的天数见表2-5。

表2-4 花蕾外观形态与花药发育时期的关系

发育时期	花蕾大小（mm）	花药大小（mm）	花萼颜色	花瓣颜色	花药颜色	花冠与花萼比例
四分体期	2.0～2.5	0.3～0.4	黄绿色	未形成	淡黄色	—
单核中央期	3.0～3.5	0.5～0.6	黄绿色	白色	淡黄色	—
单核靠边期	4.0～6.0	0.7～0.9	淡绿色	白色	淡黄色	—
有丝分裂期	6.5～7.0	1.0～1.5	绿色	淡蓝色	淡黄色	1：6
双核期	6.5～7.5	1.5～2.0	绿色	淡蓝色	淡蓝色	1：5
三核期	8.0～8.5	2.0	深绿色	蓝色	淡紫色	1：4
花药成熟期	9.0～10.0	2.0	深绿色	深蓝色	淡蓝色	1：3
—	—					

表2-5 花药不同发育期距离开花的天数

花药大小（mm）	发育时期	距开花天数（d）
2～2.5	四分体期	12～16
3～3.5	单核中央期	10～12
4～6	单核靠边期	9～10
6.5～7	双核期	4～6
9～10	成熟期	1～2

花粉粒在离体培养条件下，花粉母细胞离开正常分化途径，连续分裂成为多细胞体，球体自裂开的花粉壁中释放后就发育成为愈伤组织。不同发育时期的花粉母细胞形成愈伤组织的能力不同。处于单核后期接近有丝分裂的花粉母细胞，形成愈伤组织的能力最强，其次为双核期。成熟的花粉不能诱导出愈伤组织（表2-6）。

表2-6 花粉发育期与诱导愈伤组织的关系

花药大小（mm）	接种花药数（个）	产生愈伤组织数（块）	占总花药（%）
四分体期	160	0	0
单核中央期	270	24	8.9
双核期	300	5	1.7
花粉成熟期	110	0	0

亚麻是自花授粉植物。雄蕊的花药在开花前即成熟而开裂，同时雌蕊也成熟，随

即受精，故异交率低，一般为1%~2%，最高不超过3%。授粉时，花丝较花柱长的，花药下垂笼罩在柱头上；花丝和花柱等长的，则药囊全部拥抱在柱头上；花丝较花柱略短的则药囊也能拥抱在柱头下部，待花粉从药囊内散出送到柱头上。授粉后，花丝慢慢地枯萎，花瓣开始脱落。亚麻花粉粒大多数是三槽的，花粉母细胞含有3个核，胚囊是单孢子八核型。亚麻花粉在23~26℃和光照下，可保持生活力3d；18~20℃可保持生活力6d。周祥榕（1980）研究发现，在温度20℃，相对湿度100%时，花粉经24h基本丧失生活力，在完全干燥时也仅能保持3d，相对湿度在30%时，能保持4d；当温度1℃，相对湿度饱和时，约能保持3d，相对湿度在30%时，能保持10d以上，但生活力随着时间的延长而减弱，结实率也由保持5d的91.5%降至保持10d的66.0%；在相对湿度50%~70%时，花粉生活力在10d以上仍与开花当天的花粉授粉效果接近。人工去雄的授粉最适宜时间是6—9时。

亚麻的受精过程：花粉在柱头上萌发后花粉管沿着花柱生长，一般是一个花粉管伸入胚囊，但当用混合花粉授粉时也有2~3个花粉管伸入胚囊，后者的受精作用比较安全，可以获得种子较多的果实。从授粉到受精需要2.5~3h。受精后经过24~30h，卵细胞开始分裂，而胚乳在受精后即刻进行分裂。

亚麻自开花到蒴果成熟一般需要21~22d。虽然同株亚麻上每个蒴果自开花到成熟的时间没有什么差异，但开花早晚对形成蒴果和千粒重具有一定的影响。李延邦等1973—1976年观察，开花早，蒴果大，结实率和千粒重均高。反之，结实率和千粒重则低。同一亚麻植株花序上不同分枝上所取得的种子是不一样的，从成熟较早的第一顺序分枝上取得的蒴果和种子，比成熟较晚的第二、第三分枝的蒴果和种子大而重。而由这些成熟早的种子播种长出的第一、第二代植株高度较高，工艺长度也较长，而且植株抗锈病和茎斑点病，原茎、种子产量均高于第二、第三分枝。

（4）亚麻种子油分的形成和生化变化。

①亚麻种子油的形成和积累：自亚麻花受精后，种子开始发育，油分合成立即开始，种子发育前期，油分形成积累速度较快。1992年，内蒙古自治区农业科学院试验研究资料表明，亚麻果实在青熟期籽粒绿色而发硬，此时，种子发育尚未成熟，千粒重还很低，但种子的含油率已占总含油量的90%以上，黄熟后期的种子，含油率和千粒重已接近完熟期（表2-7）。

亚麻籽含油量仅次于花生，接近于油菜，高于向日葵、大麻、大豆等作物（表2-8），亚麻油主要化学特性是碘价高，皂化价仅次于大豆，能与碱金属进行较强烈的皂化作用，形成甘油和肥皂；酸价比较低，油比较稳定易保存，这是亚麻油在工业上得到广泛应用的主要原因（表2-9）。

表2-7　亚麻种子油分形成与积累

取样日期 （月/日）	雁杂10号			大同4号			大同5号		
	含油率 （%）	占总含油 量（%）	千粒重 （g）	含油率 （%）	占总含油 量（%）	千粒重 （g）	含油率 （%）	占总含油 量（%）	千粒重 （g）
8/9	41.25	92.8	5.4	41.51	94.7	6.2	41.48	91.7	5.2
8/14	44.15	99.3	6.8	43.37	98.9	7.6	43.98	97.3	6.2
8/19	44.23	99.5	8.0	43.81	99.9	7.6	44.84	99.2	6.6
8/24	44.45	100	8.0	43.84	100	8.0	45.21	100	7.0

表2-8　亚麻与其他油料作物的含油量比较

作物	测定部分	含油量（%）
亚麻	种子	36.5 ~ 49.5
向日葵	种子	23.5 ~ 45.0
大豆	种子	10.0 ~ 25.0
大麻	种仁	30.0 ~ 38.0
油菜	种子	37.3 ~ 49.3
花生	种子	40.2 ~ 60.7
芥菜	种子	35.0 ~ 46.0
苏子	种子	43.0 ~ 48.7

表2-9　亚麻与其他油料作物的碘价、皂化价、酸价比较

作物种类	碘价	皂化价	酸价
亚麻	165 ~ 192	186 ~ 195	0.5 ~ 3.5
大豆	107 ~ 137	190 ~ 212	0.0 ~ 5.7
向日葵	119 ~ 114	182 ~ 201	0.02 ~ 2.24
花生	83 ~ 103	194 ~ 203	0.8 ~ 5.7
油菜	92 ~ 119	182 ~ 183	0.0 ~ 3.0
芝麻	162 ~ 203	181 ~ 185	0.8 ~ 4.4
蓖麻	81 ~ 86	182 ~ 1 870	0.9 ~ 6.8

②亚麻种子的化学成分：亚麻种子除含油量高，碘价高外，棕榈酸含量为6.5%～12.8%，硬脂酸为16.0%～31.8%，亚油酸为10.9%～16.2%，亚麻酸为38.5%～56.3%，棕榈酸含量、亚油酸含量与碘价呈现负相关；硬脂酸含量与碘价、棕榈酸含量呈现负相关；亚麻酸含量与碘价呈正相关；与亚油酸含量呈负相关。不同来源的纤用亚麻种子中脂肪酸含量，亚麻酸含量为51.7%～59.5%，亚油酸含量为12.4%～17.8%，油酸含量为17.4%～27.8%，硬脂酸含量为2.9%～6.1%，棕榈酸含量为4.2%～5.5%。迟熟品种含亚麻酸、亚油酸较多。不同年份脂肪酸含量也不同，夏季热，亚麻酸含量减少。亚麻种子中含有14种黄酮苷，6种花青素，2种羟基香豆素和20种酚酸。各植物甾醇百分比为菜油甾醇26%、豆甾醇7%、谷甾醇41%、Δ5-燕麦甾醇为13%、环烯醇（Cycloartenol）为9%、2,4-亚甲基环芳香醇（2,4-Methylenecycloartanol）为2%、胆甾醇2%。亚麻种子中还含有非极性的油脂，即含固醇酯类、甘油三酸酯、游离脂肪酸、游离固醇和部分甘油酯等。每100g种子油中约含有26.3 mg游离生育酚和30.2mg总生育酚。从亚麻种子中还能分离出多糖，主要成分为α-阿拉伯糖、α-半乳糖、D-木糖、α-鼠李糖、D-半乳糖醛酸、天门冬酸和丝氨酸。

亚麻种子发芽过程中的生化变化：亚麻种子发芽前，葡萄糖和蔗糖总量为0.54%，发芽后第4天为6.35%，第8天为17.32%。但在亚麻种子中5%的亚麻酸，在发芽后第8天仅为0.2%。亚麻种子发芽中，甘油三酸酯含量下降，但甘油酸酯的解体，最初很慢，而后迅速下降，游离脂肪酸释放出来。

亚麻种子成熟期的化学成分变化：种子的含油量从青熟期至完熟期是逐渐增加的。种子含油量，从青熟期到黄熟期增加2～3倍，从黄熟到完熟期则增加不多，从青熟到黄熟期，单糖减少很多，从黄熟期到完熟期，双糖和多糖减少很多，半纤维束增加2倍。不同脂肪酸含量，在种子成熟期变化不大，主要受气温影响较大。

亚麻种子中有机化合物的特性和外界环境条件关系密切：亚麻胚乳中油脂的脂肪酸特性主要依赖于生长条件，遗传因素影响较小。亚麻仁油的碘价因栽培地区不同而有差异，由于外界环境而引起碘价的差异大于品种间的差异。栽培在前塔什干地区的亚麻种子碘价为158，而在列宁格勒州的亚麻种子碘价为200。碘价与雨量成正比，与积温成反比，即雨量越多或积温越低则碘价越高。所以在湿润的年份，亚麻种子含油量和碘价较高，而蛋白质含量较低，这是因为植物在水分充足的条件下，创造了对合成脂肪酶活动有利的条件，并且能够抑制合成蛋白质的解蛋白酶的活动。

四、亚麻的性状遗传

亚麻各性状的遗传十分复杂，易受栽培环境的影响，外界因素可在很大程度上掩盖其遗传本质，给研究带来许多困难。国外从20世纪50年代开始对亚麻性状的遗传进行研究，国内则始于20世纪80年代，有关研究报道很少。可见，国内外对亚麻遗传性状的研究起步晚，其研究也不够深入，尽管取得一些突破，但许多有关亚麻性状的遗传问题，还需要进一步探讨。

（一）亚麻性状遗传概述

株高、工艺长度、单株茎重、出麻率构成原茎、纤维产量的4个性状具有丰富的变异，加强这4个性状的选择，对获得原茎、纤维高产的个体的概率较大；分枝、蒴果、单株粒重、千粒重的变异系数也较大，在选育品种过程中加强这4个性状的选择，对获得种子高产的个体的概率较大；干茎制成率、茎粗、生育日数、可挠度、纤维强度等性状的遗传变异系数较小，对这些性状进行选择可能收效不大。

在遗传力方面，以株高、工艺长度、千粒重、生育日数的遗传力最强，其次为分枝数、出麻率、抗倒伏、原茎产量、纤维产量、蒴果数、单株茎重、单株粒重、茎粗及种子产量；而干茎制成率、可挠度、纤维强度的遗传力较小。

遗传进度方面，在5%的选择强度下，以蒴果数、单株茎重、抗倒伏、纤维产量的相对遗传进度较大，预期选择效果较好，其次为株高、工艺长度、分枝数、单株粒重、出麻率、千粒重、原茎产量和种子产量，而茎粗、干茎制成率、可挠度、生育日数、纤维强度的相对遗传进度较小。

因株高、工艺长度、千粒重、生育日数的遗传力较高，变异系数较大，所以在育种过程中宜在早世代进行严格选择，以加快育种进度；对于干茎制成率、可挠度、纤维强度等遗传力较小且易受环境影响的性状，不宜过早过严选择，应在高世代进行选择；其余遗传力一般的性状，可适当放宽选择尺度，中世代进行选择。

遗传力较高且相对遗传进度较大的数量性状，加性作用较明显，亚麻的株高、工艺长度、千粒重、分枝数、蒴果数等性状不仅遗传力高、遗传变异系数大，而且遗传进度也较大，可见亚麻的这5个数量性状的加性基因效应很明显，因此，根据表型进行严格选择可进行有效改良。

（二）亚麻主要性状的遗传

1.株高的遗传

株高是多基因控制的数量性状，不同类型的亚麻品种之间株高差异较大，变幅可在20~160cm，一般情况下，纤维用亚麻的株高在80~110cm，油用亚麻在40~80cm；中国育成的品种一般在100~120cm，西欧的品种一般在75~100cm。采用不同高度的亚麻品种杂交，第一代的株高，多数组合居于双亲之间，也有的组合倾向较高亲本。从F₂代起株高出现广泛分离，呈常态分布。亲本株高差异大的组合，株高分离大；亲本株高差异小的组合，株高分离范围小。亲本生态类型差异大、遗传基础复杂的亲本杂交后代，分离明显，范围大，并且稳定较慢。

株高的遗传力较高（$h^2=95.37\%$），且相对遗传进度也较大（$Gs=37.11\%$），所以其加性效应较明显，在育种过程中宜在早世代进行严格选择，以加快育种进度。

2. 抗倒性的遗传

抗倒性是由植株对倒伏的抵抗能力和从倒伏状态重新恢复挺立的恢复能力构成的。从开花到形成蒴果的这一短暂时期，茎的木质化程度低，是倒伏的最大危险期，但这时具有一定的恢复能力，随着蒴果的成熟，抗倒能力增加，但恢复能力也减弱。亚麻的抗倒伏性与株高、茎粗、熟期、花序大小密切相关，又受播期、施肥等栽培因素和环境、气候条件的影响，所以抗倒伏的遗传比较复杂，抗倒伏的遗传力也较高。一般情况下，两个茎秆直立、抗倒伏的亲本杂交，其后代表现出茎秆直立、抗倒。两个茎秆较弱易倒的亲本杂交，其后代的茎秆均表现弱而易倒。双亲之一是抗倒的，另一个亲本是易倒的品种杂交，其后代难以选出秆硬、抗倒的品种。抗倒伏的变异系数较大（$CV=32.0\%$），遗传进度较大，早世代对抗倒伏性的选择没有晚世代选择的效果好，这主要是遗传分离和环境影响的结果。株高适宜、茎秆粗壮、花序短而集中、熟期偏早的亲本杂交，抗倒伏性的选择效果明显。

3. 生育期的遗传

亚麻生育期的遗传，属于简单数量性状遗传，以基因累加效应为主。杂交第一代的生育期，居双亲中间，接近双亲生育期的平均值，有的组合偏向晚熟。杂种第二代的生育期开始出现广泛的分离，表现为连续性、呈常态分布，并有超亲现象。杂种后代的分离范围与双亲生育期差异大小密切相关。如双亲生育期差异大，其后代生育期分离范围就大，反之则小。生育期的遗传力很高（$h^2=91.33\%$），变异系数较大，所以在育种过程中宜在早世代进行严格选择，以加快育种进度。

4. 纤维含量的遗传

纤维含量的遗传以基因累加效应为主。但因受栽培环境和气候条件的影响，又与生育期、茎粗、工艺长度、花序大小等因素有关，因此，亚麻纤维含量的遗传比较复杂。杂种第一代的纤维含量，多数组合居双亲之间，但母本比父本影响大。杂种第二代的纤维含量呈常态分布，出现超亲现象。两个纤维含量高的亲本杂交，可以获得高纤维含量后代。用两个纤维含量一般的亲本杂交，其杂种后代纤维含量提高的幅度不大。所以，要想选育纤维含量高的品种，双亲均需选择高纤维含量的材料。茎上下粗细均匀、工艺长度长、花序短的类型，纤维含量高。对纤维含量的选择，尽管一些杂交组合的后代纤维含量表现出超亲现象，但由于纤维含量的遗传力较小

（$h^2 = 64.77\%$），早期世代对纤维含量的选择没有晚期世代选择的效果好，应在中晚世代进行适当选择或多代连续选择，方能取得良好效果。

5. 花色与粒色的遗传

用蓝花褐粒品种与白花黄粒品种杂交，F_1代呈蓝花，褐粒为显性。F_2代蓝花与白花，褐粒与黄粒的分离比例近于 $3:1$。用蓝花与红紫色花杂交，蓝花仍是显性。花色分离延续的世代较长，一般需要 $6 \sim 7$ 代，而粒色分离至少需5代才能基本稳定。对蓝花与白花的经济性状研究表明，蓝花品种多数表现出麻率高、纤维品质好、原茎及种子产量高。白花品种表现抗逆性强、秆硬抗倒、耐寒等。

用褐色与白色种子的品种杂交，F_1代种子褐色是显性，F_2种子分离出褐、白两色种子，其比例为 $3:1$。黄色种子的品种是由3对基因决定的，2对基因对种子和花色同时发生作用；从黄色和棕色种子的品种杂交后代分析结果，棕色种子的千粒重、产量和发芽率均高；而黄色种子早熟性、含油量、种子大小和碘价均高。

国际上已明确12个基因控制亚麻形态、花及种子颜色的表现型，具体内容见本章第二节中俄罗斯亚麻功能基因研究。

6. 雄性不育的遗传

早在1921年美国学者Bateson与Gairdyner就报道过亚麻的不育现象。1952年苏联从杂交后代中选出一不育株，该不育株属胞质不育类型，与纤用、油用和兼用型的可育亚麻品种杂交，其F_1代均不育。1975年内蒙古自治区农业科学研究所从雁杂10号胡麻中发现一不育株，经鉴定为雄性核不育类型，受显性单基因控制，现已转育成纤用不育类型。不育株的花冠多为浅蓝色或白色，大部分花冠卷曲，柱头不能外露，花药瘦小、光滑，有蓝、浅蓝和白色3种，无花粉，不能自交结实。经人工授粉后可结实，种子为浅黄色。杂种后代出现分离，不育株和可育株比例为 $1:1$，不育株的花冠仍为浅蓝色或白色，种子浅黄色。而可育株的花冠为蓝色或深蓝色，种子褐色。可育株的后代不再分离，而不育株后代仍出现不育与可育两种类型的分离，比例仍是 $1:1$。

7. 含油量的遗传

亚麻种子是纤维亚麻的副产品，亚麻种子含油量较高，一般含油率为35% ~ 39%，是高档食用油。含油量受多基因控制，并与种皮色、千粒重相关联，一般浅色种子含油量高，含油量与种子的千粒重呈正相关。含油量的遗传力较高（$h^2 = 81.8\%$），可早世代进行选择。

（三）亚麻性状相关性

性状相关是生物界普遍存在的客观规律，了解相关性状对科研、生产具有一定的指导作用。亚麻各性状相关性比较复杂，且易受环境影响。一般情况下，亚麻各数量性状的表型相关与遗传相关方向相同且大小趋势基本一致。与原茎、纤维产量密切相关的性状是株高、工艺长度、单株茎重、茎粗和出麻率等呈正相关；与种子产量密切相关的性状有分枝数、单株果数和千粒重等呈正相关。此外，抗倒伏性与株高、单株重等性状呈负相关，工艺长度与单株粒重、含油率存在一定程度的负相关。

1. 原茎产量与其他性状的相关性

原茎产量与株高（$r=0.89$）、工艺长度（$r=0.90$）、茎粗（$r=0.77$）、单株重（$r=0.79$）及生育日数（$r=0.71$）呈正相关，极显著；与蒴果数（$r=-0.65$）、单株粒重（$r=-0.58$）、千粒重（$r=-0.49$）、种子产量（$r=-0.77$）呈负相关，极显著。

2. 纤维产量与其他性状的相关性

纤维产量与原茎产量（$r=0.90$）、株高（$r=0.81$）、工艺长度（$r=0.81$）、茎粗（$r=0.77$）、单株茎重（$r=0.73$）、出麻率（$r=0.63$）、纤维含量（$r=0.77$）等性状呈正相关，极显著；与分枝数（$r=-0.71$）、蒴果数（$r=-0.57$）、单株粒重（$r=-0.49$）、千粒重（$r=-0.55$）等性状呈负相关，极显著。

3. 纤维含量与其他性状的相关性

纤维含量与株高（$r=0.24$）、工艺长度（$r=0.24$）、茎粗（$r=0.32$）、纤维强度（$r=0.44$）、木质素含量（$r=0.70$）等性状呈正相关，极显著；与分枝数（$r=-0.40$）、千粒重（$r=-0.40$）等性状呈负相关，极显著；与蒴果数（$r=-0.23$）呈负相关，达显著水平。此外，纤维含量与茎秆硬度为负相关。

4. 纤维强度与其他性状的相关性

纤维强度与原茎产量（$r=0.63$）、株高（$r=0.60$）、工艺长度（$r=0.64$）、茎粗（$r=0.50$）、纤维产量（$r=0.73$）、出麻率（$r=0.57$）等性状呈正相关，极显著；与分枝数（$r=-0.55$）、蒴果数（$r=-0.53$）、单株粒重（$r=-0.61$）、千粒重（$r=-0.45$）、种子产量（$r=-0.53$）等性状呈负相关，极显著。

5. 种子产量与其他性状的相关性

种子产量与单株粒重（$r=0.93$）、蒴果数（$r=0.92$）、分枝数（$r=0.90$）、千粒重（$r=0.73$）、距地面10cm茎粗（$r=0.66$）等性状呈正相关，极显著；与株高（$r=-0.75$）、工艺长度（$r=-0.76$）、单株茎重（$r=-0.62$）、原茎产量（$r=-0.44$）、纤维产量（$r=-0.37$）等性状呈负相关，极显著；与纤维含量呈负相关，$r=-0.5\sim-0.3$。

6. 种子含油率与其他性状的相关性

种子含油率与千粒重（$r=0.96$）、生育日数（$r=0.67$）、碘价（$r=0.83$）等性状呈正相关，极显著；与纤维含量（$r=-0.32$）、产量（$r=-0.47$）呈负相关。此外，种子含油率与曲折率和种子大小均为正相关；还与种皮颜色密切相关，黄色种皮比褐色种皮含油率高。

7. 抗倒伏性与其他性状的相关性

抗倒伏性与茎粗（$r = 0.65$）呈正相关，极显著；与株高（$r = -0.65$）、工艺长度（$r = -0.64$）、单株茎重（$r = -0.77$）等性状呈负相关，极显著。

相关系数的大小随栽培条件、气候条件的变化而变化，不同品种，特别是选用不同亲本的杂交后代其相关性也有一定差别。

五、亚麻种质资源

植物种质资源是植物育种、生物技术和一切生物科学发展的基础，是人类赖以生存的财富。种质资源的研究不仅要为当前农业生产、人类未来生存服务，更应该以拯救和维护人类赖以生存的生物资源为核心，并要与经济、社会、文化的发展协调，以达到资源持续利用的目的。尤其农作物新品种选育的突破，也要取决于掌握和利用大量的种质资源。

（一）亚麻种质资源的传播与分布

1. 亚麻的进化

瓦维洛夫认为分布广泛的 *Linum eurasiaticum* Vav. et Ell.亚种在生态方面存在显著的多样性，它包括匍匐和半匍匐的半冬性亚麻，特别是早熟矮小的高原亚麻及中熟、晚熟的草原亚麻类型。在外高加索的亚热带地区和小亚细亚的沿海地带种植匍匐亚麻，它是栽培亚麻的原始类型。同时这里还存在冬性稍有匍匐习性的类型，它在某种程度上属于向草原亚麻夏季类型的过渡阶段。从而从匍匐亚麻一直到纤维亚麻可以形成一个完整的进化系统，即亚麻的进化分为匍匐亚麻—半匍匐亚麻—高大纤维亚麻3个阶段。

2. 亚麻种质资源的分布

亚麻种质资源的分布由于生物学特性、起源和栽培利用的历史等因素所决定。在世界上分布有很强的地域性。它以北半球为主，而且多数集中在北纬40°～65°。在地理上属于温带和寒温带，而且以欧亚两大洲为主，其中欧洲又占绝对优势。近年中国加大了种质资源收集、保存力度，收集了大量的亚麻种质资源。目前俄罗斯、中国、美国、法国、波兰、捷克等国家都掌握了大量的亚麻种质资源，其中俄罗斯拥有世界上最多的亚麻种质资源，保存了6 000多份。

亚麻在我国有悠久的栽培历史。最初在山西、云南两地种植最多。其后广泛栽培于我国北方广大地区。东起黑龙江，西至新疆，均有大面积生产。其中油用、兼用亚麻以甘肃、内蒙古、河北、宁夏、山西等6省（区）最为集中，青海、陕西两省次之，西藏、云南、贵州等省（区）也有零星种植。纤用亚麻则主要分布在新疆、黑龙江、吉林等省。由于亚麻分布地区辽阔，在多种多样的自然条件和耕作条件下，通过长期种植和选择，形成了许多生态类型的地方品种，不少国外品种又先后被引进我国并加以利用，加上国内相继育成了一批新品种，这就构成了我国现有亚麻丰富多彩的品种资源。另外，我国的新疆、江苏、河北、广东、湖北、河南、山东、吉林、黑龙江、山西、陕西、甘肃、贵州、四川、宁夏、西藏、青海和内蒙古等地均有野生亚麻分布，是育种的宝贵财富。

（二）亚麻种质资源分子生物学研究进展

随着分子生物学的飞速发展，许多分子标记如RFLP、RAPD、AFLP、SSR等被开发出来，这些标记在数量和多态性方面优于同工酶等，分子生物技术被用于植物（作物）的分类与起源研究。Fu等（2002）利用RAPD分子标记技术对国际植物遗传资源中心（PGRC）收集的近3 000份亚麻栽培种的遗传多样性进行了分析；在对亚麻属7个种12份材料进行分析时，利用29个有效引物得到527个位点，遗传分析显示种间存在很大的变异，而栽培种和 *L.angustifolium* 间的相似度超过其他种间，聚类分析始终划分在一个类群。因此从分子水平上证明 *L.angustifolium* 是栽培亚麻的野生祖先。研究还支持 *L.perenne*、*L.leonii* 和 *L.mesosylum* 间关系密切的观点。Robin和Fu（2005）利用基因树研究了不同类型栽培种和多份 *L.angustifolium* 材料的 *Sad2* 基因位点的遗传多样性，结论进一步支持栽培种亚麻的单一起源的观点。但是该研究仅选择一个有关不饱和脂肪酸合成酶的基因而未考虑其他基因，仅仅利用2个物种缺乏其他亚麻近缘种的数据支持，影响了结论的充分性。Armbruster等（2006）在对西班牙南部的花柱异常材料（*Linum suffruticosum*）的研究表明，在亚麻属中花柱异常有几个独立的来源，并且至少有一种发生了逆转。这也间接表明亚麻属植物进化的复杂。Day等（2005）报道了从发育的亚麻麻皮获得3个纤维素合酶的EST，随后Chen等（2007）在Genebank登记了3个CesA基因序列。因此有必要利用纤维素合酶基因对亚麻属植物开展分子进化研究。李明2006年与Fu合作利用AFLP技术研究显示，多态性明显优于RAPD；而试验的4个近缘种的多态性明显多于栽培种，很难直接认定栽培种来源于其中的 *L.angustifolium*。

黑龙江省农业科学院经济作物研究所谢冬微于2015年开始了从国家中期库保存的3 000余份国内外亚麻资源中根据表型、地理来源和遗传多样性分析工作，采取逐级取样策略，构建了300份包含不同地理来源（图2-2）的亚麻自然群体，作为开展亚麻木酚素优异等位基因挖掘的基础材料（图2-2）。2015年和2016年，将300份材料播种于黑龙江省农业科学院试验基地（哈尔滨）、黑龙江省农业科学院佳木斯分院和兰西县农业推广中心试验基地，收获后对籽粒木酚素含量及主要农艺性状进行了测定，结果见表2-10和表2-11。为了探知300份核心种质（油用型80份、纤用型140份及纤籽兼用型80份）中不同用途亚麻在进化过程中的变异，对参试材料进行了基于SLAF（简化基因组测序分析）测序的主成分分析、进化分析和群体结构分析（图2-3至图2-5），分析结果都表明了不同用途亚麻之间存在着明显的变异。主成分分析和群体结构表明油用、纤用及纤籽兼用亚麻间存在不同程度的基因渗入现象。以300份核心种质作为关联分析群体，利用SLAF-seq高通量测序，SLAF测序结果的部分信息如表2-12所示。通过SLAF测序，共开发出584 987个群体SNP，根据完整度>0.8，MAF>0.05过滤，共得到34 932个高度一致性的群体SNP。连锁不平衡分析表明，油用亚麻资源的LD衰退距离明显低于纤用和兼用型（图2-6）。另外，通过Li's D和Li's F检验发现纤用和兼用型亚麻资源比油用资源具有更高的选择压（图2-6）。因此，推断油用亚麻是纤用和兼用型亚麻的祖先。研究又以300份亚麻核心种质为试验材料，测定了3个不同环境下木酚素含量的表型数据，利用简化基因组测序技术（Specific-locus amplified fragment sequencing，SLAF-seq）获得的SNP标记对木酚素含量性状进行全基因组关联分析（Genome-wide association study，GWAS），筛选与亚麻木酚素合成显著关联的SNPs位点及候选基因。结果共鉴定出7个与木酚素合成显著关联的SNPs位点（图2-7）。在每个显著关联的SNPs位点周围10kb的区域内筛选候选基因，并且结合候选

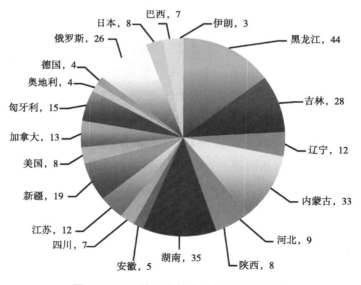

图2-2　300份亚麻核心种质的来源分布

基因在一般线性模型（GLM）和混合线性模型（MLM）中及3个环境下的重复出现情况，最终确定了32个候选基因（表2-13）。对这些候选基因进行了GO annotation分析，32个基因在亚麻基因组中均找到至少一项注释，细胞组分分析表明，其中有17个基因被注释到位于细胞的重要组成部分；分子功能分析显示，其中有11个基因被注释到均具有酶活性；生物学进程分析显示，其中有10个基因被注释到参与细胞代谢，信号转导及防御等重要的生物学进程。

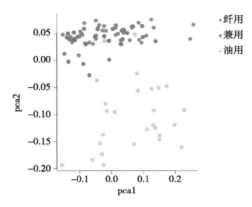

图2-3 亚麻核心种质资源的主成分分析

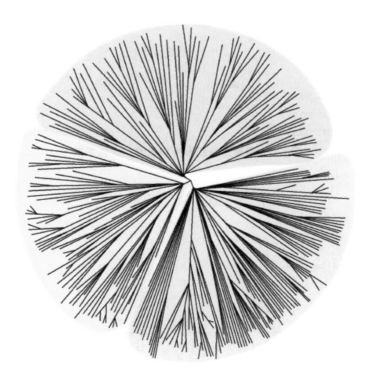

图2-4 亚麻核心种质资源的进化树

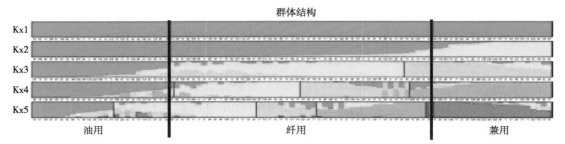

图2-5 亚麻核心种质资源的群体结构

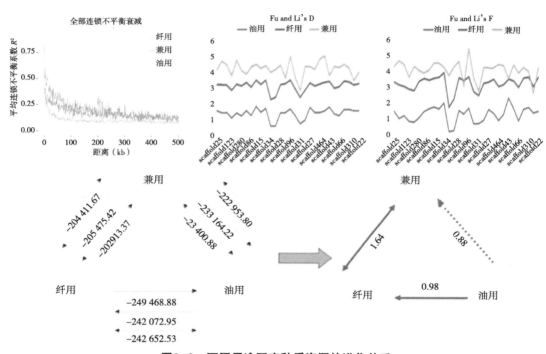

图2-6 不同用途亚麻种质资源的进化关系

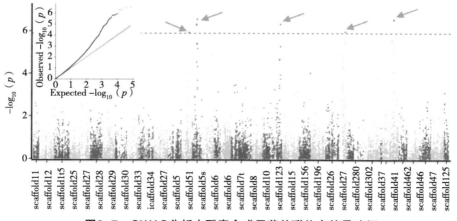

图2-7 GWAS分析木酚素合成显著关联位点的曼哈顿

表2-10　300份亚麻核心种质木酚素含量及农艺性状信息

性状	最小值	最大值	极差	平均数	标准差	变异系数
木酚素（mg/g）	0.25	6.65	6.40	1.75	0.96	54.31
株高（cm）	42.20	109.50	67.30	81.94	14.82	18.09
工艺长度（cm）	27.60	94.80	67.20	64.38	14.27	22.19
分枝数（个）	2.50	12.00	9.50	4.89	1.08	22.18
蒴果数（个）	3.50	29.50	26.00	9.33	3.73	39.99
千粒重（g）	3.94	8.91	4.97	5.00	0.77	15.32

表2-11　木酚素含量高低材料

高含量组		低含量组	
品种名称	含量（mg/kg）	品种名称	含量（mg/kg）
Pin2004-7-10	2 935.30	New1	247
2013大庆盐碱地	2 990.19	omega	359
H2012-269	3 050.91	K6540-1	393
双亚5号	3 116.97	M0228-1	393
原2010-3	3 125.82	原2009-82	395
H03112	3 133.27	K7972-1	464
olinete	3 205.86	Amina	484.18
原2006-23-8-8-8	3 218.50	K-5316	516.81
双亚7号	3 228.81	zy0327-2	519.08
m0313-3	4 253.48	k7649	519.22
双亚1号	4 296.01	m03057-26	529.23
双亚2号	4 331.67	原2009-89	539.26
原2013-179	5 336.88	波6	548.80
原2012-295	5 906.08	原2010-2	608.38
原2005-12	6 133	Joe's Tostyrcwels	673.78
M0269-1	6 353	717-7-7	674.92
Y0314-3-2	6 381	k6531-2	677.44
Y0304-8-11	6 399	原2010-30	683.29
Y0314-2-4	6 077	y0419-8-4	683.93
双亚4号	6 646	7号-1	688.56

表2-12　SLAF测序及SNP描述

样品分类	油用	纤用	纤籽兼用	总数
样品数	80	140	80	300
总读数（bp）	115 875 248	105 528 137	116 214 306	337 617 691
双末端读数（bp）	231 750 568	188 273 524	232 428 612	652 452 704
准确双末端读数（bp）	175 228 474	141 709 671	175 443 082	492 381 227
SLAF数	32 983	32 690	32，895	98 568
SLAF深度	7.2	7.2	7.19	

表2-13　预测木酚素合成相关候选基因

特征	重叠群组	基因ID	物理位点	预测蛋白
木酚素含量	scaffold59	Lus10022606	152253～155508	Phosphatidylinositol 4-phosphate 5-kinase
		Lus10022607	155736～158074	Uncharacterized protein
		Lus10022608	159008～160048	Ras-related protein
		Lus10022609	160493～161783	E3 ubiquitin-protein ligase
		Lus10022610	161934～162602	Zinc finger protein
		Lus10022611	169658～170524	Aquaporin TIP1-1
		Lus10022612	173529～175517	Serine/threonine protein phosphatase
	Scaffold11	Lus10021170	95898～96954	60S ribosomalprotein
		Lus10021171	97962～99226	Protein phosphatase
		Lus10021172	99602～104865	Uncharacterized protein
	Scaffold1253	Lus10017450	18493～20324	Uncharacterized protein
		Lus10017451	22659～25147	SEC12-like protein
		Lus10017452	26799～33352	Glycosyl transferases
	Scaffold302	Lus10007372	211098～214756	Sucrose synthase
		Lus10007373	215517～216175	Uncharacterized protein
		Lus10007374	218224～218529	Glucuronoxylan 4-O-methyltransferase
		Lus10007375	219134～220253	Uncharacterized protein
		Lus10007376	221640～223464	40S ribosomal protein
		Lus10007377	224278～227969	NAC domain-containing protein

（续表）

特征	重叠群组	基因ID	物理位点	预测蛋白
木酚素含量	Scaffold416	Lus10029802	70679～73865	Serine/threonine-protein kinase
		Lus10029803	76456～79227	Uncharacterized protein
		Lus10029804	80103～82835	Polyamine oxidase
		Lus10029805	86294～89595	bHLH protein
	Scaffold346	Lus10028621	427692～430524	Uncharacterized protein
		Lus10028622	432302～435774	Vacuolar sorting-associated protein
		Lus10028623	439983～442712	Glycosyl transferase
		Lus10028624	443490～445090	Uncharacterized protein
	scaffold43	Lus10035211	1102028～1104095	Mitochondrial import receptor subunit
		Lus10035212	1107272～1111789	Uncharacterized protein
		Lus10035213	1112553～1115084	Sulfite oxidase
		Lus10035214	1116196～1117439	SWI/SNF complex SNF12 homolog
		Lus10035215	1117550～1118026	SWI/SNF complex SNF12 homolog

（三）亚麻种质资源遗传多样性

亚麻的多样性在世界各地有所不同。基于植物种类目录，在表2-14中列出了物种的概述。地中海地区和毗邻小亚细亚地区具有丰富的多样性，而欧洲北部亚麻资源分布不多。例如在斯堪的纳维亚（位于北欧）只有两个野生种：*L.catharticum* L.和*L.austriacum* L.。位于地中海地区和小亚细亚地区的土耳其分布着38个种，具有丰富的多样性（表2-14）。在美洲的种主要是*L.Cathartolinum*。

表2-14　世界范围不同地区亚麻属植物的分布

地区	物种数目	数据来源
北美洲及墨西哥	63	Small，1907
苏联	45	Yuzepchuk，1949
土耳其	38	Davis et al.，1967
欧洲	36	Ockendon & Walters，1968
法国	24	Fournier，1977
意大利	20	Pignatti，1982

（续表）

地区	物种数目	数据来源
保加利亚	19	Stojanov & Stefanov，1948
摩洛哥	19	Jahandiez & Maire，1932
黎巴嫩和叙利亚	17	Mouterde，1986
阿尔及利亚	15	Battandier，1888–1890
伊朗	13	Rechinger，1974
德国	10	Schubert et al.，1988
葡萄牙	10	Palhinha，1939
美国东北部	10	Gleason & Cronquist，1998
中亚	9	Vvedenskij，1983
加拿大	8	Scoggan，1978
瑞士	8	Aeschimann & Burder，1994
阿富汗	7	Kitamura，1960
阿拉瓦/西班牙	7	Uribe-Echebarria & Alejandre，1982
马洛卡/西班牙	6	Barcelo，1979
澳大利亚	6	Hnatiuk，1990
利比亚	6	Jafri & El-Gadi，1977
巴基斯坦西部	6	Stewart，1972
塞浦路斯	5	Meikle，1985
印度	5	Harja，1993
埃及	4	Monastir & Hassib，1956
非洲东部热带地区	4	Smith，1966
比利时	3	Lawalrée，1964
伊拉克	3	Rechinger，1964
阿拉伯	2	Blatter，1978
日本	2	Ohwi，1965
斯堪的纳维亚	2	Gram & Jessen，1958

亚麻的遗传多样性还可以通过杂交、诱变，在体外培养细胞、组织、器官以及借助其他多种途径来获得。Сассон（1987）指出，只有通过不断地扩大基因库才能够保证育种的效率，所以育种家们应从世界各地搜集具有不同生态和地理遗传起源远缘的品种或品系等作为杂交亲本。

（四）亚麻近缘种

1. 国外亚麻近缘种的收集

据加拿大植物基因资源的统计，世界8个主要亚麻基因库共收集了亚麻近缘种53种883份材料（不包括未鉴定的），其中俄罗斯2个库分别收集了31种164份和22种106份，美国库收集了34种139份，德国库收集了26种202份。在确定染色体数量的36个种中，包括$2n=16$、18、20、24、26、28、30、34、36、72、80等，存在巨大差异。还有17种不清楚染色体数目。

2. 我国野生亚麻资源的种类及生态分布

我国的东北紧邻西伯利亚，西北与中亚相连，而且我国的西南包括西藏都有野生亚麻的存在。根据中国植物志记载，中国已知有9个种，除了栽培种外，8个近缘种多分布在东北、华北北部、西北和西南等地。其中分布最广的野亚麻（*L.stelleroides* Planch.）还出现在华中和华南，在东北还有黑水亚麻（*L.amurense* Alef.）和垂果亚麻（*L.nutans* Maxim.），而异萼亚麻（*L.heterosepalum* Regel）和垂果亚麻未被8个世界主要亚麻资源库收藏（或确认）。根据国外资料，中国近缘种的染色体数量有2种（*L.altaicum* Ledep.和*L.amurense* Alef.）是18，1种（*L.perenne* L.）是18或36，只有*L.corymbulosum* Reichb.与栽培种相同（$2n=30$），其余4个未知。

青海曾经种植宿根亚麻，青海省生物研究所（1980）对野生宿根亚麻（*Linum perenne* L. var. *sibiricum* Planch.）开花生物学特性进行了研究，并对驯化栽培的宿根与野生宿根亚麻进行了比较，野生宿根亚麻的株高70cm，工艺长度41cm，分茎15个，千粒重2.86g，每茎上有蒴果18个，分别比驯化栽培的宿根低4.8cm、1.1cm、23.4个、0.04g、3个蒴果；茎粗2.5mm，比驯化栽培的宿根粗0.2mm。说明野生宿根亚麻经过人工驯化栽培其经济性状可以得到改良。

米君等（2003）对采集于张北的野生宿根亚麻也进行了研究，认为野生宿根亚麻返青开花早，花期较长，极早熟；抗旱耐瘠性强，抗病性较好，产量性状好。明显的缺点是蒴果开裂落粒。

智广俊等（2004）认为野生胡麻为宿根多年生植物，幼苗能耐零下十几度的低温，且抗旱、耐瘠薄、抗风沙、抗病，为亚麻育种的宝贵资源。

近年国家种质资源研究者们在新疆的昭苏，黑龙江的宾县、林甸，陕西的太白山，吉林的长白山等地都进行了野生亚麻的收集工作，但是对野生亚麻的研究比较少。8个野生种中只有4个种被亚麻科研工作者采集，其中除了青海的宿根亚麻曾经被栽培利用外，其他野生种还没有在育种或生产中得到充分利用。

（五）亚麻种质资源的分类

1. 国外亚麻种质资源的分类

亚麻属是双子叶植物纲蔷薇亚纲亚麻科的一个属，亚麻属200多个种，主要分布在温带、地中海地区和西伯利亚大草原，栽培种与野生种（*L.angustifolium* Huds.）具有相同的染色体（$2n=30$），Gill等（1967）认为两者可以容易地相互杂交。早在1837年Reichenbach出版了第一个亚麻属分类方案。目前多采用由Winkler（1931）提出并经过后人修改的分类方法，该方案将亚麻属分为6个部分（Section）：Linum、Dasylinum（Planch.）Juz.、Linastrum（Planch.）Benth.、Cathartolinum（Reichenb.）Griseb、Syllinum Griseb、Cliococca（Babingt.）Planch.。前人多认为亚麻栽培种是人类对野生种 *L.angustifolium* Huds.的变异进行选择的结果，如Candolle（1985）、Heer（1872）和Schilling（1931），这个假说陆续得到植物地理学、细胞遗传学和植物形态学研究的支持，Diederichsen等（1995）建议把 *L.angustifolium* Huds.和栽培种合并为一个。Chennaveeraiah等（1983）提出，在Linum部分内 *L.angustifolium* 进一步分化出 *L.africanum*、*L.usitatissimum* 及其变种 *L.usitatissimum* spp.*crepitans*，但是也不排除栽培种来自 *L.strictum* 的可能。

资源学家将亚麻属植物分为以下六大类。

（1）亚麻类（Linum）。

特征：花形大，花梗长，花瓣不重叠，颜色为蓝色、粉色或白色。萼片没有明显的纵向脉。柱头的长大于宽，呈棒状或线形。叶互生，没有托叶腺，叶面光滑。属多年生、两年生或一年生植物。

重要的物种及分布范围：亚麻（*Linum usitatissimum* L.）属于此类。亚麻栽培种普遍分布在温带地区。亲缘关系近并且认为是栽培亚麻野生祖先的为长叶亚麻（*L. angustifolium* Huds.）。长叶亚麻属于二年生或多年生，分布在地中海亚地中海地区、爱尔兰和英国南部。在意大利发现了相似的种 *Linum decumbens* Desf.。在地中海地区发现这一类许多其他多年生物种，其分布范围有时候向欧洲或亚洲北部温带气候区延伸。一些种，如瑞士野生亚麻（*L. austriacum* L.）、宿根亚麻（*L. perenne* L.）或地中海亚麻（*L. narbonense* L.）在欧洲温室中栽种，因为它们美丽的花，成了观赏植物。一年生亚麻（*L. grandiflorum* Desf.）起源于阿尔及利亚，具有大红色花朵，也是一种常见的观赏植物。一些多年生种似乎在进化早期时从起源中心分布到其他地区，在一些偏远地区如西伯利亚发现了黑水亚麻（*L. amurense* Alef.）、贝加尔亚麻（*L. baicalense* Juz.），在北美洲发现了蓝亚麻（*L. lewisii* Pursh）。

表型性状的变异范围可以用来区分亚麻属中部分相同的植物。为了解决这个问题，Ockendon和Walters（1968）提出将物种归为不同的类群，如宿根亚麻类群，并且宣布当完成亚麻属植物的修订后开始进行初步的物种精确鉴定。遗憾的是，修订工作并没有完成。Yuzepchuk（1949）使用另一种方法对苏联植物群进行研究，此方法能够定义许多物种并且能够挑选出更多同物种的类群用来建立较好的结构。然而，这种详尽的分类划分方法仍处于初期阶段并且与物种鉴定不一致。对包括栽培亚麻及其野生祖先在内的亚麻属植物中的7个物种进行分子调查，结果能够证实已经建立的形态系统分类。

（2）Dasylinum（Planch.）Juz. 类。

特征：与亚麻类植物相似，不同的是花梗或叶片具有茸毛。属于多年生植物。

重要的物种及分布范围：一些物种作为观赏植物进行栽种，如*L. hypericifolium* Salisb.、*L. hirsutum* L.和*L. viscosum* L.。一些物种局限分布在小亚细亚地区，而多数物种分布在地中海地区。

（3）Linastrum（Planch.）Benth. 类。

特征：与亚麻类植物相似，不同的是花型小、花色为黄色。

重要的物种及分布范围：物种广泛分布在地中海地区、非洲和南美洲。

（4）Cathartolinum（Reichenb.）Griseb. 类。

特征：与亚麻类植物相似，不同的是头状柱头。

重要的物种及分布范围：此类物种中，在北美洲（包括墨西哥）地区发现约有50个种、在欧洲只发现一个种即*L. catharticum* L.。*L. catharticum*在民间医药中被用于制成一种泻药。

（5）Syllinum Griseb. 类。

特征：与亚麻类植物相似，不同的是开花前花瓣相连。花色为黄色或白色。带有茎瓣的茎从叶底部下延，具有腺体的叶片位于底部。

重要的物种及分布范围：此类植物中的多年生物种分布在地中海地区东部。重要的物种是黄亚麻（*L. flavum* L.）。因黄亚麻具有亮黄色的花，其作为观赏植物广泛种植。对此类一些物种没有进行分类，黄亚麻类群是由Ockendon和Walters（1968）进行划分的，此类群中还包含其他几个种。

（6）Cliococca（Babingt.）Planch. 类。

特征：花瓣比萼片小。

重要的物种及分布范围：此类只包含一个物种，*L. selaginoides* Lam.，该物种在南美洲被发现。

但是仅仅依靠形态、植物地理学方面的知识并不能够保证分类的有效，近年来人们探索利用多起源于一个染色体为8或9的祖先，可能在进化过程中染色体复制差错形成两个种，因为两者的染色体相似程度很高，具有紧密的系统发生关系。Yurenkova等（2005）对4个野生种 *L.grandiflorum* Desf.，*L.bienne* Mill.，*L.perenne* L.，*L.austriacum* L.和2个栽培种进行了研究，从叶片的6-磷酸葡萄糖脱氢酶、谷氨酸-草酰乙酸转氨酶、细胞色素C氧化酶的同工酶特点以及种子油中的脂肪酸相对数量水平分析了彼此间的遗传多样性，研究发现同工酶的位点具有多态性，可以用脂肪酸的数量和比例严格地区分种间差异。研究结果显示，研究的5个种都有一个共同的祖先，*L.grandiflorum* 是亚麻进化早期阶段的一个系统发生的分支。Muravenko等（2004）利用FISH技术（Fluorescence in situ hybridization）研究45S和5S核糖体基因在5个亚麻属植物染色体中的位点，但是这些还仅是方法的探讨。

Rogers（1969）根据形态学特点将北美亚麻属近40个种划分为3组，其中蓝花组包括两个种 *L.lewisii* Pursh 和 *L.pratense* Small，均来自欧亚大陆，经过西伯利亚、阿拉斯加到达北美，白花组只有一个种 *L.catharticum* 较晚来自欧洲，而黄花组最大最复杂，主要起源于美洲。Ockendon（1971）报道有学者还曾对亚麻属植物宿根亚麻（*L.perenne*）进行过研究，包括同源四倍体、异源四倍体和二倍体（2*n*=18）间花药及减数分裂的差别，以及采自不同地方材料在种子萌发特性上的种内差异。

从传统角度上看，分类系统基于形态特征。由于早期提出的亚麻属植物的形态系统被认为是不完善的，Chennaveeraiah和Joshi（1983）对19个种进行了细胞学研究，他们提出了基于染色体数目的系统发生关系，指出在亚麻属植物中，染色体数目的变化范围在2*n*=16~60，大多数物种具有2*n*=18或2*n*=30条染色体。Gill（1987）指出亚麻属中41个物种的染色体数目变化范围在2*n*=16~80。所以亚麻属中植物系统发生关系并没有界定清楚。

2. 中国亚麻种质资源的分类

（1）依据生育期划分。纤维亚麻种质的生育类型依据每份纤维亚麻种质在原产地或接近原产地的地区的生长日数长短，按照下列标准，确定种质的生育类型。

早熟类型（生长日数≤65d），早熟类型的种质资源其春性及长日性均弱。生育前期生长较快，对水及光敏感，植株较矮，抗旱性弱，出麻率高，纤维品质好，原茎产量低，如哈系385、呼兰2号等。

中熟类型（65d<生长日数≤70d），中熟类型长日性及春性居中。对水及光较敏感，出麻率及纤维品质较好，原茎产量居中，不够稳定，如早熟1号、克山1号等。

中晚熟类型（70d<生长日数≤75d），中晚熟类型春性及长日性较强，生育前期生长缓慢，蹲苗期较长，抗旱性较强，植株高大，抗倒伏，出麻率高，纤维品质好，产量稳定，如华光1号、黑亚3号、黑亚4号等。

晚熟类型（生长日数>75d），晚熟类型春性及长日性均强。蹲苗期长，耐旱抗倒，植株高大整齐，高产稳产，出麻率高，纤维品质较好，如黑亚6号、黑亚7号、黑亚8号等。

油用亚麻种质的生育类型依据每份纤维亚麻种质在原产地或接近原产地的地区的生育日数长短，按照下列标准，确定亚麻种质的生育类型。早熟类型（生育日数≤90d）；中熟类型（90d<生育日数≤105d）；晚熟类型（生育日数>105d）。纤籽兼用类型亚麻种质，其形态特征偏向纤维用类型的按照纤维亚麻种质的生育类型分类标准进行分类，其形态特征偏向油用类型的按照油用亚麻种质的生育类型分类标准进行分类。

（2）根据温感反应划分。根据温感亚麻可划分为春性、半冬性、冬性3种类型。春性：在下述第一种处理情况下90%以上的亚麻种质正常开花结实；半冬性：在下述第一种处理情况下正常开花结实植株在90%以下，在第二种处理情况下正常开花结实植株才能达到90%以上的种质；冬性：在第二种处理情况下正常开花结实植株仍达不到90%以上的种质。具体分类方法如下。

试验设计：进行盆栽试验，在土中加入适量氮、磷、钾复合肥。每份材料设4次重复，按照盆口面积播种，每平方米有效播种粒数2 000粒。适时播种，注意及时浇水。

试验处理：出苗后进行低温处理，每份材料进行2个处理，每个处理2次重复。第一处理是在5℃条件下处理7d，第二次处理是在2.5℃条件下处理14d。处理后，放到自然温度条件下，正常管理。注意及时浇水、除草。

数据采集与处理：对全部试验植株进行调查，记录每种处理中每份材料的开花结果情况。计算各处理的正常开花结果植株的比例，根据比例数值确定其温感，反应类型。

（3）根据光反应划分。根据短光照处理下和自然光照条件下现蕾日数的差异，可将亚麻划分为钝感、中感、敏感3种类型。钝感（差值<5.0）；中等（5.0≤差值<15.0）；敏感（差值≥15.0）。具体分类方法如下。

试验设计：与温度试验相同。

试验处理：在不透光的暗室进行短光照处理。每份材料3盆，用3种不同光照时间的处理，10h/d（光照时间为8：30—18：30）、8h/d（光照时间为8：30—16：30）、6h/d（光照时间为8：30—14：30），处理时间从出苗期开始。另设1盆在自然光照条件下生长。

数据采集与处理：调查全部试验植株，记录各处理、单株的现蕾日数。单位为d，精确到整数位。

分别计算出每份材料3种短光照处理下和自然光照条件下现蕾日数的算术平均值，单位为d。求出二者之间的差值，确定亚麻种质的光反应特性等级。

另外，种质资源还可以根据出麻率高低分为高纤、中纤、低纤类型；根据抗逆性强弱分为高抗、中抗、低抗类型；根据产量的高低分为高产、中产及低产类型等。

3. 我国亚麻种质资源的研究

亚麻种质资源研究包括对种质的搜集、保存、分类、鉴定、评价和利用。亚麻种质资源是改良品种所必需的物质基础，所掌握的种质资源越丰富，越容易培育出高产、优质、多抗、适于机械化生产的亚麻新品种。深入开展亚麻种质资源研究，丰富亚麻种质资源库，为育种提供种质，为生物工程提供目的基因来源，为我国亚麻生产可持续发展奠定基础。

（1）亚麻种质资源的收集与保存。亚麻种质资源的保存包括原位和异位亚麻种质资源保存。

一些野生物种的生长环境远离人类文明，其生长活动维持了自然的生态系统，并且有助于保护物种各自的自然生境。原位方法很受关注，因为这种方法能有效地保护物种，异位收集能够支撑物种多样性的详细研究。

随着栽培亚麻的收集以及异位保存保护了物种的多样性，如果物种没有活力就将会消失。Diederichsen和Hammer（1995）认为尽管最近工业城市的形势是恢复纤维亚麻的种植，但是此类物种在减少，并且已经在许多地区消失。Laghetti等（1998）就报道了意大利乌斯蒂卡岛上出现的这种情况。纤维亚麻及油用亚麻的地方品种已经消失或是被现代培育的品种所取代。栽培亚麻的原位保存应该更好地称为农场保存，这种保存在工业化国家是不存在的。

在发展中国家，亚麻多样性的降低同样归因于培育品种的取代。没有有效的方法来改变这一状况，基因库不得不付出同样多的努力来保存栽培亚麻的多样性。

（2）亚麻种质资源主要的异位收集。世界基因库中保存的亚麻种质资源总数约为53 000份（包括重复的资源）。八大亚麻收集库保存了超过55%的亚麻资源（表2-15）。世界上还有其他81个基因库、研究院或育种所保存着亚麻种质资源，其中的38个基因库中每个都具有100份以上的资源材料，而其他的基因库只保存少量的资源或只保存一些亚麻种质。种质资源收集的相关信息由联合国粮农组织（FAO）提供（http://apps3fao.org/wiews/）。

表2-15 基因库收集亚麻种质资源情况

机构名称	国家	种质资源数
全俄亚麻研究所	俄罗斯	6 100
瓦维洛夫植物栽培研究所	俄罗斯	5 700
中国农业科学院作物科学研究所	中国	4 000
DSV育种公司	德国	3 500
埃塞俄比亚基因库	埃塞俄比亚	3 100
中北部植物引种中心	美国	2 800
加拿大植物基因资源中心	加拿大	2 800
谷物和经济作物研究所	罗马尼亚	2 700
其他机构保存		22 300
总计		53 000

资料来源：FAO；Zhuzhenko和Rozhmina，2000。

亚麻种质资源总数虽然庞大，但这一数据具有较大的重复性。例如位于俄罗斯联邦的两大资源库：全俄亚麻研究所（VNIIL）和瓦维洛夫植物栽培研究所（VIR），收集的资源具有较高的重复性。VNIIL收集的资源已经集中地应用到纤维亚麻的育种工作中。研究所对保存资源的一些重要性状进行了详细的描述和分析评价。VNIIL收录的基础数据于1993年公开出版，分析数据是其中公开发表的一部分形式。VNIIL保存的大部分种质来源于VIR所收集到的种质，VIR收录的许多数据可以追溯到20世纪初期，即收集植物遗传资源的早期。VIR收集到的种质非常具有研究价值，因为许多种质已经在农业种植中消失了。VIR收集的种质的相关数据在网络上可以查询（http://www.vir.nw.ru），而特征数据可以通过与VIR亚麻收集管理者联系进行查询。

（3）我国亚麻种质资源的收集与保存。亚麻种质资源的收集、整理工作始于20世纪50年代。1976年由中国农业科学院甜菜研究所负责组织有关省（区、市）农业科学院及地区农业科学研究所开展了亚麻资源收集、考察、鉴定、编目、入库工作。1978年编写了第一本《中国亚麻品种资源目录》，收集地方品种及优良品系408份，日本、罗马尼亚、瑞士、瑞典等15个国家的引进资源162份，共计570份。此后于1990年编写了《中国主要麻类作物品种资源目录》，其中收录亚麻种质资源138份，这138份是《中国亚麻品种资源目录》中由黑龙江保存的全部亚麻种质资源；1995年又编辑了《中国主要麻类作物品种资源目录》续编，其中收录了黑龙江、河北、内蒙古的3个单位保存的亚麻种质资源2 113份，其中1 587份为国外引进品种，526份为国内品种或品系。2000年又编辑了《中国主要麻类作物品种资源目录》续编二，收录亚麻种质资源240份，其中国内品种或品系170份，国外引进资源70份，截至2005年"十五"计划结束已经有3 048

份亚麻种质资源保存于国家作物种质资源长期库及麻类种质资源中期库，其中有一部分是重复的，实际入国家种质资源保存库保存的亚麻资源2 943份。并初步建立了这些资源的数据库。入库的2 943份是搜集、创新的栽培种亚麻。亚麻种质的收集、鉴定、编目与入库有利于亚麻种质资源的相互交流和种质资源研究工作的不断发展。截至2005年"十五"计划结束，入库的2 943份资源有1 825份原产于39个国家，主要有美国499份、苏联216份、阿根廷150份、瑞典134份、匈牙利130份、法国104份（表2-16）。有1 121份来源于我国的9个省（区），主要是内蒙古598份，黑龙江234份（表2-17）。

截至2005年"十五"计划结束，入库的2 943份资源分别来自我国的8个省（区）13个单位（表2-18）。其中河北省张家口市农业科学院1 397份，黑龙江农业科学院643份，内蒙古自治区农牧业科学院609份。

表2-16　入库的国外亚麻种质资源的原产地及数量

原产地	份数	原产地	份数	原产地	份数	原产地	份数
美国	499	德国	42	罗马尼亚	11	南非	4
苏联	216	土耳其	40	瑞士	11	蒙古国	3
阿根廷	150	巴基斯坦	37	埃及	10	叙利亚	3
瑞典	134	伊朗	31	保加利亚	10	芬兰	2
匈牙利	130	澳大利亚	23	乌拉圭	10	前南斯拉夫	2
法国	104	希腊	21	比利时	9	意大利	2
波兰	68	日本	18	阿富汗	6	丹麦	2
加拿大	68	埃塞俄比亚	14	西班牙	6	尼加拉瓜	1
印度	64	英国	12	捷克	5	危地马拉	1
荷兰	41	摩洛哥	11	以色列	4		

表2-17　入库的国内亚麻种质资源的原产地及数量

原产地	份数	原产地	份数
内蒙古	598	新疆	44
黑龙江	234	河北	21
甘肃	82	宁夏	15
山西	68	吉林	1
青海	56	不详	2

表2-18 入库的2 943份资源提供单位

提供单位	份数	提供单位	份数
张家口市农业科学院	1 397	甘肃省定西市农业科学研究院	17
黑龙江省农业科学院	643	宁夏固原市农业科学研究所	9
内蒙古自治区农业科学院	609	甘肃省张掖市农业科学研究院	7
山西省雁北地区农业科学研究所	80	宁夏农林科学院（原宁夏回族自治区农业科学院）	7
甘肃省农业科学院	65	宁夏农林科学院（原宁夏永宁农业科学研究所）	3
青海省农业科学院	56	山西省农业科学院	3
新疆维吾尔自治区农业科学院	47	共计	2 943

（4）亚麻种质资源的评价。我国亚麻种质资源的研究工作主要集中在农艺性状的评价，并建立了亚麻种质资源的数据库、亚麻种质资源共性描述数据库及中期库管理数据库等，为种质资源的利用提供了依据。此外还进行了分类研究，根据熟期、感光性、抗性、株高等性状将资源分为不同类型。亚麻种质资源的研究工作不断深入，分子标记技术已经用于亚麻种质资源的多态性研究、分类研究、抗病、耐渍、不育等性状的基因标记等工作。种质创新手段也不断改进，目的基因的克隆与转化等新技术正在逐步得到应用，并创造了具有高产、高纤、抗病、不育等优异新种质。

在2 943份的种质资源中纤籽兼用的1 103份，油用的1 097份，纤用的367份，另外有376份没有表明其类型。花冠颜色以蓝色为主（2 453份），此外还有白、紫、红、粉等各种颜色，株高在14.0～126.3cm，平均株高为57.7cm，低于20cm的有10份，20～50cm的860份，100cm以上的12份，绝大部分在50～100cm。油用的株高为14.0～91.4cm，平均为47.5cm；兼用的株高为27.0～94.3cm，平均为60.3cm；纤用的株高48.6～126.3cm，平均为73.6cm。油用的分枝数为0.4～10.5个，平均为4个；兼用的分枝数为1.2～11.7个，平均为4个；纤用的分枝数为1.6～7.0个，平均为3.7个。油用的蒴果数为4.2～56.1个，平均为19.1个；兼用的蒴果数为6.4～89.8个，平均为23.1个；纤用的蒴果数为3.0～42.0个，平均为10.8个。种皮色褐色的1 696份，浅褐色的646份，深褐色的126份，其他少量的为黄色、乳白、红褐色等颜色。

生育期在23～135d，其中油用的生育期29～135d，平均为92.5d；兼用的生育期23～124d，平均为93.7d；纤用的生育期59～112d，平均为85.4d。极早熟材料有8份，分别为MONARCH 23d，RENEW×BISON 24d，SHEYENNE 25d，MINN.Ⅱ-36-P4 26d，BIRIO 27d，SIBE×914 28d，7167×40 29d，AR 30d，这8份材料为油用或兼

用类型，生育期在120d以上的有23份为油用或兼用类型，其中高胡麻生育期最长为135d，从而可以看出油用及兼用类型的种质资源生育期类型十分丰富。纤维亚麻中早熟材料只有3份，BernburgerO11-Faserlein 59d，末永63d，FCA×SEED Ⅱ 64d。

赵利等（2006）对甘肃116个胡麻地方品种种质资源的粗脂肪含量和5种脂肪酸含量等主要品质性状进行测定分析，粗脂肪含量及棕榈酸、硬脂酸、油酸、亚油酸、亚麻酸含量平均值分别为34.76%～43.18%、5.03%～9.56%、2.51%～7.35%、21.11%～38.36%、9.25%～13.8%、41.51%～58.49%。

薄天岳等（2006）对508份国内外亚麻品种资源进行了抗枯萎病的鉴定和评价，筛选出了45份高抗枯萎病资源。有17份国外引进品种，如红木、美国亚麻、抗38、国外A81、国外A321、阿里安、范妮、瑞士8号、德国1号、匈牙利5号等；2份国内地方种质资源庆阳胡麻和川沙胡麻；26份国内育成品种，如20世纪90年代以来我国大面积推广应用的陇亚7号、天亚5号、定亚17号、晋亚6号、晋亚7号、伊亚2号、黑亚6号等。

黑龙江省农业科学院经济作物研究所通过对其收集的亚麻种质资源鉴定，筛选出了一批具有特异性状的资源，主要有早熟、长势优良种质资源，大部分从俄罗斯、法国等国家引进，株高均在80cm以下，其优点是株型紧凑、分枝上举、工艺长度长，这些优良性状对资源创新和育种是非常有利的高产优异资源、高纤维优异资源、抗性强优异资源。

我国的亚麻种质资源中除了正常可育资源以外，还拥有内蒙古自治区农牧业科学院在国内外首次发现的核不育亚麻资源。由于该资源材料具有花粉败育彻底、育性稳定、不育株标记性状明显等特点，因此，该材料已成为亚麻育种最为珍贵的资源。另外甘肃省农业科学院目前已获得了温光敏亚麻雄性不育材料，应用前景广阔。黑龙江省农业科学院经济作物研究所1993年从俄罗斯引进了多胚亚麻资源，自此开始了中国的多胚亚麻种质创新利用工作。

第二节　亚麻育种

一、国外亚麻育种概况

亚麻由于生物学特性、起源和栽培利用的历史等因素，在世界上分布有很强的地域性。世界亚麻分布于欧洲、亚洲、北美洲和非洲北部，多集中在北纬40°～65°，属于温带和寒温带。亚麻是俄罗斯最重要的纤维作物，主要的纤维用亚麻生产区域为西部地区。在21世纪之前，国外的亚麻育种主要采用混合选种。进入21世纪，植物育种技术逐步发展，有些亚麻育种者用系统选育代替了混合选种。Broekema教授（1900）在荷兰第一个用系选的方式培育出新品种，同时代还有一些与荷兰亚麻的历史相关的著名人士，例如Tammes、Dorst、Wiersma和Hylkema。荷兰的亚麻育种者为了抵御亚麻病害，采用亲本选育和单倍体育种相结合进行系统选育和混合选种，继而开始了抗病育种。其他的西欧国家亚麻育种是在从20世纪初开始的。目前，西欧种植亚麻主要是利用纤维，而生产高质量的纤维要求有较高的保苗株数和播种密度（120kg/hm²）。种子也可以用来榨油，但大多数欧盟国家需求的亚麻籽从非欧盟国家进口。

（一）俄罗斯亚麻育种

1. 俄罗斯亚麻育种研究概况

在俄罗斯主要有全俄亚麻研究所和瓦维洛夫植物栽培研究所两家科研单位从事亚麻研究。瓦维洛夫植物栽培研究所主要从事资源研究，其搜集的亚麻资源在世界范围内最多，而且历史悠久，来自世界不同的地区，品种类型齐全，总数6 000余份。多数是地方品种、商业品种和品系。该所从20世纪20年代开始对亚麻种质资源就开始研究，通过对亚麻形态、农艺和经济性状的研究发现种间某些性状存在很大差异。尤其是生育期、株高、纤维含量、质量、含油量、花冠、花药、种子颜色、抗病性等性状。20世纪80年代开始亚麻种质资源创新工作，现已有250个具有不同性状特征品系用于研究，这些性状主要有熟期、株高、抗亚麻锈病、花色、花药颜色、种子颜色和植株颜色等，同时开展了相关基因的研究工作。在搜集的资源材料中有携带抗锈病的5个抗性基因，还发现了11个基因控制着花和种子的颜色性状，控制着花冠的颜色（白色、紫色、粉色等），星状花，黄色花药，黄色、浅棕色的种子及种子上的斑点。

生育期是亚麻重要性状之一，尤其是选育早熟性品种在俄罗斯非常重要。早熟材料在高纬度地区，可用于培育稳产品种。在纤用亚麻中大多数早熟的资源是古老的当地品种，起源于俄罗斯的北部地区。有些早熟材料就是从其中选出的品系。在瓦维洛夫植物栽培研究所保存的一些纤用类型资源，熟期比标准的早熟品种PRIZIEV81还早14~21d。它们分别是P-9、Medra、Mermilloid和Lin N225。亚麻生育期在俄罗斯分成从发芽到开花，从开花到成熟两个阶段。有些资源具有较短的发芽—开花阶段，受粉后快速成熟的材料较少。在俄罗斯主要是通过缩短这两个阶段来培育早熟品种。通过对一些品系生育期进行遗传分析，表明品系K-512带有最大的显性基因，控制着发芽至开花时期，品系K-48携带的显性基因控制着从开花到成熟阶段。由此培育出了两个早熟的材料。生育期与叶片数呈正相关，叶片数性状在俄罗斯只用于资源研究。成熟期的差异与叶片数的表现相同。在瓦维洛夫植物栽培研究所的资源中，最少叶片数（小于50片）的材料是K-512，有100片左右叶数的材料是K-6917、K-6148和K-6634。在亚麻株高方面，俄罗斯的一些早熟的地方品种，株高最高达110cm，如K-6917、K-6148、K-6815、K-5512。研究发现控制植株高基因在K-48表现出最大的显性效应，此品系用于早熟和株高性状的改良。

在俄罗斯的资源材料中，纤维含量性状具有广泛的遗传多样性，通过研究发现育成麻率40%的品种的可能性非常大。不过在育种过程中试图获得高麻率的同时，经常出现纤维质量下降的现象。俄罗斯专家通过努力创新出了具有优良纤维特性的育种材料，纤维质量最好的商业品种是Orshanskiy2，作为标准品种使用，平均长麻率是20.3%，分裂度225公支，纤维强度23.4kg，可挠度68.8mm。油用亚麻品种最重要的性状是含油量，这一性状种间的差异不大，纤用和油用品种之间的含油量的差异也不是很大。亚麻油有许多用途，所以质量非常重要，油质量的主要参数是碘值，这一性状种间差异也不大。亚麻油中的亚麻酸是重要的指标，是构成亚麻油的主要部分，但会导致亚麻油快速氧化。在俄罗斯亚麻酸含量没有较大差异，最小亚麻酸含量的材料是K-8093，含量为41.2%；最高含量的是K-7924，含量为66.3%。

2. 俄罗斯亚麻资源抗病遗传研究

俄罗斯亚麻抗病材料非常丰富，在亚麻锈病研究方面相当深入，已经开展了25年的研究工作，有携带抗亚麻锈病基因的不同品种。在俄罗斯古老的地方品种中就有一些抗亚麻锈病资源，通过遗传分析和抗性试验，发现了新的显性抗锈病基因，命名为Q。此后育成了10个抗锈病育种材料。相似的商业品种有Orshanskiy2和Priziev81，它们是通过同抗性品系多次回交获得的材料。此外还有感锈病和抗萎蔫病的材料，此病受一个显性基因和两个辅助交互基因控制。通过对抗枯萎病材料鉴定，发现在不同环境条件下抗性程度不同，主要是真菌群体种类不同而致。抗锈病基因G-5062和G-4981的作用一致，辅助基因是G-4918。栽培品种没有高抗炭疽病的基因型。炭疽病的遗传是受多基因控制的，疾病的发生决定于显性和隐性基因的平衡。低感染率是由简单的加性基因系统决定的而不是等位基因的交互作用。

在低感染率材料中有2个R-基因，其抗性表现受基因和环境的交互作用影响，在进一步的试验中发现在不同年份，抗病性表现出基因型受环境影响，所以培育抗病品种非常困难。不过从抗性材料、感染品系和品种杂交后代中可选出相对抗性的材料。目前，在栽培品种中缺乏高抗派斯莫病的品种，有几份油用资源相对抗性达到20%~40%。派斯莫的抗性遗传是受多基因控制的，受加性、非加性、显性基因的影响，尤其是在K-7868、K-7889两份材料上表现特别明显。

3. 俄罗斯亚麻功能基因研究

亚麻形态、花及种子的颜色具有很大的差异。经研究发现已明确的12个基因中有9个控制同一个表现型。为了进一步鉴定这些基因，选择了一些品系对其中的3个基因进行等位基因试验。一个基因*FE*来自品种Stormont Motley，在法国进行了鉴定。2个基因在俄罗斯鉴定，没有相似性。这12个基因是：*rs-1*控制浅棕色种子，在基因型PF1中表现（表现型与*rm*基因是一致的）。*pf1*控制粉色花瓣，橘黄色花药和浅棕色种子（等位于ad基因）。RPF1控制浅粉红色花冠，基因型为pf1（表现型与*Lr*基因一致）。*sfc1*控制着花冠的颜色，从深蓝色到紫色、粉色、深粉色（表现型与*nf*基因一致）。*s1*控制白色星状花、橘黄色花药、黄色种子、无花青素植株。在基因型pf1pf1上花冠形状正常，种子是浅棕色（与*pb1*是等位基因）。*wf1*控制白色的花冠、花丝、柱头。在花冠中共显性，在花丝和柱头上隐性。基因型WF1wf1s1s1有半星形花，基因型wf1wf1pf1pf1有白色花、橘黄色花药和浅棕色种子，在基因型WF1wf1pf1pf1花冠是白色的，但是在HCl上是粉色（与*nc*是等位基因）。*ora1*控制着橘黄色花药和花粉，在基因型pf1pf1和s1s1上不表达，在基因型WF1wf1ora1ora1花冠的颜色比在WF1wf1ORA1上浅（表现型与*ah*基因一致）。*sps1*在基因型sps1sps1ora1ora1上控制着种子上的斑点。*sbs1*控制白色星状花，橘黄色花药，在下胚轴和花中没有花青素（表现型与*fan*基因一致）。*waf1*控制着白色花丝、花瓣叶脉和柱头颜色（表现型同*fan*基因一致）。*svf1*控制着紫色星状花，*FE*基因控制着早晨亚麻花冠呈现浅蓝色，在1h以后变成白色的性状。在对俄罗斯的亚麻资源进行遗传研究过程中创新了一些新的品系，明确了性状间的关系。如阿根廷品种K-6099的*wf1*基因与早开花是连锁的。除了以上提到以外，还有一些特异的性状，如有不同颜色的星形和半星形的花，不同颜色的种子，种子上有各种斑点，色素在花冠上的分布，花丝弯曲，植株和叶片呈现浅绿色等。对这些性状在分子水平的研究工作现在已经全面展开。

（二）法国亚麻育种

法国亚麻育种研究发展得很快，特别是从1978年育成闻名的阿里安（Ariane）品种后，至今在亚麻育种中一直领先。20世纪80年代以后又育成了8个水平较高的品种。抗萎蔫病以埃夫林（Evelin）、美若琳（Marina）和洛哈品种最好，其他品种也好于或等于对照品种阿里安（Ariane）；株高是维京和贝林卡品种最低，其他品种稍低于对照品种。总之，农艺性状均优良。原茎产量只有高斯（Argos）和洛哈品种较高，分别比对照品种增产7.7%和5.2%，其他品种高于对照品种。长纤维产量以赫姆斯（Hermes）和高斯（Argos）品种最高，增产达18%和13.1%。维京（Viking）、埃斯卡里娜和埃夫林品种增产3.5%～8.0%，美若琳、洛哈和贝林卡品种减产13.1%～

16.6%，种子产量以贝林卡、美若琳和洛哈品种最高，增产20.2%～29.0%。其他品种除赫姆斯略减产外，增产在10%左右。

纤维含量和长麻率以维京、赫姆斯和高斯品种最高，埃夫林和埃斯卡里娜品种也达到高纤水平，而美若琳、洛哈和贝林卡品种仅为较高纤水平。梳成率以贝林卡和赫姆斯品种最高，分别达到66.8%和66.5%，其他品种也好于对照品种。法国20世纪80年代以后育成的8个新品种均表现很好，又各具特色，都可成为中国亚麻育种的重要品种资源。由于目前中国亚麻育种的重点是高纤育种，因此应抓紧引进和利用国外的优良品种，尽快选育出中国的高纤品种，尽快赶上世界先进水平。

（三）加拿大油用亚麻品种育种

油用亚麻是加拿大重要的油料作物之一，育种家们致力于提高亚麻籽产量、含油率、抗病性和改进其油脂品质的研究。新品种需经加拿大农业部评审，农艺性状、质量和抗病性方面均超过现有推广品种方能注册。目前油用亚麻的主栽品种有10余个。现就其农艺性状、特点和抗病性介绍如下。

AC Emerson中早熟品种，中等含油率，油品质高，抗倒伏性中等，大粒，抗枯萎病能力强。AC Linera中早熟品种，早播或晚播籽粒产量都很高，含油率和油质品质高，因其L-基因对北美根茎锈病免疫，有一定的抗枯萎病能力。Anora是由MC Gregor品种愈伤组织经组培法育成，早熟，产量中等，籽粒大小中等，有一定的抗枯萎病能力，抗锈病。Dufferin是栽培历史较久的老品种，中熟，含油率高，油和蛋白质品质稍差，因对流行的根茎锈病抗性强，因而在一些地区有较大的栽培面积。Flanders晚熟高产品种，与Dufferin是姊妹系，含油率高、油质好，籽粒大小中等，有20余年栽培历史，对播期早晚反应不敏感，抗北美根茎锈病，枯萎病抗性中等，抗倒伏。MC Gregor中晚熟品种，产量高，含油率中等、油质好，抗倒伏，对北美根茎锈病有免疫力，对枯萎病有一定的抗性，苗期高抗锈病。Noralta早熟高产品种，秆硬抗倒伏，油质好，抗锈病强，中抗亚麻褐斑病。Norlin是加拿大西部种植最广的品种，中早熟，产量高，含油率中等、油质好，对北美根茎锈病有免疫力，对亚麻枯萎病有一定抗性，对加拿大所有种植亚麻的草原地区都有很好的适应能力。Norman中早熟品种，产量高，对亚麻锈病免疫，中抗枯萎病，Somme中早熟品种，产量高，含油率和蛋白质产量中等，油脂品质高，抗亚麻锈病，对枯萎病具有抗性。Vimy占萨斯喀彻温省栽培面积37.8%，中早熟品种，产量高，籽粒大，油产量高而且油质好，抗锈病、中抗亚麻枯萎病，中度抗倒伏，灌溉区不宜种植。Linola-947人工诱变育成，晚熟，油产量高，α-亚麻酸含量低，有良好的抗倒伏性，黄色种皮，产量中上等。

对油用亚麻品种的研究发现，纤维含量和种子蛋白质含量变异系数高，在油质组成中，硬脂酸和软脂酸的变异系数最大，通过合理栽培，纤维含量、蛋白质含量、硬脂酸和软脂酸含量可增加25%，α-亚麻酸含量只可增加6.6%，碘值与α-亚麻酸含量成正比，与硬脂酸和油酸成反比，碘值和皂化值对油的质量有直接关系。研究还发现，耕作栽培诸因素虽对亚麻籽的含油量和油质有一定影响，但亚麻籽的含油量和油质还是取决于品种的遗传性。在吸收和利用营养的能力上，对施氮肥的反应，品种间差异很大，欧洲起源的品种比印度起源的品种更为敏感。此外，对锌的缺乏和毒性的敏感，对锰和铁的反应，以及耐盐性对油含量、油质影响，品种间表现出了遗传特性的重大差异。亚麻籽油的含量在品种间差异较大，反映出异血缘品种（异配）具有优势。在亚麻籽中水溶性碳水化合物的含量品种间差异是显著的，鼠李糖、木糖、胶质的黏滞特性，糖醛酸和木糖的含量比例等特性，品种间差异也显著。中国起源的亚麻品种，其亚麻多糖比印度血缘品种的含量高。目前，加拿大遗传育种专家为研究基因与环境因素对亚麻的影响进行了许多系统研究工作。

1988年加拿大的Alan Mchugen采用农杆菌介导法将抗"绿磺隆"（Chlorsulfuron）的突变乙酰合成酶（ALS）基因导入商业化亚麻品种中培育出抗除草剂"绿磺隆"的转基因亚麻新品系，经过环境释放评估试验，对环境无不良影响，并于1996年被批准进行商品化生产，定名为CDC Triffid。

（四）国外亚麻纤维含量与质量的研究现状

1. 国外亚麻纤维含量研究现状

Tschanev（1962）研究发现只有在低氮的条件下才能获得较高的纤维产量。Dachler（1988）也研究了N（氮）和K（钾）对纤维产量和质量的影响，认为N影响大，K的影响小一些。高N增加结实率，但是过多会引起倒伏和原茎产量下降。Easson（1989）建议N肥的剂量在10～40kg/hm²。Maddens（1986）和Easson（1989）认为尽管高密度可以提高纤维含量和产量，但考虑到倒伏的风险，种植密度1 800株/m²为最理想的密度。将来如果利用高抗倒伏品种，也有可能存在更高的种植密度（高达3 000株/m²）。

温度、降水量和光照强度也是纤维含量的重要影响因素。在温室中，纤维产量在温度16.5℃时达到最高，远低于田间的纤维产量。干旱条件可导致纤维产量降低，但是不会降低纤维的含量，也不会减少纤维细胞的多少。

亚麻植株在短光照（10h）条件下可达到最大产量，但是在长光照条件（18h）下，加之适度温度和充足水分的条件，能快速地拉长纤维，并且促进成熟。短日照条件下亚麻植株的纤维产量是长日照条件下的8倍。

Meijer（1989）应用生长抑制剂矮壮素防止倒伏。矮壮素降低14%～15%的原茎和纤维产量，但可增加籽实产量。

研究还发现，植株纤维含量和纤维束的数量与株高、工艺长度、茎粗呈正相关，并与分枝数呈负相关。这种与茎粗呈正相关的研究结果与Aulcema（1968）早期的研究结果相矛盾，他认为纤维含量和茎粗之间呈线性负相关。Yang和Bo（1988）从一个8×8双列杂交模式总结出，对于纤维的长度来说，一般配合力的效果好于特殊配合力的效果，这表明了对于这种特征的加性方差的优势。

Sleben（1953）研究了亚麻抗倒伏性和纤维含量之间的相互关系。结果显示，茎秆的硬度和纤维含量之间呈明显的负相关。因此在硬茎秆品种中发现一个高纤维含量植株的机会可能要远小于低硬度茎秆品种。如果选择硬茎秆的材料，在育种工作的早期就应当检测纤维含量指标。

茎秆的纤维含量是提高纤维质量的最重要标准之一，育种者需要可靠和有效的方法来确定纤维含量。门泽尔（1959）发现，温水沤麻和露水沤麻是相对省钱又简单的方法，但是不适合小样本。另有一种高压的方法，将亚麻原茎在高压情况下加热到120℃保持4h，发现相比于温水沤麻总纤维含量有所上升。门泽尔介绍的第三种方法是在烧碱中煮，当大部分非纤维素物质和非结构性纤维素从纤维束中移除后，会降低纤维含量。这种方法的优势是使小样本的处理变得容易。Fried（1939）介绍了一种可供选择的方法，在50℃下在H_2O_2中浸泡茎秆3h。

1959年门泽尔描述了一种方法，用显微镜观察茎秆的横切面，确定单位面积纤维的相对含量。Fraser等在1982年，Keijze在1989年记录了利用显微镜进行精细操作的新方法。尽管Tiver在1942年，Crozler在1950年，Menzel在1959年就显微方法的精确性意见一致，但该技术操作繁琐，未得到广泛应用。

Chessonzai在1978—1979年描述了在实验室中利用微生物酶作为催化剂进行温水沤麻的方法，这些酶主要是内切果胶酶。利用内切多聚半乳糖醛酸酶（PG）在收获之前预测纤维产量。利用每个样品20g原茎的3种附属物分析，测定结果与在实验室中利用微生物酶沤麻的结果，相关系数为0.8。

Wagenvoort（1988）报道了几种利用芦苇藻酶测定亚麻纤维含量的方法。虽然他们的目的是降低芦苇藻属纤维的含量，但这种方法用来确定亚麻纤维含量是行之有效的。

2. 国外亚麻纤维质量研究现状

纺织工业中使用的纤维在结构和性能上有所不同。毛织品纤维是由蛋白质的螺旋管形成的，这使毛织品产生巨大的弹性。棉纤维是空心纤维素，比较平直、均匀，长度基本相同，容易处理。亚麻纤维是由不同数量的个体细胞形成的不规则组合，即所谓的初等纤维细胞。这些细胞的直径也不同，细胞壁的厚度也不同，细胞壁主要由纤维素组成。

纤维质量本质上是由单位纤维细胞的属性决定的，结构特性使纤维细胞聚合成纤维，而且在播种和收获的过程中各种环境的影响也是决定性的因素。在生产和加工中所有中间步骤对纤维质量都有特殊的影响，纤维品质用参数定义，如强度、细度等。

表2-19列出了影响纤维强度和细度的因素，但这些因素不能单独分析，应综合在一起来解释。例如茎直径影响细胞直径、种植密度影响直径，同时又都受播种时间影响。

表2-19 影响纤维质量的因素

因素	纤维强度	纤维细度
植物形态学	茎直径	茎直径
植物形态学	茎分枝	
植物形态学	叶密度	
植物解剖	细胞直径	细胞直径
植物解剖	细胞壁厚度	
植物解剖		束直径
植物解剖		分裂度
生长条件	播种日期	播种日期
生长条件	气候因素	
生长条件	种植密度	种植密度
生长条件	养分	养分
生长条件	收获日期	收获日期
沤麻	方法	方法
沤麻	持续时间	
沤麻		细菌种类

有关亚麻纤维品质的遗传影响因素研究的报道很少，Polykova（1981）研究发现了与亚麻纤维质量遗传有关的部分因素，几乎在同时Rogash和Remizova（1981）发现了亚麻的纤维强度是由多基因控制的，并认为其中母性遗传是主要因素。Pavelek（1980）报道了影响亚麻茎粗的一些遗传因素。Chaudhury（1981）的研究报告称纤维强度主要受多基因互作效果的影响，同时也部分决定于其他非累加因素基因。

（五）国外亚麻分子育种研究进展

1. 亚麻体外培养细胞、组织的遗传变异

在获取遗传多样性的层面上，对育种过程产生本质影响的方向之一是原生质体培养。利用原生质体的体细胞杂交为远缘杂交提供了可能，因为被隔离出的原生质体，也就是没有细胞壁的细胞，可以使原生质体和其他品种的植株融合并且再生成新的杂交植物——体细胞杂交物。除此之外，原生质体对导入异类的DNA而言是一种理想的对象。这样的转变，确保这种DNA渗透和随后的表达，可以促进转基因植株的形成。原生质体可能还包括大颗粒子（细胞器）。为保障外核的遗传因素的交换，原生质体的照射使细胞核的活化作用可以创建一个更有效的细胞器的运输系统。

在亚麻的原生质体培养过程中获得实质性进步的是巴拉卡特和科金等。通过他们的努力，使亚麻原生质体的研究成为可能，原生质体的培养成功地运用在亚麻的遗传多样性研究，有望获得优异的后代材料。

2. 亚麻的遗传转化

亚麻借助于农杆菌系统的转基因技术运用最多。Hepburn（1983）曾经指出，该种植物的组织对于野生类型的农杆菌系T37的生长是一个可接受的实体。

最初的亚麻遗传转化，是在利用经过改造的根癌农杆菌实现的，这些农杆菌包含嵌合基因*NPT*-Ⅱ和原始的基因类型，但其常受到怀疑，因为类似的物质曾经在一些品种的非转化的组织中发现。因此必须要判定*NPT*-Ⅱ和T-DNA在转基因幼茎中的活性。

McHughen在1991年报道加拿大利用基因获得了抗氯磺隆以及甲磺隆的油用亚麻品种。在实验室和野外条件中均对转基因植株进行了检验，表明可以通过转基因的方式获得同时具有高产和抗除草剂性状的新品种。在田间试验中显示出了高抗除草剂的稳定性，在没有除草剂的情况下，种子产量也不逊于原品种。基因转化将有助于品种抗病性和纤维质量的提高，也可改变油酸成分，改善亚麻油质量。

（六）国外亚麻育种研究热点

2021年国际上俄罗斯、法国、意大利、波兰、加拿大、智利等亚麻育种研究比较活跃，其中俄罗斯更重视亚麻种植效益的研究。俄罗斯（品种数量占比44%）、白俄罗斯（品种数量占比13%）、法国、中国、立陶宛、加拿大、乌克兰、荷兰等不同国家进行了纤维亚麻品种对气候条件适应能力的研究，对这些纤维亚麻品种主要的经济价值性状进行评价，筛选出一些高产品种，原茎产量分别为俄罗斯品种K-6 10 600kg/hm²，Antey 9 300kg/hm²，AR4 9 540kg/hm²，AR6 9 300kg/hm²，L187-60 9 420kg/hm²，TOST4 9 400kg/hm²；白俄罗斯的Soglasie 10 120kg/hm²；乌克兰的Nichok 9 360kg/hm²；荷兰的Viola 11 760kg/hm²。中国的黑亚10号也表现较好，为高

纤维含量的品种。纤维含量比较高的品种有俄罗斯的AR4 34.3%，AR6 34.2%，AR5 33.9%，Tverskoi 33.5%，Aleksandrit 32.2%，L187-60 31.4%，Peresvet 35.0%，Nord 31.1%，Dobrynya 29.6%，TOST2 29.6%，Merelin 31.0%；荷兰的Agatha 30.8%；法国的Meuna 30.6%，Drakkar 29.4%。此外俄罗斯开始利用Illumina平台开展测定 *SAD1*、*SAD2*、*FAD2A*、*FAD2B*、*FAD3A*和*FAD3B*控制脂肪酸合成关键基因全长序列，并在MiSeq上对84个亚麻样本中的6个基因进行了深度测序，所获得的高覆盖率（平均约400倍）可以准确评估*SAD1*、*SAD2*、*FAD2A*、*FAD2B*、*FAD3A*和*FAD3B*基因的多态性并评估品种（品系）的异质性，揭示了特定多态性与脂肪酸比例之间的关系。研究结果为开展亚麻品种的标记辅助选择和DNA认证奠定了基础。

国际上关于亚麻籽中木酚素的研究报道，木酚素是能有效地抗糖尿病物质，特别是二糖苷（SDG），它是亚麻籽的主要抗糖尿病木聚糖；木酚素可能具有降低Ⅰ型糖尿病发病率和延缓人类Ⅱ型糖尿病发展的巨大潜力；亚麻细胞培养物为抗糖尿病木酚素的生产和提取提供了一种有吸引力和可持续的资源。法国科学家联合5个国家开展了在亚麻细胞培养中生产降糖木酚素的生物技术方法的研究，与整个植物相比，使用细胞培养物的优点是它们可以独立于气候或季节的考虑而使用，这确保了重要的经济生物活性提取物的可重复生产。亚麻的细胞培养研究具有一定的价值。此项研究为降糖木酚素生物工程生产技术研发提供了研究基础。亚麻既是一种宝贵的资源，还是一种有趣的模式作物。Morello1等（2021）报道目前意大利、乌克兰、白俄罗斯专家开展了利用基因编辑技术进行纤维发育的研究工作，他们认为基因组编辑策略最近在亚麻中取得了成功，因此可以有助于阐明功能冗余的问题，并为微管蛋白和*Ces*A基因家族的不同成员之间与细胞壁生物合成的不同阶段和模式相关的特定相互作用提供证据。

亚麻是富含ω-3脂肪酸（特别是亚麻酸占50%以上）的重要食用油来源，已被证明有益健康，亚麻酸的自氧化作用是促使亚麻籽油产生异味、失色和改变亚麻籽油营养价值的主要过程。为此，波兰开展了亚麻脂肪酸遗传学研究。Walkowiak等（2021）报道波兰采用6种脂肪酸含量不同的亚麻品种进行了完整的双列杂交，研究发现基因型间存在较大差异。亚油酸和α-亚麻酸含量的差异远高于与SCA（群体特殊配合力）相关的差异，说明加性基因效应在决定这些性状的遗传方面具有优越性。非加性基因作用对油酸含量起着重要作用，因为SCA效应的幅度几乎是GCA（群体一般配合力）效应的2倍。根据SCA效应，发现5个杂交组合是很有前途的F_1杂交种，可作为进一步选择的群体，以实现亚麻籽脂肪酸的优化。这些组合允许选择ω-6和ω-3比例为1∶1或2∶1的品种，以延长食品的保质期。

二、国内亚麻育种概况及进展

（一）中国亚麻育种概况

近几十年来中国每年亚麻的播种面积约13万hm²，居世界第二位。中国亚麻育种工作开始于20世纪50年代，主要是农家品种的整理及种质资源的引进，既解了燃眉之急又丰富了种质资源。山西从波兰品种郭托威斯基中选育出了雁农1号，黑龙江从俄罗斯品种贝尔纳中选育出了华光1号、华光2号，在生产上推广应用，打破了中国单一使用地方品种的局面。20世纪60年代以引种鉴定为主，先后推广了Л-1120、匈牙利3号、塞盖地等，表现了较好的丰产性。20世纪70年代在种质资源不断丰富的基础上育种家们开始了杂交育种工作，主要以单交为主同时开展了杂交与诱变相结合育种，选育出黑亚2号、黑亚3号、黑亚4号、雁杂10号、宁亚1号、宁亚5号、甘亚4号、定亚1号等品种。使产量、含油率、纤维含量等有了明显提高。20世纪80年代以来开展了高产、高纤、高油、抗病育种，并开辟了许多育种新途径，选育出了黑亚6号、黑亚7号、黑亚10号、黑亚11号、黑亚12号、黑亚13号、黑亚14号、黑亚15号、黑亚16号、黑亚17号、黑亚18号、黑亚19号、黑亚20号、黑亚21号、黑亚22号、黑亚23号、黑亚24号、黑亚25号、华亚1号、华亚2号、华亚3号、华亚4号、华亚5号、华亚6号、华亚7号、华亚8号、龙油麻1号、天亚5号、天亚6号、定亚17、陇亚7号等高产、优质、抗病新品种。

在过去的近70年育种工作中培育出了一大批新品种，重点解决了以下几个关键性问题。

（1）产量有了大幅度提高，纤用亚麻的原茎产量由20世纪50年代的1 200kg/hm²提高到了4 500kg/hm²；全国油用亚麻平均籽实产量由370kg/hm²提高到520kg/hm²。

（2）亚麻的病害得到控制，如育成的黑亚号系列品种高抗锈病、立枯病，天亚6号、79124、8628等高抗枯萎病，使亚麻生产上的病害基本得到了控制。

（3）品质明显提高，50%以上的新育成的油用品种含油率达40%以上，新育成的纤用品种黑亚8号、黑亚9号、黑亚10号、黑亚11号至20号等长麻率达到18%～20%，华亚4号、华亚5号全麻率34%以上，与法国、荷兰的品种水平相近。育成的纤籽赏兼用型品种紫红花色的华亚3号和玫粉花色的华亚6号种子含油率达38%以上，不饱和脂肪酸含量占总脂肪的50%以上，是生产优质保健产品的专用品种，麻秆含麻率达到29%，可使种麻综合效益获得提升的优选型品种，纤维亚麻品种已在黑龙江、新疆、云南、浙江、内蒙古、宁夏都有种植和推广，深受企业喜爱。我国亚麻新品种选育取得了辉煌的成就，创造了较好的经济效益及社会效益。

（二）中国亚麻分子育种研究概况及进展

20世纪80年代以来，应用外源DNA导入技术和转基因技术、分子标记辅助筛选技术在选育农作物新品种和提高抗逆性及抗除草剂方面已取得了一些成果。

1. 外源DNA导入技术育种研究进展

1993年，黑龙江省农业科学院经济作物研究所开展了亚麻花粉管通道法导入外源DNA技术的研究工作，明确了亚麻植株总体DNA的提取方法，DNA导入时期及方法，同时对外源DNA导入后代进行了过氧化物酶同工酶分析，对导入后代各世代的花色、熟期、种皮颜色、抗倒伏性进行了观察；对株高、工艺长度、分枝数、蒴果数、单株茎重、单株纤维重、出麻率7个性状的变异系数及遗传力进行了分析，结果表明，供体的某些片段或基因已整合到受体的基因组中，并且DNA导入后代具有广泛的变异，D_3、D_4代以后可以稳定遗传。利用此项技术，该所采用柱头基部切割滴注法以法国品种范妮（Fany）为供体，黑亚10号为受体育成了品系D93005-15-8，其各产量性状均超过其受体亲本和当前的主栽品种，于2003年由黑龙江省品种审定委员会审定通过，命名为黑亚14号，并在2006年获黑龙江省政府二等奖。目前，利用该项技术已选育出一系列出麻率在30%以上、其他综合性状优良的品系，如D97009-2、D97008-3、D2000-4等。该项技术作为亚麻品种改良、新品种培育的一种有效手段，在亚麻育种工作中将具有更广阔的应用前景。

2. 转基因技术育种研究进展

黑龙江省农业科学院经济作物研究所于1998年开始进行亚麻转基因技术研究，于2000年报道了利用农杆菌介导法进行亚麻转基因并获得再生植株，初步建立起了农杆菌介导法亚麻转基因系统。至2004年中国利用农杆菌介导转化亚麻的技术获得突破，并进入到实用化阶段，但在产量和纤维品质、亚麻酸含量等经济性状极为相关的基因工程育种方面，开展的工作还较少。

3. 分子标记辅助筛选技术研究进展

随着基于PCR技术的各种分子标记技术的发展，已有相当多的目标性状在DNA水平上得到识别，利用分子标记辅助育种将大大提高育种效率。Oh等（2000）利用RFLP和RAPD绘制了亚麻的遗传连锁图谱。Spielmeyer等（1998）利用亚麻双单倍体（DH）群体构建了AFLP遗传连锁图谱，利用该图识别了两个抗亚麻枯萎病的主效QTLs（Quantitative trait loci）。Chen等（2002）将分子标记用于亚麻单倍体育种，利用一个ISSR引物（UBC889）和2个RAPD引物（UBC556和UBC561），对16株花药培养再生植株进行了鉴定，证明其中12株来源于小孢子。Ellis等（1992）进行了亚麻的转座子试验，并证明可以通过转座子标记进行基因的分离。Fu等（2002，2006）利用RAPD技术对亚麻的起源进行了研究，通过对7个种的12份亚麻样本的RAPD分析认为，*L.usitatissimum*和*L.angustifolium*的亲缘关系最近，从分子角度支持了栽培亚麻*L.usitatissimum*起源于野生种*L.angustifolium*的假说。Muravenko等将分子标记用于亚麻属种间的亲缘关系分析，结果表明*L.angustifolium*与*L.bienne*和*L.usitatissimum*的差异比较大，而*L. bienne*和*L. usitatissimum*之间的差异比较小。Cullis等（1999）将RAPD技术用于亚麻的营养转化型的研究，从分子角度证实了由于环境引起的可遗传变异的存在。毛国杰等（2000）进行亚麻抗锈病的分子基础研究。薄天岳等（2002，2003）也进行亚麻抗锈病基因*M4*、抗枯萎病基因*FuJ*（7）*t*的分子标记及分子标记辅助选育的基础工作，目前已成功标记出抗锈病基因*M₄*和抗枯萎病基因*FuJ*（7）*t*。

中国亚麻基因工程应该侧重于与亚麻抗倒伏、抗旱、耐渍、高纤、优质等经济性状紧密相关的基因的标记，为基因的克隆及转基因研究奠定基础，以便准确快速培育出理想的亚麻品种。更应注重亚麻遗传资源特别是野生资源及其近缘种的收集、保存和利用，通过利用其遗传多样性来不断丰富现有栽培种亚麻的遗传基础，以达到产量、品质、抗性的提高和改善。

4. 国内亚麻育种研究热点

2021年国内亚麻的研究热点主要集中在亚麻籽、亚麻籽油、亚麻纤维性能、亚麻籽胶的研究上；在亚麻育种上有华亚3号、华亚4号、华亚7号、科合油亚6号、晋亚14号等品种选育报道。左振兴等（2021）开展了亚麻品种测试、品质性状评价方面基于DUS测试性状的亚麻测试品种遗传多样性分析的报道，该研究以30份亚麻测试品种为试验材料，利用亚麻DUS测试指南中的19个性状对其进行多样性分析。结果表明，19个测试性状在30份亚麻测试品种中检测到62个等位变异，平均每个性状3.263 2个，平均有效等位变异数目为2.371 6（1.219 5～5.294 1）个；Shannon's多样性指数平均为0.872 0，变幅为0.244 9～1.716 0。UPGMA聚类分析显示，30份亚麻材料分为3个组群，组群Ⅰ和组群Ⅱ主要为油用品种，组群Ⅲ主要是纤维用品种。植株的高度与工艺长度呈极显著正相关，植株的单株蒴果数与分枝数呈极显著正相关。植株的高度与单株蒴果数呈极显著负相关。王丽艳等（2021）开展了不同品种亚麻籽营养成分分析与品质综合评价研究，该研究以来源于6个产地的12个品种亚麻籽为研究对象，以α-亚麻酸等8个营养成分作为品质评价指标，利用主成分分析法和隶属函数法对12个品种亚麻籽进行品质综合评价，同时利用聚类分析法将其归类。结果显示，通过对8个指标进行主成分分析，从中提取出3个主成分，累计贡献率达到87.608%，可较好反映出12个品种亚麻籽营养成分的综合信息，综合分析得出粗蛋白质、总氨基酸、铁和α-亚麻酸含量，可以作为12个品种亚麻籽营养品质的综合评价指标；隶属函数法评价出12个品种亚麻籽综合品质优劣，将其划分为四大类。陈昀昀等（2021）开展了青海亚麻籽中木脂素含量测定及抗氧化活性分析研究，该研究以青海省20种不同产地、品种亚麻籽为原料，采用反相高效液相色谱法测定其木脂素开环异落叶松酚葡萄糖苷（SDG）和开环异落叶松脂素（SECO）含量，并以DPPH自由基和ABTS自由基清除能力评价其抗氧化活性，结果显示青海省不同产地、品种的亚麻籽中木脂素含量差异显著（$P<0.05$），开环异落叶松酚葡萄糖苷和开环异落叶松脂素含量分别为 $7.53 \sim 22.33$mg/g，$0.85 \sim 2.55$mg/g；开环异落叶松酚葡萄糖苷和开环异落叶松脂素均具有清除DPPH自由基和ABTS自由基的能力，且差异显著（$P<0.05$）。结果表明青海省不同产地、品种的亚麻籽中木脂素含量不同，均具有良好的抗氧化能力。

陆美光等（2021）在亚麻全基因组关联分析（GWAS）一文中归纳了GWAS的优势及分析流程，列举了近年来国内外利用GWAS定位到的亚麻产量及品质相关性状的标记位点和候选基因，总结了亚麻白粉病的研究现状及其他作物在GWAS的相关研究，并提出GWAS在亚麻育种和抗病的未来发展趋势，为亚麻GWAS研究提供理论基础。关于亚麻纤维合成关键酶 *CesA* 基因和 *Csl* 基因的研究进展，肖青梅等（2021）在分子水平上总结了纤维素和半纤维素合成的关键酶促机理，并详细介绍了纤维素合酶（*CesA*）和类纤维素合酶（*Csl*）的结构和功能，为改良纤维品质、培育高品质纤维亚麻品种提供理论参考。黑龙江省农业科学院经济作物研究所袁红梅等（2021）研究表明，亚麻中WRKY（植物特有的锌指型转录调控因子）转录因子家族的全基因组鉴定及表达分析的研究中对亚麻WRKY基因家族进行了全面的全基因组鉴定，并对102个 *LuWRKY* 基因的生物信息学的结构和功能进行预测。根据编码的LuWRKY蛋白的系统发育特征，95个LuWRKY被分为3个主要组（组Ⅰ，组Ⅱ，及组Ⅲ）；第二组特异基因进一步被分配到5个亚组（Ⅱa-e），而7个独特的特异基因（96～102）无法分配给任何组。给定亚群中的大多数LuWRKY蛋白具有相似的基序组成，而在亚组之间，基序组成的高度变异是明显的。利用RNA序列数据，还研究了102个预测的 *LuWRKY* 基因的表达模式。表达式分析数据证明与纤维素、半纤维素或木质素含量相关的大多数基因主要是在茎、根中表达，在叶中表达较少。然而，大多数与应激反应相关的基因主要在叶片中表达，在发育第1阶段和第2阶段比在其他阶段表现出明显较高的表达水平，该研究对预测的亚麻WRKY家族基因的综合分析及未来的研究提供指导。

三、亚麻育种的技术和方法

国内从事纤维用亚麻育种研究的单位有10多家，主要分布于黑龙江、湖南、吉林、内蒙古和云南等省（区），目前已成功培育出纤维用亚麻品种70多个。黑龙江省从事纤维用亚麻育种研究的单位主要有黑龙江省农业科学院经济作物研究所和黑龙江省科学院大庆分院。黑龙江省农业科学院经济作物研究所主要从事亚麻等经济作物的研究工作，是我国从事亚麻育种最早的研究所，在亚麻育种、转基因、品种资源收集整理鉴定、遗传分类等方面处于领先水平。该所设有亚麻育种、栽培、良繁加工、植物保护等10几个科室，先后育成了黑亚1～25号、华亚1～8号和龙油麻1号共34个优良品种，引进推广法国品种高斯，并在全国多个地区进行大面积推广应用。黑龙江省科学院大庆分院曾先后培育出双亚号近20个新品种。中国农业科学院麻类研究所（湖南长沙）作为中国麻类作物科研和生产的信息中心，在亚麻种质资源的收集、分类、整理和保存及亚麻微生物脱胶等方面都做出了突出贡献，并有中亚麻1～20号等品种育成。吉林省农业科学院经济植物研究所曾先后育成吉亚1～4号4个品种，该系列品种主要在吉林省东部地区推广。内蒙古农牧业科学院以油用和纤籽兼用型亚麻育种为主，从1986年开始进行纤维用亚麻育种研究，于1995年选育出内纤亚1号品种，在内蒙古、甘肃等地推广，该院于1975年从油用亚麻"雁杂1号"中发现一显性单基因控制的雄性核不育系，1987年开始应用该不育系进行纤维用亚麻的转育工作，并取得了突破性进展。近年来随着南方冬亚麻的产业化发展，又有一些农业科研单位和大专院校加入了纤维亚麻育种研究的行列，如湖南农业大学、云南大学、云南省农业科学院经济作物研究所、云南大理州经济作物研究所、吉林省农业科学院经济植物研究所等，也有少数近些年从事亚麻研究的单位也育成了一些亚麻品种。

国内纤维亚麻的育种目标是培育原茎产量高、出麻率高、纤维品质好、种子产量高、抗逆性强、适应性广的新品种，以满足工农业发展的需要。育种方法主要有以下几种。

（一）引种

引种是利用现有品种资源，解决生产上迫切需要新品种的一个简单易行而又迅速有效的途径，同时对提高本地区的育种水平具有重要意义。20世纪60年代以前，中国没有自己培育出的品种，生产上一直使用引自苏联的品种如Л-1120。20世纪70年代以后开始推广黑亚系列和双亚系列新品种，引进的国外品种在一些地区做搭配品种依然被利用。1973年由黑龙江省亚麻原料工业研究所引自荷兰的品种Fibra，编号为7309，具有喜肥水、抗倒伏、抗病、纤维品质好等优良特性，在黑龙江省的北部地区一直推广应用到90年代初。目前，一些国外品种如Ariane（阿里安）、Argos（高斯）、Fany（范妮）、Diane（戴安娜）等，具有早熟、高纤、抗倒伏等优点，在中国部分地区作为搭配品种或主栽品种被应用。引种在满足亚麻生产需求的同时，也丰富了纤维亚麻的种质资源，对中国亚麻育种事业的发展起着重要作用。中国现有的纤维亚麻种质资源中，引进的国外资源是育种的主体资源。

（二）系统选种

纤维用亚麻系统选种是在现有的品种中，将优良变异株选出并育成新品种，是利用自然变异的育种方法。从入选单株开始到株系鉴定、品系鉴定都要单种单收，因此通常称为"一株传"。最早推广的黑亚1号就是系选于苏联品种Л-1120，内纤亚1号系选于黑亚7号的姊妹系86-7。此法的优点是简便易行，材料来源广泛，性状稳定快，育种周期短。缺点是目的性差，不易培育出综合性状优良的品种，各种性状很难产生突破性的改变。目前纤维用亚麻育种中很少采用此法。

（三）杂交育种

杂交育种是目前国内外亚麻育种中最基本的方法。根据育种目标有目的地选择亲本进行有性杂交，把它们的优良性状重组或累加在一起，塑造成理想的新类型。中国育成的纤维用亚麻品种大部分都是采用杂交育种培育出来的，如黑亚系列品种的黑亚3号、黑亚5号、黑亚8号、黑亚9号、黑亚10号、黑亚11号、黑亚13号等、双亚系列的1~11号品种都是通过有性杂交育成的。亚麻杂交育种的杂交方式主要有单交、复交和回交3种。

1. 单交

这是最简单的杂交方式，即两个亲本成对杂交，用甲×乙表示。其作用是综合两个亲本的性状，当两个亲本的性状能够互补，综合性状又符合育种目标要求时，此方式最易获得成功。中国以往杂交育成的品种多采取此种组合方式，例如黑亚8号是以Fibra×黑亚3号、双亚2号是以7303-117×78-215杂交选育而成。在采用单交方式时，还有两个亲本正交（甲×乙）和反交（乙×甲）的问题。各地育种实践证明，在不涉及细胞质控制的性状时，正反交后代的性状差异一般不大，可根据亲本的花期迟早和花粉量的多少，灵活安排父母本的地位。但也有组合的某些性状受母本的影响较大，所以最好正反交都做。

2. 复交

这种组合方式是选用3个以上的亲本先后参与杂交的组合方式。通常是在单交亲本的性状互补满足不了育种目标的多方面要求时，才通过多个亲本的性状综合来解决。复交方式根据所用亲本数目和杂交方式又可分为三交、双交、四交等多种。

三交：三个亲本杂交即（甲×乙）×丙，甲和乙两个亲本的核遗传基因在杂交组合的F_1世代各占1/4，而丙占1/2。例如双亚8号是以（K-6×FR2）F_1×Viking杂交育成的，黑亚11是以（7106-3-6×Fibra）F_1×K-6杂交育成的。

双交：四个亲本杂交，先组成两个单交组合，再用这两个单交组合进行杂交，即（甲×乙）×（丙×丁）。甲、乙、丙、丁在杂种中遗传成分各占1/4。双亚6号就是以（7410-95×Tsped）F₁×（黑亚3号×Ariane）F₁双交育成的。

四交：[（甲×乙）×丙]×丁，甲、乙各占1/8，丙为1/4，丁为1/2，与双交组合比较，四交虽然也是四个亲本杂交，但年限要比双交长，只有在改进三交缺点时采用。

为了满足育种目标需要还可有更多的亲本参与杂交，如黑亚9号就是由火炬、青柳、Л-1120和Fibra等品种经人工多次杂交育成的。复交在应用时要合理地安排各亲本在杂交过程的先后顺序，要求全面斟酌各亲本的优缺点和互补的可能性，以及各亲本的核遗传组成在杂种后代中所占的比例。一般的原则是，综合性状好，适应性较强，并有一定丰产性的亲本放在最后一次杂交，使其在核遗传中占有较大比重，以加强杂种后代的优良性状。

3. 回交

两个品种杂交的后代，再和原亲本之一重复进行杂交的方式，即（甲×乙）×乙或（甲×乙）×甲。此法多用于改进推广品种的个别缺点或转育某个性状时应用。例如要改良某品种的抗病性，就用一个抗病性强的材料做母本与这个品种杂交以后，再与这个品种回交2～3次，既基本恢复了品种的优良性状而又保留非回交亲本的抗病性。培育纤维亚麻雄性核不育系就是用油用亚麻雄性核不育系为母本，以综合性状优良的纤维亚麻为轮回亲本进行4～5次回交获得的。

（四）单倍体育种

中国亚麻花药培养研究始于20世纪70年代，曾对影响亚麻花粉愈伤组织的产量和质量因素及亚麻花粉植株形成的某些因素做了系统研究。并在花药培养方法上进行了改进，采用低温预处理、双层培养法提高了亚麻花粉植株的产量。在国外，加拿大、法国、德国、波兰、捷克、俄罗斯等国也进行了亚麻花药培养的研究并取得了显著成就。随着国内外花药培养基础理论研究与培养技术的日益完善，亚麻单倍体育种工作将日益受到学术界重视并成为推动亚麻育种工作发展的重要手段。

（五）诱变育种

纤维用亚麻诱变育种作为一种新的育种方法始于20世纪60年代。虽然起步较晚，但由于其具有方法简便易行，育种年限较短等特点，取得的研究成果与进展都相当显著。诱变育种分为物理诱变和化学诱变两种。物理诱变是利用X射线、γ射线和热中子等照射亚麻的种子、植株、花粉、愈伤组织等，诱发基因突变，扩大变异幅度从而育成新品种。如早熟、抗倒、耐盐碱的黑亚4号、黑亚6号及抗旱、抗倒的黑亚7号都是采用γ射线照射亚麻种子获得的突变选育出来的。钴60γ射线照射种子的适宜剂量是200～500Gy，在此剂量范围内，亚麻有较大幅度的变异（变异率50%左右），而且能在突变的前提下，保持有一定数量存活的变异植株，并有较大的选择群体和较高的选择效果。黑龙江省亚麻原料工业研究所用钴60γ射线照射亚麻花粉愈伤组织，诱导分化出一批突变的单倍体植株，经加倍获得突变品系，并探讨出γ射线照射花药愈伤组织的适宜剂量为5～20Gy。化学诱变一般结合单倍体与多倍体育种进行。化学诱变剂的种类很多，最常用的是甲基磺酸乙酯（EMS）、秋水仙碱等。花药培养获得单倍体植株后，用秋水仙碱加倍使其正常结实。以秋水仙碱处理种子、胚等组织，产生多倍体或多胚性突变，对创造新种质资源具有重要意义。

（六）生物技术育种

纤维用亚麻采用生物技术育种始于20世纪70年代，经过30多年的努力，亚麻生物技术的研究取得了辉煌的成就。人们在花药培养（也称单倍体育种），茎尖、子叶、下胚轴等组织的离体培养，原生质体培养，外源基因导入，亚麻总DNA提取及导入等方面都做了大量研究，从理论和方法手段上都取得了很大进展。其中以花药培养和DNA提取及导入的研究成果最为突出，已应用于纤维用亚麻育种实践中，并获得了优良品种和多个品系。

四、亚麻良种繁育技术

（一）原原种生产技术

采用四圃法提纯复壮生产原原种，是保证原原种纯度的有效措施。

第一年选择单株。选择具有某品种典型性状单株400～500株，室内复选保留200株，单株脱粒保存。第二年将入选单株种成株行，等距离点播，田间入选整齐一致，典型性状株行100行，每行分别用网袋套袋收获，运输和晾晒，室内测出麻率后，保留80个株行。第三年将入选株行种成株系，行长4～5m，每行播种600～800粒，每个株系种植行数视种子量而定（每株行种子应全部播种），田间按品系特征特性和整齐度选择株系，淘汰过劣株系，室内测定出麻率和株高，蒴果数后复选，入选最优株系15个。第四年将入选的15个株系种成小区进入家系鉴定（剩余种子种入繁殖区），小区按1 500粒/m²有效播种粒计算播量，小区面积15m²，随机区组设计，重复4次（不设对照），进行农艺性状和产量、质量的全面鉴定后，保留性状一致的若干个最好家系用于繁殖原原种一代。原原种一代再繁殖一代为原原种二代，为了保证数量足、质量好的原原种投入原种生产，应采取稀播高倍繁殖和异地繁殖，一年多代的方法加速原原种繁殖速度。以上各代的数量可以根据种子需求量适当增减。

（二）原种生产技术

原种生产除利用原原种直接生产外，种子生产部门可根据生产需要采用下列方法生产原种。

1. 三圃法

多年来亚麻原种生产大都采用传统的"三圃法"提纯复壮，即单株选择圃、株行鉴定圃和混系繁殖圃。

单株选择圃：从当地表现最好的超级原种田或原种田中选择单株，按品种特性选择生育期、株高、花序、蒴果、抗倒伏和抗病性状。入选1.5万～3万株室内考种复选保留70%，单株脱粒、单装保存。

株行鉴定圃：将上年入选单株每株种成一行，顺序排列，行长1m，行距15～20cm，均匀条播。花期拔出异花株行。工艺成熟期按品种特征特性严格选择，一般入选70%株行，淘汰30%株行，要做好标记。完熟期开始收获，收获时先将淘汰的株行拔出运走，然后将入选株行混收，混脱保管。

混系繁殖圃：将株行圃混合收获的种子，在优良栽培条件下以30kg/hm²播量高倍繁殖，要隔离种植，花期和收获前期再严格去杂去劣。完熟期开始收获，收获后种子仍为原种级别，种子第二年入原种田。

三圃法优点是简单易掌握，提纯复壮速度快。缺点是入选单株数目大，参加选择的专业人员少，入选单株的可靠性小。

2. 二圃提纯复壮法

由单株培育选择和高繁两圃组成，培育材料可以是从原原种或上年从原种圃选择的单株混合脱粒的种子，培育方法同三圃法所不同的是省去株行鉴定圃，所以选择的单株不是单株脱粒，而是集中一起脱粒，留作第二年培育高繁。因此，在已经建立两圃的地方，实际上只有一圃。在高繁过程中加强田间拔杂去劣工作，在种子成熟期收获。收获前继续选择优株，每100株捆一把风干，脱粒前在室内复选一次，然后将优异单株集中一起混合脱粒留作第二年种子高倍繁殖用。其余混收，留作第二年生产田用种。一般每公顷种子田选择15万株混合脱粒可获得35～40kg种子。

（三）亚麻原（良）种繁育的基本技术

亚麻良种繁育主要是抓住种好、管好、收好3个环节9项技术措施。种好是基础，管好是保证，收好是关键。

1. 选地选茬

亚麻种子田应选择地势平坦、土壤肥沃、疏松、保水保肥良好的平川地或排水良好的二洼地。不可选用跑风地、岗地、山坡地、低洼内涝地、瘠薄地。

茬口应选择上年施有机肥多、杂草少的玉米、高粱、谷子、小麦、大豆等；不应选用消耗水肥多、杂草多的甜菜、白菜、香瓜、向日葵、马铃薯等。更不能重茬、迎茬，应轮作5年以上，这样可以防止菟丝子、公亚麻等杂草及立枯病、炭疽病的为害。

2. 整好地保住墒

黑龙江省十春九旱，特别是"掐脖旱"严重影响亚麻田间保苗和起身而造成减产。亚麻是平播密植作物，根系吸收能力较强，需水多，每形成一份干物质需要430份水，所以整好地保住墒是一次播种一次全苗的关键。

秋整地，玉米、高粱、谷子等前作应秋翻秋耙，然后耱平第二年春天化冻4～5cm深横顺耢一次，使土壤达到播种状态，切断土壤表层毛细管，防止土壤水分蒸发，保住底墒。

早春耙茬整地保墒，在土壤返浆期前破垄，将地耙细，耱平，镇压连续作业，使地平整细碎，达到播种状态。

3. 合理施肥

亚麻生育期短，需肥高峰期仅有半个月左右。为了增加种子产量，增加千粒重，提高发芽率，必须满足亚麻充足的营养，特别是能促使亚麻早熟、壮秆、提高千粒重的磷、钾肥及微量元素锌、硼等。一般有机肥要求发好熟透捣细，40 000～80 000kg/hm^{2}作基肥，在秋翻前或春耙前均匀施入，然后耙地。化肥主要用作基肥，磷酸二铵75～150kg/hm^2，三料磷肥50～75kg/hm^2，硫酸钾50～75kg/hm^2，深施8～10cm，在播种前施用。亚麻种子可用种子重量0.2%～0.3%的硫酸锌拌种，1～1.5kg/hm^2，绿熟期可用0.2%～0.3%磷酸二氢钾水溶液喷施，0.75kg/hm^2，这样可以提高种子产量20%～30%，千粒重提高0.3～0.5g。

4. 播种

亚麻种子田的适宜播期是4月25日至5月15日。

亚麻各级种子田的适宜播种量：原原种高倍繁殖，播量30～40kg/hm^2；原种一代加速繁殖，播量40～50kg/hm^2；原种二代扩大繁殖，播量60～70kg/hm^2；良种按生产用种播量。

播种方法：原原种高繁，采用行距45cm双行条播；原种一代采用30～45cm双行条播；原种二代采用15cm加宽播幅条播；良种采用15cm行距重复播。

播种深度：土壤墒情良好，适宜浅播，一般播2～3cm深，可以在播前镇压和播后镇压各1次，这样做出苗快、整齐、苗壮、病害轻。

亚麻播前，除了锌肥拌种外，还需用0.3%的炭疽福美药剂拌种，防治立枯病及炭疽病。种子必须用选种机精选加工，选净菟丝子、公亚麻、毒麦等杂草种子。

5. 除草松土

为了给亚麻生长发育创造一个良好的环境条件，必须及时彻底拔除与亚麻争水争肥争光的各种杂草。人工除草应在亚麻苗高10～20cm进行一次。要拔净菟丝子放在地头上，不能随地乱扔。同时要拔净公亚麻、毒麦。化学除草应选用拿扑净，在亚麻5～10cm，禾本科杂草三叶期及时进行，配成0.25%～0.3%水溶液喷洒，拿扑净用量1.2～1.5kg/hm²可以达到99%防除效果。对双子叶杂草如苍耳、苋菜、刺菜、灰菜等杂草，可用二甲四氯，用量0.75～1.1kg/hm²，配成0.2%～0.3%的水溶液喷施，使用二甲四氯应注意，在亚麻高于10cm，药的浓度太大和用药过量均可造成药害。

6. 灌水防旱

在亚麻枞形期和快速生长期遇旱影响亚麻的正常生长时，必须灌水防旱。灌水方法可以用慢灌或沟灌，也可喷灌，但每次灌水必须灌透、灌匀，防止太涝和上湿下干。

7. 除杂去劣

为了确保亚麻种子纯度，提高种子质量，必须在开花期执行严格的除杂去劣工作，一般在7：00～10：00，拔出杂花杂株、早花多果矮株、晚花多分枝的大头怪及各种可疑单株。

除杂去劣应在开花期每天进行一次，直至开花结束前看不见杂株为止。

8. 适期收获、妥善保管

亚麻种子田的收获适期是种子成熟期，又称黄熟期。此期亚麻的特征是，蒴果有2/3成熟呈黄褐色。一般从亚麻出苗到成熟期长短因品种而异。达到种子成熟期时应及时收获，过早过晚都影响种子产量和质量。亚麻收获方法如下。

（1）人工收获。手拔麻，应抢晴天，集中劳动力在短期内突击收完。收获时要求做到"三净一齐"，即拔净麻、挑净草、摔净土、蹲齐根，用短麻或毛麻做绕，在茎基1/3处捆成拳头粗的小把，然后在梢部打开呈扇子面状平铺地上晾晒。

一般晾晒1～2d翻晒一次达6成干时垛小圆垛；每垛不宜超过200把麻，先用10～15把麻在梢部捆紧立在地上，再把下边的麻把掰开当作麻脚立稳，然后再在周围一圈一圈的立上90～100把麻，其余的麻根向上，梢向下一层压一层往上边码，码到3～4层后封尖，用7～10把麻在根部捆上做一个帽子盖在上边防雨。

田间防雨的麻垛还可以堆成"人"字形，先把麻把搭成"人"字形，长3m左右，每垛200～300把麻，宽0.7～1.0m，上边用部分麻堆起来沟心，然后在上部用麻把垛成"人"字形，根向上，梢向下。一般垛3～4层，便可以了。

田间晾好的麻，应及时拉回场院堆成南北大垛，垛底用木头垫底，根向里、梢向外垛，上边用塑料布盖上防雨。

（2）机械收获。中国在亚麻大面积种植区采用牵引式拔麻机收获。亚麻机械收获是在2/3蒴果变黄时进行。50马力以上的拖拉机均可作为牵引动力。拔麻幅宽1.5m，拔麻脱粒同时进行，每天可收获7~10hm²，拔麻前在每块地按照车行走的路线人工拔出车道即可。收获的蒴果要及时晾晒，防止发烧霉烂。机械收获的特点是速度快、成本低，避免了传统收获方式经常由于多雨造成麻茎霉烂现象的发生。机械收获后麻茎平铺在田间，此法最适宜雨露沤麻。

9. 脱粒精选入库

亚麻晾干后应抢晴天集中劳动力脱粒。原茎分级打捆出售，每捆30~40kg。种子应及时清选，通过筛选、风车选或选种机选除去果皮泥土，晒至安全水分含量（含水量9%以下）装袋入库保存。每个品种每个级别的种子应分别保存，注明品种名称，种子级别，严防混杂。

五、国内亚麻学科科研成果介绍

通过几代亚麻育种人的不懈努力，中国亚麻育种有了较大的发展，克服了许多品种选育中遇到的难题，找到了快速可行的亚麻育种技术，为亚麻科研做出了重大贡献。现列举一些亚麻育种工作中取得的一些成绩。

（一）亚麻耐盐碱研究

1. 亚麻耐盐碱新种质的创制

黑龙江省农业科学院经济作物研究所采用EMS诱变、不同浓度的NaCl筛选、盐碱地筛选创制了黑亚19号突变体2014M3-500-C11、黑亚19号NaCl筛选种质材料（2014HY19-C12-100、2014HY19-C12-200、2014HY19-C12-300）及黑亚16号盐碱地筛选材料、NEW2盐碱地筛选材料、Agatha盐碱地筛选材料共7份耐盐碱亚麻新种质。由于筛选到的材料种子量少，所以后期继续对这7份材料及相应亲本对照在兰西县轻度盐碱耕地（pH值7.5，盐分0.2g/kg）进行种植，继续筛选和扩繁试验，新创制的耐性材料长势优于对照亲本。

2. 亚麻耐盐碱突变体的筛选

亚麻耐盐突变体的筛选流程（图2-8）。通过此方法对辐射诱变和化学诱变M_2代亚麻种子进行了耐盐碱筛选，最终收获M_2代耐盐突变体单株约150株，将继续进行耐盐碱的筛选，同时调查农艺性状，挑选出农艺性状和耐盐碱性均佳的株系。

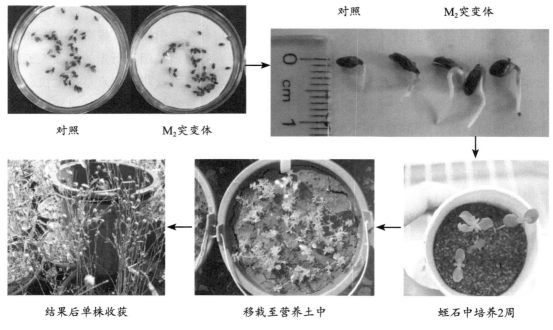

对照　　　　　　　M₂突变体

对照　　　　　　　M₂突变体

结果后单株收获　　　　　移栽至营养土中　　　　　蛭石中培养2周

图2-8　亚麻耐盐突变体筛选流程

3.适应0.3%～0.5%盐碱度土壤生长的亚麻品种筛选

（1）亚麻耐盐碱品种筛选体系的建立。

检测时期：萌发期（5d）和苗期（14d）。

检测方法：水培（水和胁迫溶液）和土培（营养土和盐碱土）。

检测内容：中性盐NaCl、碱性盐NaHCO₃和混合盐，各采用2个胁迫浓度。

检测指标：发芽率计算（3次重复取平均值）和表型观察（照相）。

（2）亚麻耐盐碱品种的筛选。以16份品种黑亚13号、黑亚14号、黑亚16号、黑亚17号、黑亚19号、黑亚20号、Agatha、Diane、美若琳、NEW2、双亚2号、双亚7号、双亚9号、双亚10号、双亚12号、双亚14号为试验材料。采用水培方法，分别用中性盐NaCl、碱性盐NaHCO₃和混合盐对不同亚麻品种进行萌发期耐盐碱筛选；采用水培方法，分别用中性盐NaCl、碱性盐NaHCO₃和混合盐对不同亚麻品种进行苗期耐盐碱筛选；采用土培方法，从盐碱地实地取土对不同亚麻品种进行耐盐碱筛选。

萌发期对不同亚麻品种进行耐盐碱筛选试验结果表明，通过调查在150mM NaCl和250mM NaCl胁迫下不同亚麻品种的发芽率，筛选出萌发期较耐中性盐品种有黑亚14号、黑亚16号、黑亚19号、双亚9号和双亚12号；对中性盐敏感的品种有双亚2号、Agatha、Diane、美若琳、NEW2和黑亚20号。

对发芽率最高的5个亚麻品种进行中性盐胁迫下的表型差异分析，结果表明，黑亚14号和黑亚17号的长势较好，可能这两个品种在苗期耐中性盐的能力较强，还需要后续试验的验证。

碱性盐胁迫对亚麻发芽率的影响试验结果表明，通过调查在30mM NaHCO$_3$和80mM NaHCO$_3$胁迫下亚麻的发芽率，筛选出萌发期较耐碱性盐品种有黑亚17号、黑亚19号、Agatha、Diane和美若琳；对碱性盐敏感的品种有双亚10号、双亚12号、黑亚13号、黑亚14号和黑亚16号。

发芽率最高的5个亚麻品种进行碱性盐胁迫下的表型差异分析，结果表明，黑亚16号和Agatha的长势较好，可能这两个品种在苗期耐碱性盐的能力较强，还需要后续试验的验证。

混合盐胁迫对亚麻发芽率的影响试验结果表明，通过调查在40mM混合盐和100mM混合盐胁迫下亚麻的发芽率，筛选出萌发期较耐混合盐品种有黑亚19号、Agatha、Diane、美若琳和双亚14号；对混合盐敏感的品种有双亚9号、双亚10号、黑亚20号、黑亚14号和黑亚16号。

对发芽率最高的5个亚麻品种进行碱性盐胁迫下的表型差异分析，结果表明，Agatha和美若琳的长势较好，可能这两个品种在苗期耐混合盐的能力较强，还需要后续试验的验证。

综上所述，萌发期在3种胁迫条件下发芽率最高的品种是黑亚19号，表型差异分析表明黑亚16号和Agatha长势最好。

苗期对不同亚麻品种进行耐盐碱筛选试验结果表明，萌发期耐中性盐的5个品种在苗期胁迫下黑亚19号和双亚9号表现较好。萌发期耐碱性盐的5个品种在苗期胁迫下Agatha和美若琳表现较好。萌发期耐混合盐的5个品种在苗期胁迫下Agatha和美若琳表现较好。

利用盐碱土盆栽对不同亚麻品种进行耐盐碱筛选试验结果表明，盐碱土（pH值8.8）盆栽试验中表现较好的品种有黑亚14号、黑亚17号、黑亚19号、双亚12号和双亚14号。对发芽率较高的5个亚麻品种进行碱性盐胁迫下的表型差异分析，黑亚19号和双亚14号的长势较好。

综上所述，初步筛选出5个较耐盐碱品种，分别为黑亚19号、黑亚16号、Agatha、美若琳和双亚14号。

（3）盐碱地耐盐碱品种的鉴定。选择一块土地表面泛白的盐碱地进行亚麻耐盐碱筛选试验。土壤盐分测定的结果显示，pH值为9.78，盐分为0.98g/kg（相当于0.098%）。

测试品种为黑亚16号、Agatha和NEW2。通过观察发现，高pH值、高盐度盐碱地土壤板结，透水性差，亚麻苗主要从地缝中长出，出苗后有部分幼苗直接死亡（图2-9）。通过比较3个品种的生长状态，发现黑亚16号和Agatha比NEW2更耐盐碱（图2-10）。

播种前　　　　　　　　　　　出苗　　　　　　　　　　出苗后2周

图2-9　盐碱地亚麻生长状态

为了进一步筛选适应0.3%～0.5%盐碱度土壤生长的亚麻品种，做了进一步的盐碱地试验，该试验在兰西县红星乡盐碱地进行，前茬是玉米，秋整地。取耕层土壤进行土壤成分测定，结果表明pH值为8.47，盐分为0.91g/kg（相当于0.091%）。根据已有试验结果，选择了耐盐碱性比较好的黑亚16号、Diane和Agatha 3个品种重复了亚麻耐盐碱品种筛选试验。由于墒情好，一次出全苗。快速生长末期缺雨，植株高度在80cm左右，抗旱品种黑亚16号表现最好。测产结果表明，黑亚16号原茎产量最高，Agatha的种子产量、纤维产量和麻率都最高，说明Agatha是最适宜在兰西县盐碱地种植的品种。

枞形期

快速生长期

New2　　　　　　　　　　黑亚16号　　　　　　　　Agatha

图2-10　不同亚麻品种生长状态比较

（4）亚麻盐碱地高产示范。该研究在黑龙江省兰西县进行，选取两块盐碱地进行了高产示范点的建设，测试了3个品种黑亚16号、Agatha和Diane（图2-11）。通过土壤盐分测定，发现1号盐碱地pH值较高（pH值8.61，盐分0.02g/kg），2号盐碱地盐分较高（pH值7.88，盐分0.77g/kg）。

黑亚16号　　　　Agatha　　　　Diane　　　Diane　　　Agatha　　　黑亚16号

图2-11　盐碱地高产示范点（左：1号盐碱地；右：2号盐碱地）

在黑龙江省兰西县盐碱地进行了高产示范点的建设，种植了3个品种（黑亚16号、Diane和Agatha），种植面积2.0hm²。

对盐碱地高产示范点的亚麻进行测产，结果表明，pH值对Diane和Agatha的原茎产量影响比较明显，对3个品种的种子产量都有所影响。说明pH值是影响亚麻产量的主要因素，这对将来亚麻盐碱地种植具有指导意义。3个品种的原茎产量和种子产量均达到3 300kg/hm²和375kg/hm²，其中表现最好的是黑亚16号（表2-20）。

表2-20　大区示范测产结果

品种名称	原茎产量（kg/hm²）			种子产量（kg/hm²）		
	1号盐碱地	2号盐碱地	平均	1号盐碱地	2号盐碱地	平均
Diane	3 491.70	3 857.40	3 674.55	350.55	434.55	392.55
Agatha	3 341.70	4 223.40	3 782.55	300.45	506.25	403.35
黑亚16号	4 192.35	4 143.45	4 167.90	340.50	422.10	381.30

（5）亚麻耐盐碱相关基因克隆及功能分析。在推进亚麻向盐碱地土壤发展战略中，虽然已筛选出了一批优异耐盐碱亚麻种质资源，但存在种植产量低、效益不高、缺乏专用品种等问题。为进一步发挥亚麻耐盐碱的特性，应从基因水平进行亚麻种质改良，提高其耐盐碱特性，创制耐盐碱亚麻专用品种。因此，亚麻耐盐碱相关基因克隆及功能分析成为培育耐盐碱专用亚麻品种的重要手段，对促进盐碱耕地区域亚麻种

植效益提高具有重要意义，也为解析亚麻应答盐碱胁迫的分子机理提供重要依据。

黑龙江省农业科学院经济作物研究所于莹博士从2015年开始根据phytozome数据库中亚麻hsp70基因序列，利用Primer5软件设计引物，利用PCR方法对亚麻hsp70基因进行克隆。PCR反应体系（20μL）：2μL 10×Buffer（含Mg^{2+}），1μL上游引物（10μmol/L），1μL下游引物（10μmol/L），2μL dNTP（10mmol/L），1μL cDNA模板（20ng/μL），1μL Taq酶（5U），12μL ddH$_2$O。PCR反应程序：94℃ 5min；94℃ 30s，60℃ 30s，72℃ 2min（30个循环）；72℃ 10min。将PCR扩增产物进行测序，胶回收后与pMD18-T载体进行连接，送交公司测序，确定序列的准确性。利用植物表达载体pCAMBIA1300构建含有亚麻hsp70基因的植物过表达载体pCAMBIA1300-35S-hsp70（Lus10009072），并进行PCR及酶切验证，并将该载体转入到农杆菌EHA105中。利用农杆菌介导法将亚麻耐盐碱基因hsp70（Lus10009072）转入烟草。通过培养烟草无菌苗、外植体叶盘预培养、农杆菌介导的遗传转化、筛选培养、抗性组织再生等遗传转化过程（图2-12），共获得25个转化再生植株。

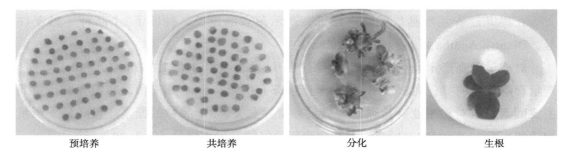

预培养　　　　　　　共培养　　　　　　　分化　　　　　　　生根

图2-12　烟草遗传转化过程

利用hpt引物对再生植株进行PCR检测，结果表明，25个再生植株中有23个植株含有目的条带，说明再生植株阳性率达92%（图2-13）。

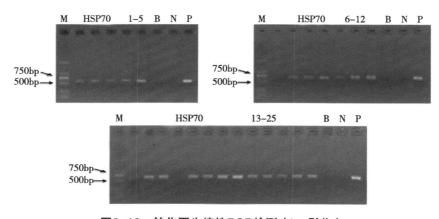

图2-13　转化再生植株PCR检测（hpt引物）

将阳性的再生植株进行移栽，在蛭石中生长，最终收获T₁代种子（图2-14）。结果表明，再生植株移栽成活19株，移栽成活率82.61%，收获T₁代烟草种子19份。

图2-14 再生植株移栽、生长、结种子过程

为了研究亚麻*hsp70*基因是否能够增强转基因烟草的耐盐碱能力，对萌发期的转基因烟草的耐盐碱能力进行了表型鉴定（图2-15）。结果显示，在150mmol/L NaCl和30mmol/L NaHCO₃胁迫条件下，转基因烟草的耐受性高于野生型，说明亚麻*hsp70*基因能够提高转基因烟草萌发期的耐盐碱能力。

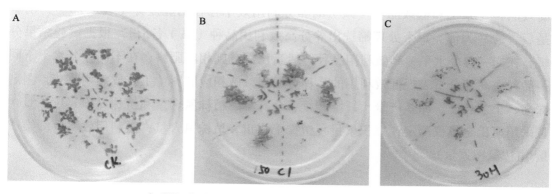

A. CK；B. 150mmol/L NaCl；C. 30mmol/L NaHCO₃

图2-15 转基因烟草萌发期耐盐碱表型鉴定试验

然后又对野生型烟草和转基因烟草在苗期同时进行600mmol/L NaCl和300mmol/L NaHCO$_3$胁迫处理（图2-16）。结果表明，转基因烟草的耐盐碱性好于野生型对照，说明亚麻*hsp70*基因提高了转基因烟草苗期的耐盐碱能力。

A. CK；B. 600mmol/L NaCl；C. 300mmol/L NaHCO$_3$

图2-16 转基因烟草苗期耐盐试验

亚麻*hsp70*基因的克隆及表达载体的构建为亚麻耐盐碱育种提供了基因材料。

（二）亚麻氮、磷、钾肥养分高效利用的研究

1. 亚麻氮、磷、钾肥高效利用品种的筛选

为解决亚麻田内化肥、农药超量施用问题。黑龙江省农业科学院经济作物研究所姚玉波博士自2014年开展了亚麻养分高效利用品种的筛选工作。该项研究以50份亚麻品种（系）为试验材料，详见表2-21，每个营养元素设置两个施肥水平，详见表2-22，分别为不施肥（N0、P0、K0）和大田施肥水平（N18、P46、K25），以亚麻植株积累的单位重量养分所形成的纤维重量为评价指标，对不同养分吸收利用效率的亚麻种质资源进行划分，筛选出养分高效利用亚麻种质资源。试验结果显示每个处理高效品种（系）和低效品种（系）的养分利用效率存在明显差异（表2-23），前者是后者的2～4倍。每个处理筛选出养分高效利用品种（系）各5份。根据试验结果分析，在同一养分水平，高效利用品种可适当比例减施相应肥料；在不同养分水平下同一品种在高养分下表现低效利用的品种可适当减施相应肥料（工艺成熟期收获，测定株高、工艺长度、原茎产量、纤维产量、全麻率、植株氮含量和植株氮积累量。氮含量采用凯氏定氮仪测定，氮积累量＝植株干物重×植株氮含量；氮利用效率＝纤维产量/植株氮积累量）。

表2-21　氮、磷、钾高效利用亚麻种质资源筛选试验材料

序号	种质资源名称	序号	种质资源名称	序号	种质资源名称
1	sxy305	18	P9801-2-3	35	原2012-295
2	9801-1-1-7	19	02147-2-6	36	黑亚11
3	y0319-7-5	20	原2012-281	37	黑亚16
4	D95027-9-3-9-1	21	原2012-306	38	黑亚17
5	sxy222	22	原2012-303	39	黑亚18
6	r0423-2-2	23	原2012-289	40	黑亚19
7	原2012-305	24	原2012-297-1	41	黑亚20
8	原2012-292	25	sxy130	42	双亚7
9	sxy95	26	WSH7-8	43	黑亚14
10	原2012-302	27	sxy303	44	双亚13
11	原2012-300	28	原2012-283	45	NEW
12	m03057-26	29	原2012-304	46	Agatha
13	r0340-2-2	30	原2012-294	47	Diane
14	sxy330	31	m0329-15-9	48	双亚10
15	A0529-6-6	32	D95027-2-5-1	49	双亚12
16	P0500-11	33	原2012-299	50	美若琳
17	sxy201	34	1483		

表2-22　施肥水平

处理	N（kg/hm^2）	P$_2$O$_5$（kg/hm^2）	K$_2$O（kg/hm^2）
N0	0	46	25
P0	18	0	25
K0	18	46	0
N18	18	46	25
P46	18	46	25
K25	18	46	25

注：肥料为尿素（N：46%）、重过磷酸钙（P$_2$O$_5$：46%）和硫酸钾（K$_2$O：50%）。

表2-23 养分利用效率差异

	N0	N利用效率(kg/kg)	P0	P利用效率(kg/kg)	K0	K利用效率(kg/kg)	N	N利用效率(kg/kg)	P	P利用效率(kg/kg)	K	K利用效率(kg/kg)
高效品种（系）	sxy222	22.59	黑亚16	102.32	P9801-2-3	73.82	原2012-283	22.54	sxy201	82.09	1483.00	49.21
	1483	24.15	原2012-283	105.56	原2012-306	75.73	双亚10	22.59	双亚10	85.44	黑亚16	57.68
	黑亚19	24.59	美若琳	106.65	双亚10	87.23	原2012-295	22.72	P9801-2-3	87.62	sxy130	59.66
	埃默芳德	26.04	D95027-2-5-1	109.48	埃默芳德	98.10	双亚12	23.32	原2012-305	92.88	原2012-306	62.30
	黑亚16	29.73	原2012-294	123.90	WSH7-8	100.81	原2012-297-1	23.35	sxy305	94.83	美若琳	67.86
低效品种（系）	m03057-26	10.65	r0340-2-2	35.14	原2012-292	18.24	黑亚20	11.89	原2012-304	43.39	D95027-2-5-1	16.84
	白花	13.61	sxy330	39.35	r0340-2-2	18.62	白花	13.42	黑亚19	46.64	黑亚20	17.72
	r0340-2-2	16.06	原2012-302	40.97	白花	19.02	原2012-292	13.61	sxy303	45.12	原2012-292	18.70
	原2012-304	14.03	原2012-300	43.29	黑亚20	20.04	原2012-305	14.04	黑亚20	45.06	r0423-2-2	21.46
	9801-1-1-7	14.14	9801-1-1-7	43.68	r0423-2-2	20.54	黑亚19	14.97	D95027-2-5-1	50.30	NEW	22.20

2. 亚麻养分高效利用鉴定指标的筛选及利用研究

（1）养分高效利用鉴定指标的筛选。以筛选出的养分高效利用品种（系）和养分低效利用品种（系）为试验材料进行重复试验，肥料种类及施肥水平同上。综合两次结果，每个处理筛选出养分高效利用和养分低效利用品种（系）各2个（表2-24）为试验材料，于苗期、快速生长期、开花期和工艺成熟期取样，测定株高、鲜重、干重、养分含量、养分积累量、工艺长度、分枝、蒴果、原茎产量、种子产量、全麻率和纤维产量，与养分利用效率进行相关性分析，筛选不同生育时期亚麻养分高效利用鉴定指标（相关性分析采用SPSS7.0和Excel2003统计分析软件进行数据统计和分析）。

表2-24　养分高效利用鉴定指标筛选试验材料

类别	N0	P0	K0	N	P	K
高效品种（系）	sxy222	黑亚16	双亚10	双亚10	sxy201	原2012-306
	1483	原2012-294	埃默芳德	原2012-297-1	双亚10	美若琳
低效品种（系）	m03057-26	原2012-300	r0340-2-2	黑亚20	原2012-304	黑亚20
	原2012-304	9801-1-1-7	r0423-2-2	白花	黑亚19	r0423-2-2

结果表明，N0条件下，各性状与氮利用效率的相关系数在0.147~0.995，其中快速生长期株高、鲜重和干重与氮利用效率显著或极显著相关，可以作为快速生长期氮高效利用的鉴定指标；开花期株高和鲜重与氮利用效率显著相关，可以作为开花期氮高效利用的鉴定指标；工艺成熟期株高、N含量和工艺长度与氮利用效率显著或极显著相关，可以作为工艺成熟期氮高效利用的鉴定指标。N18条件下，各性状与氮利用效率的相关系数在0.256~0.987，其中开花期株高和干重与氮利用效率显著相关，可以作为开花期氮高效利用的鉴定指标；工艺成熟期株高、工艺长度和纤维产量与氮利用效率显著相关，可以作为工艺成熟期氮高效利用的鉴定指标（表2-25）。

表2-25　氮利用效率与各性状相关性分析

	N0						
	株高	干重	N含量	N积累量	工艺长度	种子产量	纤维产量
开花期	—	—	—	—	—	—	—
工艺成熟期	—	0.735/0.905	—	—	—	—	0.794/0.664

（续表）

N18						
	株高	干重	N含量	N积累量	工艺长度	种子产量	纤维产量
开花期	0.965/0.923	—	−0.914/−0.894	—	—	—	
工艺成熟期	0.985/0.979	0.547/0.561	−0.784/−0.872	−0.560/−0.580	0.981/0.951	−0.886/−0.832	—

P0条件下，各性状与磷利用效率的相关系数在0.035~0.974，其中开花期干重与磷利用效率显著相关，可以作为开花期磷高效利用的鉴定指标；工艺成熟期株高和全麻率与磷利用效率显著相关，可以作为工艺成熟期磷高效利用的鉴定指标。P46条件下，各性状与磷利用效率的相关系数在0.486~0.997，其中苗期株高、鲜重、干重和P积累量与磷利用效率显著相关，可以作为苗期磷高效利用的鉴定指标；快速生长期株高、干重和P含量与磷利用效率显著或极显著相关，可以作为快速生长期磷高效利用的鉴定指标；开花期株高、鲜重和干重与磷利用效率显著或极显著相关，可以作为开花期磷高效利用的鉴定指标；工艺成熟期株高、P含量、P积累量、工艺长度和纤维产量与磷利用效率显著或极显著相关，可以作为工艺成熟期磷高效利用的鉴定指标（表2-26）。

表2-26　磷利用效率与各性状相关性分析

P0			
	株高	P积累量	工艺长度	种子产量
开花期	—	—	—	—
工艺成熟期	0.972/0.881	−0.791/−0.814	0.857/0.849	—

P46			
	株高	P积累量	工艺长度	种子产量
开花期	0.997/0.995	—	—	—
工艺成熟期	0.981/0.990	—	0.972/0.995	−0.949/−0.995

K0条件下，各性状与钾利用效率的相关系数在0.559~0.998，其中苗期干重、K含量和K积累量与钾利用效率显著相关，可以作为苗期钾高效利用的鉴定指标；开花期鲜重、干重、K含量和K积累量与钾利用效率显著或极显著相关，可以作为开花期钾

高效利用的鉴定指标；工艺成熟期鲜重、干重和K含量与钾利用效率极显著相关，可以作为工艺成熟期钾高效利用的鉴定指标。K25条件下，各性状与钾利用效率的相关系数在0.123～0.893，均未达到显著相关（表2-27）。

表2-27 钾利用效率与各性状相关性分析

	株高	K含量	K积累量	工艺长度	全麻率	纤维产量
K0						
开花期	-0.652/-0.794	0.956/0.920	—	—	—	—
工艺成熟期	—	-0.997/-0.961	—	-0.785/-0.586	0.672/0.680	—
K25						
开花期	—	—	—	—	—	—
工艺成熟期	—	—	-0.641/-0.703	—	—	0.893/0.843

（2）氮高效利用指标的验证及利用。以16份高世代材料为试验材料（表2-28），设置两个氮肥水平，分别为不施氮肥（N0）和大田施氮肥水平（N18），磷肥和钾肥为大田施肥水平。肥料为尿素（N：46%）、重过磷酸钙（P_2O_5：46%）和硫酸钾（K_2O：50%）。

表2-28 筛选氮高效利用试验材料

材料	材料
s91-2	04036-39-8-7
03090-1	05012-7-1-10
20190-10-14-3	05008-2-5-2
02127-7-6	05039-13-8-7
01002-1-3-6	2013KF64
02105-17-2-8	2013KF93
03150-10-17	2013KF110
04023-19-6-2	2013KF112

利用筛选获得的氮高效吸收利用鉴定指标，对高世代材料进行筛选，获得氮高效利用材料。

结果表明，利用筛选获得的氮高效利用鉴定指标，在N0和N18条件下从高世代材料中各筛选出4份材料分析氮利用效率，结果表明，两种氮肥条件下筛选出的材料氮利用效率均较高。N0条件下筛选出的4份材料氮利用效率（氮利用效率＝纤维产量/植株氮积累量）为18.34～39.13，其中有3份材料的氮利用效率超过20；N18条件下筛选出的4份材料氮利用效率为18.96～25.50，其中氮利用效率超过20的材料有3份。6份材料分别是03090-1、20190-10-14-3、02127-7-6、04023-19-6-2、2013KF93和2013KF112。

（三）亚麻纤维发育相关基因的研究

1. 亚麻纤维发育相关差异表达基因的挖掘

亚麻纤维性状属于数量性状，是由多基因控制。因此，只有在组学水平大量挖掘亚麻纤维发育相关基因，才能为亚麻高产育种提供可利用的基因资源。黑龙江省农业科学院经济作物研究所于莹博士2015年开始以白花（低纤维含量）和Agatha（高纤维含量）为试验材料，对这两种不同纤维含量的亚麻品种在两个不同纤维发育时期进行转录组测序，开展了亚麻纤维发育相关差异表达基因的挖掘。

利用荧光定量PCR技术对 *LuCesA* 基因在亚麻不同纤维发育时期中的表达进行检测，确定转录组测序的时间点；利用高通量测序技术对亚麻不同纤维发育时期材料进行RNA-seq测序；对RNA-seq测序数据进行整理、分析及作图。对转录测序发现的差异表达基因进行分析，制作Veen图，从而确定显著上调表达及显著下调表达的基因。对转录测序发现的差异表达基因进行分析，筛选出与纤维素合成代谢相关基因，分析其表达变化。结合亚麻重测序数据分析筛选出与纤维素合成代谢相关基因在亚麻基因组水平的变异情况。

根据纤维素合酶基因（*LuCesA*）Lus10007296、Lus10008226和Lus10029245的序列设计荧光定量的引物，利用东洋纺的荧光定量PCR试剂盒对这3个基因在两个亚麻样品苗期、枞形期、快速生长期、现蕾期、花期、绿熟期、工艺成熟期等7个发育时期的表达进行检测（图2-17）。结果表明，这3个基因的表达出现两个高峰，分别是第2个时期枞形期和第6个时期绿熟期，因此，选择这两个时期进行转录组测序分析。

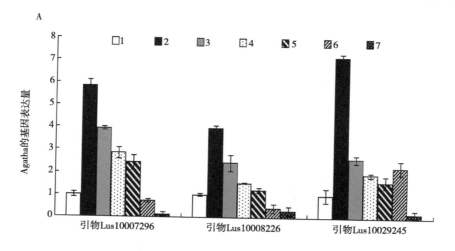

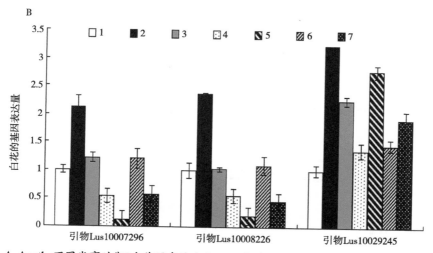

A. Agatha不同发育时期3个基因表达变化；B. 白花不同发育时期3个基因表达变化

图2-17　3个基因在两个亚麻样品7个发育时期的表达分析

　　测序质量评估：去除含adapter的reads；去除含N（表示无法确定碱基信息）比例大于10%的reads；去除低质量reads（质量值$Q \leq 10$的碱基数占整条read的50%以上）。数据过滤结果以饼图形式展示，见图2-18（图例后面的数值，分别表示reads个数及占原始数据的比例）。结果表明，所有clean reads都大于96%，数据质量较高。

　　测序数据的统计分析：将clean reads与亚麻基因组参考序列进行比对，统计reads与每一个参考序列的比对结果，如表2-29所示。结果表明，比对到基因组上的概率大于76%，比对到基因上的概率大于52%，可变剪接在8.7万～9.8万，SNP在7.2万～8.4万，Indel在0.46万～0.57万。

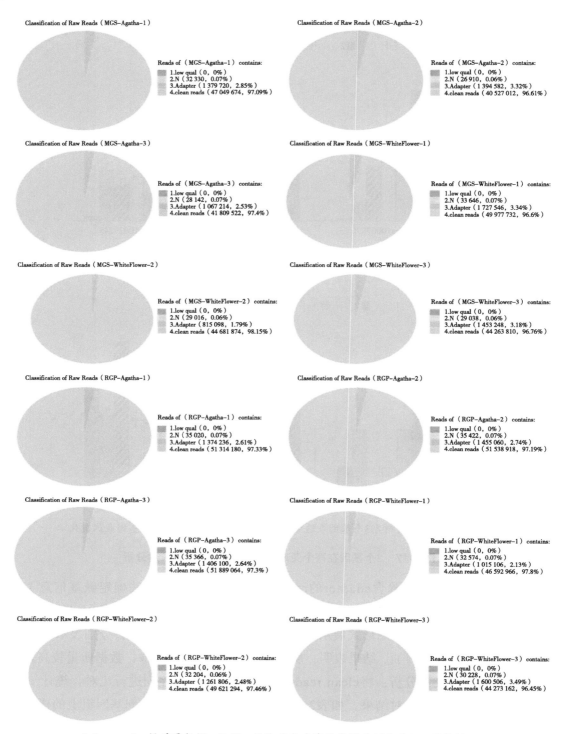

1. low qual：低质量数据；2. N：无法确定碱基信息的比例大于10%的数据；
3. Adapter：含adapter的数据；4. clean reads：过滤后的高质量数据

图2-18　原始数据的组成成分

表2-29　测序数据的统计分析

样本名称	有效读序	基因组上的概率（%）	基因上的概率（%）	表达基因	表达转录本	表达的外显子	新转录本	外延基因	可变剪接	SNP（单核苷酸多态性位点）	Indel（插入缺失突变）
MGS-Agatha-1	47 049 674	78.54	53.58	31 718	31 718	180 931	3 522	16 925	92 665	81 558	5 221
MGS-Agatha-2	40 527 012	78.62	54.56	31 580	31 580	179 976	3 361	16 639	89 291	73 623	4 808
MGS-Agatha-3	41 809 522	78.53	55.02	31 769	31 769	181 269	3 273	16 764	87 257	72 095	4 666
MGS-WhiteFlower-1	49 977 732	77.72	53.22	32 160	32 160	182 269	3 653	16 681	98 527	82 587	5 619
MGS-WhiteFlower-2	44 681 874	78.16	54.89	31 864	31 864	181 589	3 543	16 697	93 138	83 222	5 558
MGS-WhiteFlower-3	44 263 810	78.16	53.62	31 878	31 878	181 301	3 511	16 674	91 859	81 687	5 443
RGP-Agatha-1	51 314 180	77.15	52.56	32 302	32 302	184 858	3 787	17 104	99 619	80 583	5 561
RGP-Agatha-2	51 538 918	77.31	52.70	32 218	32 218	184 507	3 652	17 242	97 561	81 493	5 673
RGP-Agatha-3	51 889 084	77.33	52.91	32 308	32 308	184 482	3 696	17 128	98 444	80 637	5 586
RGP-WhiteFlower-1	46 592 966	77.16	52.64	32 284	32 284	184 439	3 639	17 391	94 483	84 282	5 724
RGP-WhiteFlower-2	49 621 294	77.34	52.88	32 153	32 153	184 089	3 702	17 100	95 483	84 878	5 734
RGP-WhiteFlower-3	44 273 162	76.63	53.52	32 102	32 102	183 179	3 603	17 094	94 283	81 602	5 131

通过基因和转录本定量分析获得以下结果。

A.样品相关性热图：样品间基因表达水平相关性是检验试验可靠性和样本选择是否合理的重要指标。相关系数越接近1，表明样品之间相似度越高。属于生物重复的两个样品，相关性系数的平方（R^2）应≥0.92（理想的取样和试验条件下）。根据FPKM定量结果，计算出所有样品两两之间的相关性（图2-19）。结果表明，3次重复的样品间的R^2都接近1，说明样品重复性非常好，数据真实可信。

各个样品之间的关系

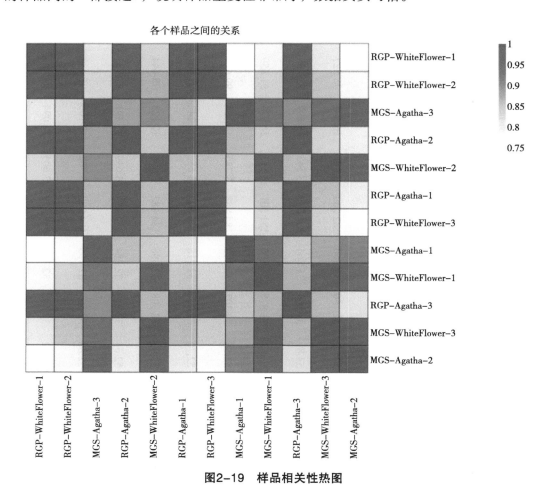

图2-19 样品相关性热图

B.样品聚类图：利用Euclidean距离算法计算各个样品基因的表达量距离，同时利用离差平方和（Ward）算法计算样品间的距离，根据距离大小建立聚类图，聚类图能直观地反映出样品之间的距离关系、差异关系等。基于基因表达量，所有样品的聚类展示如图2-20所示。结果表明，每个样品的3次重复都聚类到了一起，同一时期的两个品种也聚类到了一起，说明发育相关差异基因比品种间的差异基因更显著。

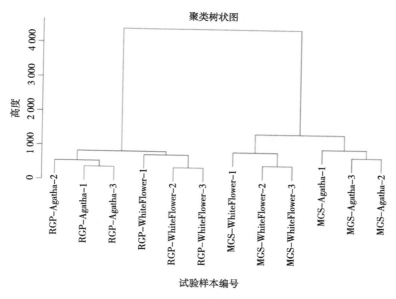

图2-20　样品聚类

C.条件特异表达基因：在每一个样品中都有特异表达的基因，统计在每个样品中特异表达的基因，这些基因可能与不同品种不同发育阶段有密切关系（图2-21）。结果表明，MGS（绿熟期）-Agatha中特异表达基因有38个，MGS-WhiteFlower中特异表达基因有33个，RGP（快速生长期）-Agatha中特异表达基因有5个，RGP-WhiteFlower中特异表达基因有50个。说明发育早期两个品种差异基因数目差异不多，但是发育后期WhiteFlower品种的差异基因明显多于Agatha，可能有较多纤维差异相关基因在后期表现，导致两个品种性状之间的差异。

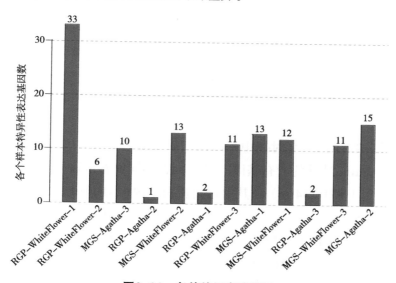

图2-21　条件特异表达基因

D.显著差异表达基因统计图：为了研究不同样品间的差异基因表达情况，统计了不同样品中显著差异表达基因的情况，包括上调表达和下调表达的基因（图2-22）。结果表明，不同发育阶段不同品种间及相同品种间显著差异表达基因较多，同一发育阶段不同品种间及相同品种间显著差异基因较少，说明不同发育阶段基因表达存在显著差异，这可能是许多基因的表达具有发育特异性及组织特异性的原因，也许从中可以找到与亚麻纤维发育的关键基因。

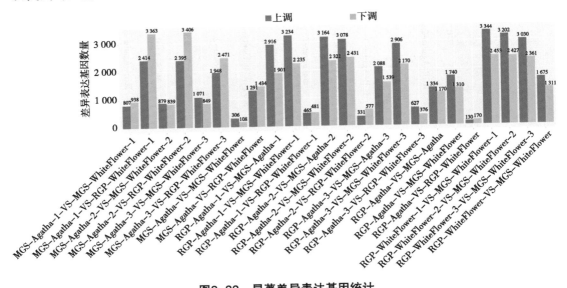

图2-22 显著差异表达基因统计

在早期发育阶段，两个品种间差异基因共486个（上调180个，下调306个），其中生长素诱导基因Lus10006820在WhiteFlower中表达量较高，U-box domain-containing protein基因Lus10019306在Agatha中表达量较高，该基因功能参与蛋白质泛素化过程，与植物生长发育相关。晚期发育阶段，两个品种间差异基因共300个（上调170个，下调130个）。Hypothetical protein CISIN_1g015036mg基因Lus10028141是一种丝氨酸/苏氨酸蛋白激酶，用于信号传导，在WhiteFlower中表达量较高；Rho GDP-dissociation inhibitor基因Lus10002272在Agatha中表达量较高，主要调控GDP/GTP转换；在不同发育时期中基因Lus10039365和Lus10002272只在Agatha中大量表达，是Agatha品种的特有基因。Agatha在不同发育阶段差异表达基因共2 504个（上调1 170，下调1 334个），其中锌指蛋白基因Lus10034540和生长素诱导基因Lus10006820是上调表达最高的基因，说明这两个基因与Agatha纤维发育有重要关系。WhiteFlower在不同发育阶段差异表达基因共2 986个（上调1 311，下调1 675个），其中，细胞壁蛋白基因Lus10018569和Lus10039801是上调表达最高的基因，说明这两个基因参与了WhiteFlower纤维发育。

E.差异基因的GO功能显著性富集分析：利用GO功能显著性富集分析展示了不同发育阶段Agatha和白花中自身差异表达基因的分类（图2-23和图2-24）。结果表明，生物学过程中的Metabolic process，细胞组分中的Cell，分子功能中的Catalytic activity中富集的差异基因最多。

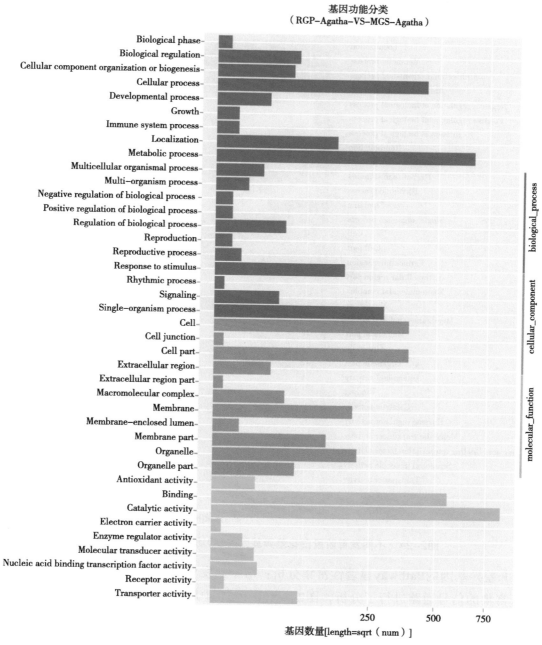

图2-23　不同发育阶段Agatha差异基因的GO功能显著性富集分析

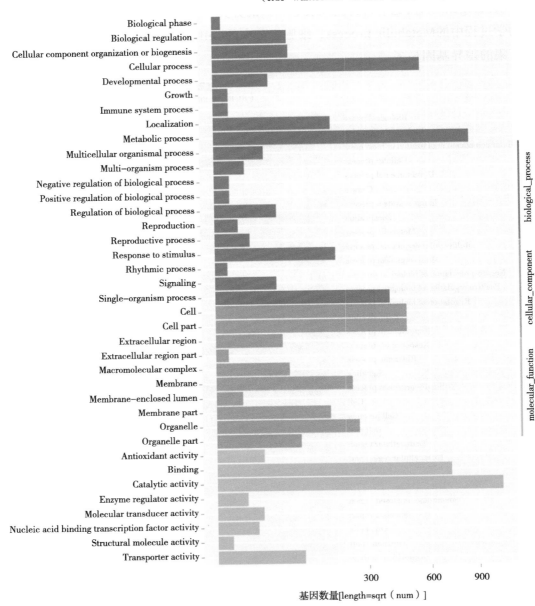

基因功能分类
（RGP–WhiteFlower–VS–MGS–WhiteFlower）

基因数量[length=sqrt（num）]

图2-24　不同发育阶段白花差异基因的GO功能显著性富集分析

　　F.差异基因的Pathway显著性富集分析：对不同发育阶段Agatha和白花中差异基因显著富集的信号通路进行了分析，图2-25和图2-26中展示了前20个显著富集的通路。结果表明，代谢通路和次级代谢的生物合成通路是富集差异基因最多的路径，说明这两个路径上的基因参与了这两个亚麻品种的生长发育过程。

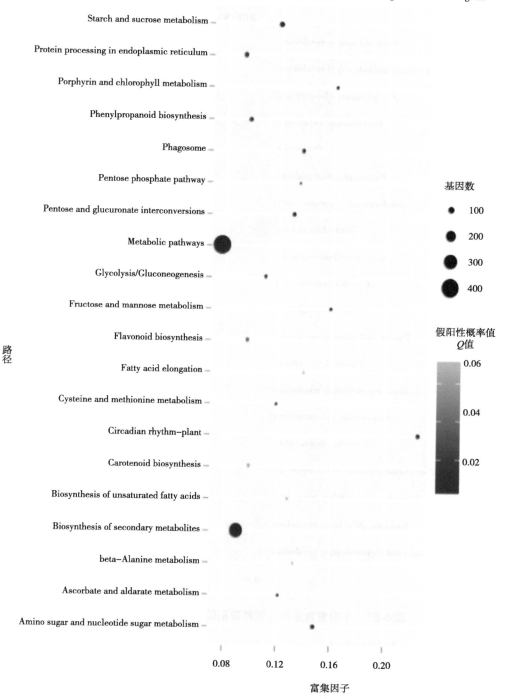

图2-25　不同发育阶段Agatha差异基因显著富集信号通路分析

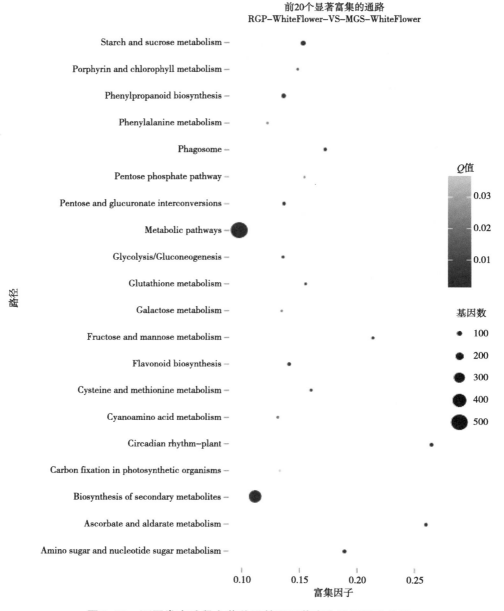

图2-26 不同发育阶段白花差异基因显著富集信号通路分析

G.差异基因表达模式聚类分析：对不同样品间差异表达基因的表达模式进行了聚类分析（图2-27）。结果表明，不同发育阶段相同品种间差异基因表达模式相似，同一发育阶段不同品种间差异基因表达模式也相似，但是不同发育阶段不同品种间差异基因表达模式差异较大，说明不同发育阶段不同品种中基因表达情况存在显著差异，这可能是两个品种发育过程不同的原因。

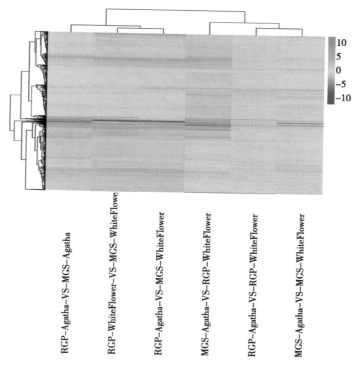

图2-27 差异基因表达模式聚类分析

通过结构分析获得以下结果。

A.可变剪接：可变剪接使一个基因产生多个mRNA转录本，不同mRNA可能翻译成不同蛋白。因此，通过可变剪接一个基因可能产生多个蛋白，极大地增加了蛋白多样性。虽然已知可变剪接在真核生物中普遍存在，但可能仍低估了可变剪接的比例。在生物体内，主要存在7种可变剪接类型：a）Exon skipping；b）Intron retention；c）Alternative 5'splice site；d）Alternative 3'splice site；e）Alternative first exon；f）Alternative last exon；g）Mutually exclusive exon。图2-28是黑龙江省农业科学院经济作物研究所（2016）利用高通量测序数据在不同样品中鉴别出来的可变剪接的数量。结果表明，不同样品中Intron retention是发生可变剪接最多的类型，发生可变剪接的基因可能特异地参与了某种发育过程。

B.新转录本预测和注释：转录组测序可以找到新基因。为找到新转录本区域，将组装的转录本与参考序列注释的转录本进行比较。将长度不短于180bp，测序深度不小于2bp的转录本视为新转录本。为研究新转录本功能，首先要判断某个转录本是否能够编码蛋白质，于是对新转录本的编码能力进行了预测。新转录本注释结果如图2-29所示。结果表明，不同样品中新转录本都在3 000个以上，其中编码蛋白的基因占50%以上，这些新基因的发现，可为亚麻基因组进一步注释提供数据支持。

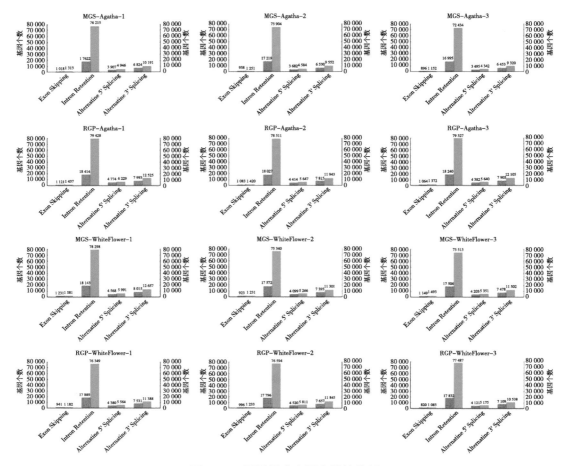

图2-28 不同样本中可变剪接分析

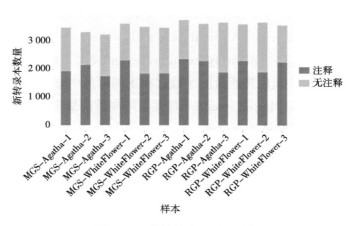

图2-29 新转录本预测和注释

将Agatha在快速生长期（RGP）和绿熟期（MGS）间差异表达基因与白花在快速生长期（RGP）和绿熟期（MGS）间差异表达基因进行比较分析，在去除品种间差异的基础上，研究不同纤维含量亚麻品种间纤维发育相关基因的表达变化。结果表明，二者共同的上调基因有818个，二者共同的下调基因有986个；白花中特异表达的基因无论上调还是下调都多于Agatha中的特异表达基因（图2-30）。对Agatha与白花（White Flower）在快速生长期（RGP）和绿熟期（MGS）间特异表达基因的分析发现，细胞壁重构关键酶木葡聚糖内转糖苷酶/水解酶（Xyloglucan endotransglucosylase/Hhydrolase）在Agatha中显著上调表达，该基因可能与Agatha纤维发育存在密切关系（表2-30）。

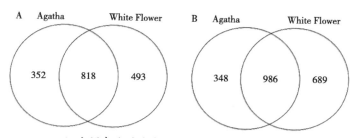

A. 上调表达差异基因；B. 下调表达差异基因

图2-30　Agatha与白花（White Flower）在快速生长期（RGP）和
绿熟期（MGS）间差异表达基因Veen图

表2-30　Agatha与白花（White Flower）在快速生长期（RGP）和
绿熟期（MGS）间特异表达基因前10名

表达方式	基因ID	$\log_2$比例（MGS/RGP）	Blast序列比对nr库
Agatha在MGS和RGP之间上调表达基因	Lus10021840.BGIv1.0	10.734 709 62	Hypothetical protein POPTR_0002s01800g
	Lus10026229.BGIv1.0	10.576 484 35	Methionyl-tRNA synthetase
	Lus10014876.BGIv1.0	9.336 878 436	Hypothetical protein JCGZ_17893
	Lus10014282.BGIv1.0	9.315 904 307	Conserved hypothetical protein
	Lus10007283.BGIv1.0	7.004 019 771	Hypothetical protein CISIN_1g037702mg
	Lus10022343.BGIv1.0	6.069 507 563	Uncharacterized protein LOC101293333
	Lus10012834.BGIv1.0	5.966 909 851	Xyloglucan endotransglucosylase/hydrolase protein 22
	Lus10030924.BGIv1.0	5.707 507 043	Cytochrome P450
	Lus10007364.BGIv1.0	5.591 324 001	NDR1/HIN1-LIKE 25 family protein
	Lus10020783.BGIv1.0	5.218 052 592	NDR1/HIN1-LIKE 25 family protein

（续表）

表达方式	基因ID	$\log_2$比例（MGS/RGP）	Blast序列比对nr库
白花在MGS和RGP之间上调表达基因	Lus10013981.BGIv1.0	11.223 197 27	Protein SIS1，Putative
	Lus10015788.BGIv1.0	11.095 616 8	Hypothetical protein POPTR_0003s17200g
	Lus10006867.BGIv1.0	9.635 415 827	Small nuclear ribonucleoprotein F
	Lus10019906.BGIv1.0	9.629 963 687	Hypothetical protein JCGZ_16456
	Lus10000071.BGIv1.0	9.591 833 977	Glycerol-3-phosphate acyltransferase 2，Putative
	Lus10001993.BGIv1.0	9.466 246 44	Uncharacterized protein LOC103448371 isoform X1
	Lus10033173.BGIv1.0	7.855 491 443	Hypothetical protein JCGZ_08245
	Lus10013133.BGIv1.0	5.726 859 519	cCytochrome P450，Putative
	Lus10021002.BGIv1.0	5.595 993 538	Hypothetical protein JCGZ_04895
	Lus10017606.BGIv1.0	5.290 077 191	BnaC05g18890D
Agatha在MGS和RGP之间下调表达基因	Lus10006820.BGIv1.0	−11.326 242 2	Aauxin-induced protein 6B-like
	Lus10004313.BGIv1.0	−10.640 847 4	Serine/threonine-protein kinase bri1，Putative
	Lus10006822.BGIv1.0	−10.526 499 2	Hhypothetical protein POPTR_0005s08630g
	Lus10033648.BGIv1.0	−10.172 427 5	HHypothetical protein JCGZ_21727
	Lus10006817.BGIv1.0	−9.696 967 53	Hypothetical protein JCGZ_09441
	Lus10012189.BGIv1.0	−9.658 806 53	Hypothetical protein L484_012234
	Lus10006819.BGIv1.0	−9.433 933 12	Hypothetical protein JCGZ_14477
	Lus10014209.BGIv1.0	−9.396 604 78	Hypothetical protein POPTR_0006s22850g
	Lus10025524.BGIv1.0	−9.340 591 94	Hypothetical protein POPTR_0014s14900g
	Lus10006730.BGIv1.0	−9.219 975 17	Nucleic acid binding protein，Putative
白花在MGS和RGP之间下调表达基因	Lus10000239.BGIv1.0	−13.243 074 8	Valine N-monooxygenase 1；Cytochrome P450 79D1
	Lus10023141.BGIv1.0	−11.763 765 7	Valine N-monooxygenase 1；Cytochrome P450 79D1
	Lus10023143.BGIv1.0	−11.688 541 7	Valine N-monooxygenase 1；Cytochrome P450 79D1
	Lus10041036.BGIv1.0	−10.612 868 5	Non-specific lipid transfer protein 5，Partial
	Lus10000627.BGIv1.0	−10.4851584	—
	Lus10023142.BGIv1.0	−10.318 234 7	Valine N-monooxygenase 1；Cytochrome P450 79D1
	Lus10001042.BGIv1.0	−9.842 874 1	Amaranthin-like lectin
	Lus10000796.BGIv1.0	−9.648 657 18	—
	Lus10019306.BGIv1.0	−9.533 329 73	U-box domain-containing protein 4
	Lus10012845.BGIv1.0	−9.431 149 34	Homeobox protein，Putative

对转录组测序数据中的差异表达转录因子进行了统计分析（图2-31），结果表明32类转录因子中在Agatha中特异表达的有18类，白花中特异表达的有24类；Agatha中特异表达转录因子个数最多的是AP2-EREBP，白花中特异表达转录因子个数最多的是MYB；两个品种中共有的转录因子有24类，其中NAC和MYB数量最多；这些特异表达的转录因子是后面研究的重点。

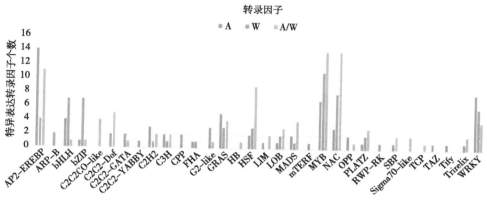

图2-31　差异表达转录因子统计分析

为了进一步确定与亚麻纤维发育相关基因的表达情况，对转录测序数据中差异表达基因进行了详细分析，期望筛选出与纤维素合成代谢相关基因（表2-31）。结果表明，有9个与纤维合成相关基因表达发生显著差异变化。绿熟期与快速生长期相比，9个基因的表达量均有所下降，说明亚麻纤维的合成正在减缓。白花品种中这9个基因表达量下降的幅度均大于Agatha品种，这可能是White Flower品种中纤维含量低于Agatha品种的原因之一。

表2-31　纤维合成相关基因表达差异分析

基因ID	注释	$\log_2$比例（MGS/RGP）	
		Agatha	白花
Lus10002939	Cellulose synthase（CesA）	−1.13	−1.64
Lus10002940	Cellulose synthase（CesA）	−1.00	−1.56
Lus10003526	Cellulose synthase（CesA）	−1.06	−1.78
Lus10007296	Cellulose synthase（CesA）	−0.89	−2.14
Lus10008225	Cellulose synthase（CesA）	−1.12	−2.48
Lus10008226	Cellulose synthase（CesA）	−1.08	−2.36
Lus10020506	Sucrose synthase（Susy）	−0.82	−1.84
Lus10029245	Cellulose synthase（CesA）	−1.12	−2.02
Lus10041063	Cellulose synthase（CesA）	−0.52	−1.15

为了研究这些基因在基因组水平上的变化，结合重测序数据，对这9个基因的SNP及InDel的变化情况进行了分析（表2-32）。结果表明，Agatha品种中有3个基因的SNP发生变化，1个基因的InDel发生变化；白花品种中有6个基因的SNP发生变化，2个基因的InDel发生变化。白花品种比Agatha品种在基因组水平上的变异更多，可能是由于Agatha为国外品种，白花为国内品种，所以与已经测序的加拿大的Bethume品种相比，白花品种的基因组变异程度会大一些。

表2-32　纤维合成相关基因基因组水平变化情况

基因ID	注释	Agatha		白花	
		SNP	InDel	SNP	InDel
Lus10002939	Cellulose synthase（CesA）	3	0	4	0
Lus10002940	Cellulose synthase（CesA）	0	0	1	0
Lus10003526	Cellulose synthase（CesA）	0	0	2	0
Lus10007296	Cellulose synthase（CesA）	8	1	7	1
Lus10008225	Cellulose synthase（CesA）	1	0	1	0
Lus10008226	Cellulose synthase（CesA）	0	0	0	0
Lus10020506	Sucrose synthase（Susy）	0	0	4	1
Lus10029245	Cellulose synthase（CesA）	0	0	0	0
Lus10041063	Cellulose synthase（CesA）	0	0	0	0

在利用高通量测序技术对Agatha与白花在快速生长期和绿熟期进行转录组测序的基础上，对测序数据进行进一步深入分析，从而发现2个与亚麻纤维发育相关重要基因。在此基础上，又进一步对高纤维含量亚麻品种和低纤维含量亚麻品种不同发育时期转录组数据进行分析，研究其中纤维素合成代谢相关基因表达变化，结合亚麻重测序数据分析这些基因在亚麻基因组水平的变异情况，从而进一步确定这些基因与亚麻纤维发育的关系，为亚麻高纤品质育种提供依据和基础。

2. 亚麻纤维发育相关microRNA的鉴定

由于亚麻纤维性状属于数量性状，是由多基因控制，其中也需要有microRNA进行表达调控。为进一步解析亚麻纤维发育分子机理，本研究采用高通量测序技术，从组学水平大量挖掘亚麻纤维发育相关microRNA，培育亚麻高纤品种提供重要的基因资源。利用高通量测序技术，对亚麻高纤品种和低纤品种在不同发育时期进行microRNA测序及生物信息学分析，期望在转录后调控水平找到与亚麻纤维发育相关的重要microRNA，为亚麻高纤品质育种提供基因资源。再利用荧光定量PCR技术对通过miRNA-seq测序发现的亚麻纤维发育相关的差异表达microRNA进行验证，期望验证测序数据的准确性；同时，结合RNA-seq测序数据，寻找表达模式相反的microRNA-靶基因对，为在转录后调控水平找到与亚麻纤维发育相关的microRNA提供数据支持。

试验方法：采用白花（低纤维含量）和Agatha（高纤维含量）2个亚麻品种在不同纤维发育时期（快速生长期和绿熟期）作为试验材料，取材部位为茎中部10cm。利用高通量测序技术对2种不同纤维含量的亚麻品种在2个不同纤维发育时期的4份材料（3次重复，共12个样品）进行RNA-seq测序。对RNA-seq测序数据进行整理统计、分析及作图。分析内容包括测序数据的统计和分析、小RNA分类注释、差异表达microRNA表达模式的聚类分析等。

设计荧光定量PCR引物，利用ABI 7500荧光定量PCR仪（美国）和SYBR Green I（TaKaRa，日本）荧光定量PCR试剂盒进行荧光定量PCR扩增。扩增程序如下：95℃预处理30s，然后95℃，5s；60℃，40s进行40个循环，每个反应3次技术重复。采用标准曲线—绝对定量的方法，计算microRNA的表达量。

与RNA-seq测序数据对比，分析miRNA-seq测序中预测的靶基因表达量，从而确定表达模式相反的microRNA-靶基因对。

测序数据的统计：项目组构建了12个小RNA文库，分别命名为RGPWF1、RGPWF2、RGPWF3、RGPAgatha1、RGPAgatha2、RGPAgatha3、MGSWF1、MGSWF2、MGSWF3、MGSAgatha1、MGSAgatha2、MGSAgatha3。然后对测序数据进行了初步统计分析（表2-33）。结果显示，通过去除接头、polyA序列、<18nt的序列，获得Clean reads。每个处理的Clean reads都在0.21亿个以上，都占原始数据86%以上。高通量测序技术鉴定出许多已知microRNA和新发现的microRNA。从12个文库中鉴定出已知microRNA数量为48～54个。根据新microRNA注释标准（Meyers et al.，2008），分别从12个文库中鉴定新microRNA数量为545～678个（表2-34）。

表2-33 microRNA测序数据统计

样本名称	序列类型	原始标签数	低质量标签数	无效标签数	PolyA标签数	短有效标签数	有效标签数	Q20有效标签百分数（%）	有效标签百分数（%）
MGSAgatha1	SE50	24 776 159	282 491	308 877	702	2 666 107	21 517 982	98.7	86.85
MGSAgatha2	SE50	23 656 686	282 379	259 959	457	808 242	22 305 649	98.7	94.29
MGSAgatha3	SE50	25 142 860	305 406	349 478	549	1 538 729	22 948 698	98.7	91.27

（续表）

样名称本	序列类型	原始标签数	低质量标签数	无效标签数	PolyA标签数	短有效标签数	有效标签数	Q20有效标签百分数（%）	有效标签百分数（%）
MGSWF1	SE50	24 084 107	264 358	289 062	687	1 963 677	21 566 323	98.8	89.55
MGSWF2	SE50	25 092 510	301 723	215 177	1 246	1 394 054	23 180 310	98.9	92.38
MGSWF3	SE50	24 769 524	252 353	314 654	735	566 366	23 635 416	98.7	95.42
RGPAgatha1	SE50	24 159 533	265 332	294 791	885	2 461 075	21 137 450	98.8	87.49
RGPAgatha2	SE50	24 669 516	286 436	327 772	1 209	978 524	23 075 575	98.6	93.54
RGPAgatha3	SE50	23 608 859	267 712	247 834	463	692 064	22 400 786	98.7	94.88
RGPWF1	SE50	23 301 326	249 183	312 341	1 433	1 091 935	21 646 434	98.7	92.9
RGPWF2	SE50	24 086 165	253 830	362 195	1 528	1 308 409	22 160 203	98.8	92
RGPWF3	SE50	23 195 661	226 781	355 956	1 541	1 014 656	21 596 727	98.7	93.11

表2-34 microRNA数量统计

文库	已知microRNAs	新microRNAs
RGPWF1	50	621
RGPAgatha1	54	676
RGPAgatha3	52	592
MGSWF1	50	557
MGSWF3	48	575
MGSAgatha2	50	545
RGPWF2	52	573
MGSAgatha1	51	678
RGPAgatha2	52	673
MGSWF2	49	597
MGSAgatha3	51	562
RGPWF3	51	567

测序数据的初步分析：样品中microRNA的长度分布很广，范围在10～36nt，主要分布在18～25nt，其中24nt和21nt最多，其次是23nt和22nt（图2-32）。

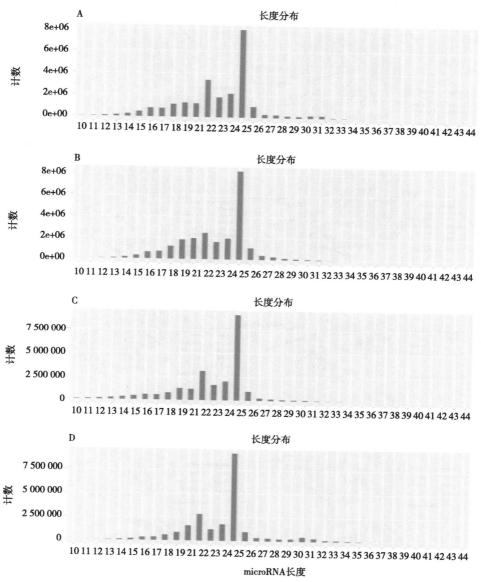

A. MGSAgatha；B. MGSWF；C. RGPAgatha；D. RGPWF

图2-32　microRNA长度分布

将所有sRNA与各类RNA的比对、注释情况进行总结（图2-33）。按照miRNA>piRNA>snoRNA>Rfam>other sRNA的优先级顺序将sRNA进行注释，没有比上任何注释信息的用unann表示。分类注释结果中的rRNA总量可作为一个质控标准，一般质量较好的植物样品中的rRNA总量所占比例应低于60%。本结果中rRNA总量所占比例约25%，所以测序质量较好。

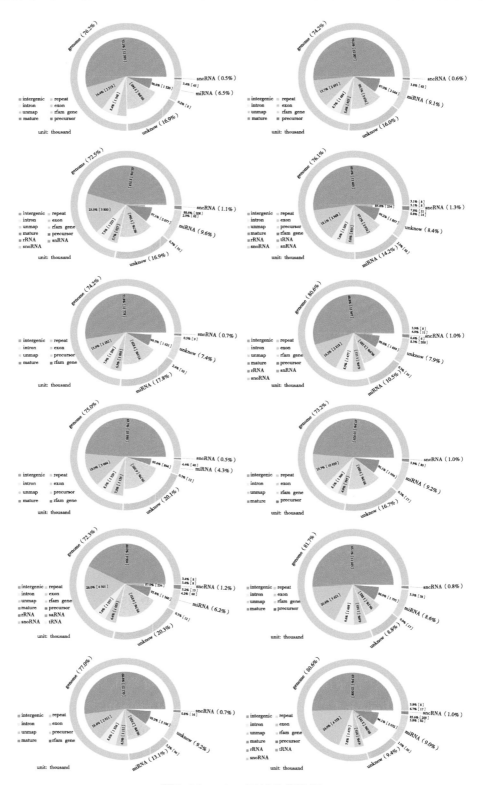

图2-33 microRNA分类注释

已知microRNA和新microRNA在盐碱胁迫下的表达模式被鉴定出来，以log₂（处理/对照）的大小来表示，范围在-6和6之间。红色表示该microRNA在处理样品中表达量高于对照，绿色则相反。图2-34展示了白花在两个发育时期的差异表达microRNA与Agatha在两个发育时期的差异表达microRNA的聚类分析结果，结果表明，两组比对中显著下调表达的microRNA多于显著上调表达的microRNA。A图中差异表达趋势相同的microRNA可能是亚麻纤维发育过程中固有的保守microRNA，因为在两个品种中表达水平一致。B图中差异表达趋势相反的microRNA可能是白花或者Agatha纤维发育过程中特有的microRNA，这些microRNA可能在亚麻纤维发育过程中起到重要作用，甚至决定纤维含量的多少。

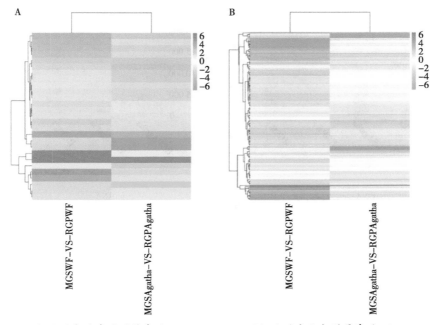

A. 两组比对中共有的差异表达microRNA；B. 两组比对中全部差异表达microRNA

图2-34 microRNA表达差异聚类分析

为了确定miRNA-seq测序数据的准确性，利用荧光定量PCR方法随机挑选6个microRNA（lus-miR156b、lus-miR166f、lus-miR167b、lus-miR397a、lus-miR398a、lus-miR408a）进行试验验证。结果表明，这些microRNA的表达模式大部分与miRNA-seq测序结果一致，说明miRNA-seq测序比较准确。值得注意的是，miR398a的表达量在miRNA-seq测序数据中和RT-PCR试验中表达量都很高（图2-35）。

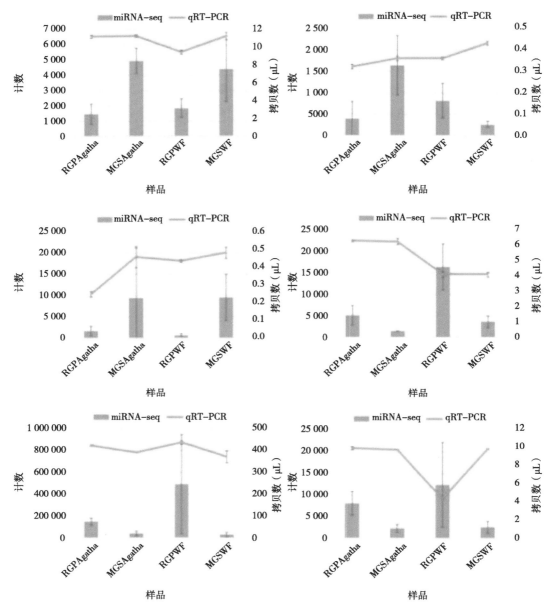

图2-35 荧光定量PCR验证

与RNA-Seq测序数据对比，分析miRNA-seq测序中预测的靶基因表达量，从而确定表达模式相反的microRNA-靶基因对。结果显示，41个miRNA-靶基因对表达模式相反（表2-35）。这些靶基因包括SBP domain-containing protein、high-affinity nitrate transporter family protein、MYB family protein、R2R3-MYB transcription factor、UDP-glucose 6-dehydrogenase、hexokinase-like protein、cell wall integrity and stress response component、DELLA protein GAIP-B、APETALA2、sulfite reductase等，说明

这些靶基因与其对应的microRNA在亚麻纤维发育过程中发挥着重要的作用。

表2-35 microRNA-靶基因对的互补分析

miRNAs	miRNA-seq（Fold-change（log$_2$Ratio）		靶基因	RNA-seq（Fold-change（log$_2$Ratio）		注释
	MGSAgatha/RGPAgatha	MGSWF/RGPWF		MGSAgatha/RGPAgatha	MGSWF/RGPWF	
lus-miR156a/g	—	1.83↑*	Lus10007984	−1.31↓*	−1.26↓*	Hypothetical protein JCGZ_11753
			Lus10012020	—	−1.02↓*	Unnamed protein product
			Lus10021034	−3.29↓*	−2.13↓*	SBP domain-containing protein
			Lus10021141	−1.81↓*	−2.39↓*	Hypothetical protein JCGZ_11753
			Lus10023818	−1.96↓*	−1.19↓*	SBP domain-containing protein
lus-miR156b/c/e/f/h/i	2.1↑*	1.66↑*	Lus10007984	−1.31↓*	−1.26↓*	Hypothetical protein JCGZ_11753
			Lus10012020	—	−1.02↓*	Unnamed protein product
			Lus10021034	−3.29↓*	−2.13↓*	SBP domain-containing protein
			Lus10021141	−1.81↓*	−2.39↓*	Hypothetical protein JCGZ_11753
			Lus10023818	−1.96↓*	−1.19↓*	SBP domain-containing protein
lus-miR156d	1.55↑*	1.79↑*	Lus10007984	−1.31↓*	−1.26↓*	Hypothetical protein JCGZ_11753
			Lus10012020	—	−1.02↓*	Uunnamed protein product
			Lus10021034	−3.29↓*	−2.13↓*	SBP domain-containing protein
			Lus10021141	−1.81↓*	−2.39↓*	Hypothetical protein JCGZ_11753
			Lus10023818	−1.96↓*	−1.19↓*	SBP domain-containing protein
			Lus10030902	−1.64↓*	−1↓*	High-affinity nitrate transporter family protein
lus-miR159a	—	5.23↑*	Lus10026787	−1.05↓*	—	MYB family protein
			Lus10027189	−1.25↓*	—	R2R3-myb transcription factor

（续表）

miRNAs	miRNA-seq（Fold-change（log$_2$Ratio））		靶基因	RNA-seq（Fold-change（log$_2$Ratio））		注释
	MGSAgatha/ RGPAgatha	MGSWF/ RGPWF		MGSAgatha/ RGPAgatha	MGSWF/ RGPWF	
lus-miR159c	5.85 ↑ *	1.98 ↑ *	Lus10004656	−1.44 ↓ *	−2.27 ↓ *	UDP-glucose 6-dehydrogenase
			Lus10016550	−1.35 ↓ *	−1.81 ↓ *	conserved hypothetical protein
			Lus10026656	−1.04 ↓ *	−1.77 ↓ *	UDP-glucose 6-dehydrogenase
			Lus10027189	−1.25 ↓ *	—	R2R3-myb transcription factor
lus-miR160c/g	—	1.04 ↑ *	Lus10011584	−2.22 ↓ *	—	Hexokinase-like
lus-miR162a/b	—	1.45 ↑ *	Lus10008482	−1.54 ↓ *	−3 ↓ *	Hypothetical protein L484_024311
			Lus10010714	−7.61 ↓ *	−2.41 ↓ *	Conserved hypothetical protein
lus-miR166a/c/ d/g/h/j	1.17 ↑ *	—	Lus10023357	−1.01 ↓ *	−2.13 ↓ *	Hypothetical protein JCGZ_09223
			Lus10038449	−1.16 ↓ *	−1.52 ↓ *	Hypothetical protein JCGZ_09223
lus-miR166e	1.07 ↑ *	—	Lus10023357	−1.01 ↓ *	−2.13 ↓ *	Hypothetical protein JCGZ_09223
			Lus10025594	−1.27 ↓ *	−1.01 ↓ *	Cell wall integrity and stress response component
			Lus10038449	−1.16 ↓ *	−1.52 ↓ *	Hypothetical protein JCGZ_09223
lus-miR171b/c/ e	−1.4 ↓ *	−1.73 ↓ *	Lus10015604	—	1.07 ↑ *	Hypothetical protein POPTR_0001s28380g
lus-miR171i	−1.21 ↓ *	—	Lus10041721	—	1.22 ↑ *	DELLA protein GAIP-B
lus-miR172g	—	1.16 ↑ *	Lus10009374	−1.6 ↓ *	−1.95 ↓ *	APETALA2
			Lus10015055	−1.92 ↓ *	−1.3 ↓ *	Hypothetical protein POPTR_0006s13460g
			Lus10023165	−1.68 ↓ *	−1.1 ↓ *	Floral homeotic protein APETALA2
			Lus10040365	−2.34 ↓ *	−1.77 ↓ *	Hypothetical protein POPTR_0010s22320g

（续表）

miRNAs	miRNA-seq（Fold-change（log₂Ratio）)		靶基因	RNA-seq（Fold-change（log₂Ratio）)		注释
	MGSAgatha/RGPAgatha	MGSWF/RGPWF		MGSAgatha/RGPAgatha	MGSWF/RGPWF	
lus-miR172j	1.83 ↑ *	3.26 ↑ *	Lus10030599	−1.89 ↓ *	−2.28 ↓ *	Hypothetical protein JCGZ_17770
lus-miR395e	−1.76 ↓ *	−4.12 ↓ *	Lus10006629	2.32 ↑ *	3.02 ↑ *	Hypothetical protein JCGZ_02241
			Lus10030131	—	1.46 ↑ *	Sulfite reductase [ferredoxin]
			Lus10039389	1.82 ↑ *	2.08 ↑ *	Hypothetical protein JCGZ_02241
lus-miR398f	−1.89 ↓ *	−4.43 ↓ *	Lus10007031	—	1.04 ↑ *	Hypothetical protein JCGZ_20716

注："↑"代表上调；"↓"代表下调；"*"代表显著。

利用荧光定量PCR技术对miRNA-seq测序发现的亚麻纤维发育相关的差异表达microRNA进行验证，microRNA的表达模式大部分与miRNA-seq测序结果一致，说明miRNA-seq测序准确。同时，结合RNA-seq测序数据，分析miRNA-seq测序中预测的靶基因表达量，确定了41个miRNA-靶基因对表达模式相反，说明这些靶基因与其对应的microRNA在亚麻纤维发育过程中发挥着重要的作用。本研究对亚麻纤维发育相关microRNA进行了初步分析，为培育高纤亚麻品种及研究亚麻纤维发育调控机理奠定了基础。

（四）亚麻播种期对产量指标的影响研究

试验于2018年在黑龙江省农业科学院国家现代农业产业民主示范园区进行，参试品种华亚3号和华亚4号，设4月25日（常规早播）和5月26日（晚播）两个处理，试验采用随机区组，3次重复，小区面积3m²，10行区，行长2m，行距0.15m，有效播种粒数2 000粒/m²。区间道0.45m，组间道1m。

从表2-36可知，5月26日播种比4月25日播种种子减产2.5～8.1倍，株高、原茎产量、麻率稍有提升，但增幅低，仅在10%以下，干茎制成率变低，超10%，纤维产量并未见明显提升，纤维品质严重变差，出现生产所讲的"大青秆"现象，且麻秆严重倒伏。因此，黑龙江春季播种亚麻不宜过晚，尤其纤籽兼用型亚麻更要早播，提升种子产量和纤维品质。

表2-36 早播和晚播对亚麻产量性状指标的影响

播种时间	名称	株高(cm)	工艺长度(cm)	种子产量(kg/hm²)	种子产量早播比晚播增产(%)	干茎制成率(%)	原茎产量(kg/hm²)	原茎产量早比晚增产(%)	麻率(%)	麻率早比晚高百分点	纤维产量(kg/hm²)	纤维产量早比晚增产(%)
4月25日	华亚3号（早播）	77.7	58.0	672.3	253.5	83.8	4 866.7	−9.5	20.0	−1.2	738.4	−5.7
5月26日	华亚3号（晚播）	81.7	60.7	190.1	0.0	76.2	5 377.8	0.0	21.2	0.0	782.6	0.0
4月25日	华亚4号（早播）	76.3	55.0	1 337.9	812.6	81.2	7 822.2	−2.0	33.6	−3.7	1 997.8	4.0
5月26日	华亚4号（晚播）	101.0	82.5	146.6	0.0	76.7	7 977.8	0.0	37.3	0.0	1 921.7	0.0

（五）亚麻田密度控草试验

为有效地减少亚麻田化学除草剂用量，黑龙江省农业科学院经济作物研究所开展了密度控草试验，以期达到不施用除草剂或少用除草剂的目的。试验在黑龙江省农业科学院国家现代农业产业民主示范园区进行，试验材料亚麻新品种华亚4号，设置播种量60kg/hm²、90kg/hm²、150kg/hm² 3个处理，机械播种，采用常规田间管理方式（即苗后灌水1次，675g/hm²二甲四氯可湿性粉剂化学除草1次），拔麻收获前每个播量试验区内随机选取3处，每处各取1m²调查杂草指数。试验结果显示亚麻田播量60kg/hm²和90kg/hm²试验处理每平方米收获株数分别为533株和756株，每平方米杂草数为21株和19株，相差不大；而播量150kg/hm²时，田间收获株数达到871株，杂草株数骤减，每平方米只有杂草6株（表2-37）。试验结果表明，适当增加播种密度可使杂草减少2/3的水平，有效降低田间杂草数量，适当提高产量，从而降低除草剂用量，提升经济效益。

表2-37 密度控草试验数据

处理	60kg/hm²播量				90kg/hm²播量				150kg/hm²播量			
	Ⅰ	Ⅱ	Ⅲ	平均	Ⅰ	Ⅱ	Ⅲ	平均	Ⅰ	Ⅱ	Ⅲ	平均
收获株/(m²)	612	447	541	533	767	853	647	756	892	809	912	871
杂草株/(m²)	16	29	19	21	20	28	8	19	3	7	7	6

（六）黑龙江亚麻复种绿肥牧草试验

黑龙江省亚麻种植是一季作物，一般是4月下旬到5月上旬播种，7月下旬到8月上旬进行收获，这对于黑龙江省的南部及中部地区，有效积温未能得到充分利用，单位耕地面积潜在的经济效益没有得到发挥。亚麻用于纺织、榨油，种植规模化，机械化水平比较高，如进行一些劳动力密集田间管理复杂的叶菜等秋菜与之复种，存在不能机械作业、人力耗费大、市场需求不稳定、大面积推广难等问题，而进行绿肥及牧草复种正好可以解决这些问题，建立纤籽兼用型亚麻与绿肥及牧草复种，再与粮食作物轮耕不仅可以有效利用有限温光资源，提升雨露沤麻质量，增加耕地种植经济效益，还可增加土壤肥力，保护土地，提升生态效益，符合中国"粮经饲种养加"融合发展策略。2018年黑龙江省农业科学院经济作物研究所开展了亚麻复种绿肥及牧草品种比较试验，现将试验情况介绍如下。

参试复种亚麻品种华亚3号，草种材料为国内外引进的优异绿肥及牧草品种10个，试验地点选在黑龙江省农业科学院国家现代农业产业民主示范园区，试验设10个处理（不同绿肥及牧草品种）及空白对照（不耕种），共11个处理，每个处理设3次重复，每个重复（小区）6m²，按随机区组排列。于亚麻收获结束马上进行播种。各种绿肥及牧草于8月8日陆续完成出苗，出苗后每个小区统一铺上同一重量的亚麻原茎进行雨露沤制，8月22日沤制结束，10月13日收获绿肥牧草测产。试验结果（表2-38）显示，各种绿肥及牧草复种后，生长情况差异很大，长势好的在两个月的时间长到了90cm左右，而不适宜的品种不足30cm，株高产量相差悬殊（图2-36）。生物产量最高的是燕麦，鲜草重每亩达到5 026.96kg，干草重每亩1 671.95kg（表2-38），按当地市场价400元/t干草，每亩可增收668.78元，除去成本增收300元左右；其次为宁夏出花燕麦和大麦，每亩产干草达到1 000kg以上。如果有不同绿肥牧草种类需要，青稞、小米草、黑小麦、毛叶苕子、箭筈豌豆、紫花苜蓿等亦可与亚麻复种。复种绿肥及牧草除了增加种植效益以外，还能提高亚麻雨露沤制的质量。黑龙江地区亚麻雨露沤制时期（7月下旬至8月中下旬）雨水较多，该研究利于加快亚麻雨露沤制。如未复种，会造成靠近地的一面沤制过度或霉烂，纤维完全失去功能，造成损失。所以亚麻田复种适宜的绿肥及牧草品种，土地上覆盖一层密密的绿肥或牧草，既能使亚麻原茎与地面隔离开，缓解雨露沤制过程造成的纤维损失，提高亚麻纤维产量和质量，又能增加单位耕地面积的收益。通过试验对比，发现有绿肥及牧草地面进行的雨露麻纤维色泽好，减少损失率，明显提升沤制质量和产量，尤其是那些长势好的绿肥及牧草处理。亚麻复种绿肥牧草初步试验得到较好的成效，也验证这一技术的可行性。

表2-38 亚麻复种绿肥及牧草田间产量

绿肥及牧草品种	株高（cm）	产鲜草（kg/亩）	产干草（kg/亩）	干草率（%）	效益（元/亩）
燕麦	91.0	5 026.96	1 671.95	33.30	668.7
宁夏出花燕麦	89.0	4 566.73	1 325.11	29.18	530.0
大麦	86.0	3 206.05	1 056.08	32.89	422.4
青稞	80.0	3 339.45	929.35	28.31	371.7
小米草	61.0	2 018.79	727.03	35.70	290.8
黑小麦	51.0	1 916.51	564.73	30.09	225.9
毛叶苕子	45.0	2 550.16	538.05	20.91	215.2
箭筈豌豆	40.0	2 027.68	417.99	20.75	167.2
紫花苜蓿	30.0	1 042.74	280.14	26.90	112.1
提摩西	20.0	257.91	—	—	—

图2-36 亚麻复种牧草试验

同年在延寿、兰西开展了华亚4号亚麻品种复种燕麦的示范工作。黑龙江省延寿县亚麻田复种燕麦，示范面积20亩，由于播种晚，亚麻收获雨露沤制完成后8月20日播种，牧草苗高42cm收获，干草产量250kg/亩。黑龙江省兰西县华亚3号亚麻田套种裸燕麦，筛选出适宜播草时间6月下旬（亚麻花期），9月中旬收获燕麦（85cm）干草300kg。亚麻测产结果，原茎产量300kg/亩，种子45kg/亩。

由以上试验形成了亚麻田复种牧草技术，即根据需要筛选适宜的牧草种类，以复种燕麦、大麦、青稞效果最佳。在亚麻拔麻收获后整地，旋草耙平镇压播种，燕麦、大麦、青稞等播种量150～225kg/hm^2，施入三元复合肥（N：P：K=15：15：15）450～750kg/hm^2，播后镇压，待出苗。苗高3～5cm，铺麻2～3cm厚雨露沤麻，14～20d起麻打捆，中间可进行一次翻麻。黑龙江哈尔滨地区可在10月初进行收割牧草，晾晒打捆。由此也建立了"早熟纤籽兼用品种＋适期早播＋合理密植＋科学使用肥药＋适度雨露沤麻＋复种牧草"的高产高效栽培技术集成模式，该模式下亚麻原茎和种子产量增产11.5%以上，土地种植效益增加4 500元/hm^2。

（七）亚麻田复种牧草示范情况

亚麻田复种牧草培肥地力研究工作是黑龙江省农业科学院国家现代农业产业民主示范园区进行的，示范面积5.33hm^2，参试品种选择早熟、种子高产的纤籽兼用型亚麻新品种华亚3号（图2-37），牧草品种选择2018年试验筛选到的生物产量最高的燕麦（图2-38）。试验于2019年4月20日机械播种，播种前取土样检测土壤基础肥力，施用三元复合肥450kg/hm^2。5月8日开始出苗，5月14日灌水1次，6月9日亚麻进入快速生长期，6月16日开始现蕾，6月23日进入盛花期，8月1日拔麻收获，8月3日整地（图2-39），8月6日播种燕麦（图2-40），播种前施肥区和不施肥区取土样检测土壤肥力变化情况，播种燕麦时设施肥和不施肥处理区，播后铺麻，8月12日燕麦出苗，人工翻麻一次（图2-41），8月18—19日起麻出地（图2-42和图2-43），10月22割草晒草（图2-44），10月27日打捆青贮或晒干后打捆出地（图2-45），打捆前取土样检测土壤肥力。

示范产量：收获华亚3号种子产量1 269.0kg/hm^2，收获干草4 320.0kg/hm^2。

土壤肥力：收草后检测有机质含量比春季播种时稍高，速效钾指标低于春季播前，速效氮磷指标未见明显变化。

麻草复种经济效益：亚麻纤维产量达到1 155.0kg/hm^2，二粗价格12 000元/t，纤维收入13 860元/hm^2；种子产量1 269.0kg/hm^2，市场价8元/kg，亚麻籽收入10 152元/hm^2。亚麻综合收入24 012元/hm^2；牧草产干草4 320kg/hm^2，干草价格1 500元/t，牧草收入6 480元/hm^2。麻草复种综合效益30 492元/hm^2。

图2-37　参试亚麻品种华亚3号亚麻现蕾期和盛花期

图2-38　复种牧草种类筛选

图2-39　复种前华亚3号拔麻收获晾晒脱粒及亚麻田整地

图2-40 播种燕麦和燕麦播后铺麻

图2-41 燕麦出苗和亚麻翻麻

图2-42 翻麻起麻和翻麻铺麻

图2-43 起麻出地及燕麦生长情况调查

图2-44 燕麦收割前长势和收割燕麦青草

图2-45 燕麦草晾晒和燕麦青草打捆

（八）亚麻高产高效种植技术规程

1. 选用早熟纤籽兼用品种

选生育期70～75d，早熟、中早熟品种，在黑龙江保证7月15—20日达到工艺成熟末期收获,如华亚3号。

2. 适期早播

适当早播,出苗期避开黑龙江掐脖旱,哈尔滨地区一般在4月20日前后2~3d内播种为宜,可提高种子产量和纤维品质,收获期提早,一般比传统5月1日前后播种提前8~12d拔麻,延长复种牧草生长期,提高牧草生物产量。从表2-36可知,5月26日播种比4月25日播种种子严重减产,虽然株高、原茎产量、麻率稍有提升,但干茎制成率变低、纤维质量严重变差,纤维产量未见明显提升,麻秆倒伏严重。

3. 合理密植

选早熟纤籽兼用型亚麻品种,播种密度不宜过高,以1 800粒/m²播种密度为宜,即净度、发芽率都达到90%的种子播量以100~115kg/hm²为宜,每平方米保苗1 000~1 500株。

4. 科学使用肥药

亚麻田施肥量视土壤基础肥力确定肥料使用数量和配比,瘠薄肥力土壤施尿素480kg/hm²、普钙540kg/hm²、硫酸钾330kg/hm²、硼30kg/hm²、锌30kg/hm²,采取"重施底肥和中层肥、足施枞形肥和蕾肥、巧施微肥"的技术。磷、钾肥和微肥总量和尿素总用量的50%均匀混合,集中施于5~10cm耕层作中层肥;在枞形期追施尿素总用量的30%、快速生长期追施20%。根据土壤耕层速效钾含量可适当多施钾肥,有助于抗倒,提升种子产量和纤维品质。

5. 除草

每公顷施56%二甲四氯钠盐750~1 100g+5%精喹禾灵乳600~900mL,于麻苗高10~15cm、禾本科杂草3~5叶、阔叶杂草2~4叶期,杂草基本出齐时及时以每公顷不少于600L兑水量喷雾防除杂草。

6. 防虫

在亚麻始花期按药品说明喷施溴氰菊酯或高效氯氰菊酯类药物防虫1~2次。

7. 看天拔麻脱粒

当亚麻处于黄熟期时,全田有1/3的蒴果呈黄褐色,1/3的麻茎呈浅黄色,麻茎下部1/3的叶片脱落即达工艺成熟期,是收获的最佳时期;纤籽兼用型亚麻在工艺成熟后期种子完熟期前收获,以保证籽麻产量和质量。拔麻收获应选连续3d以上无雨情况下进行,机械收获直接脱粒晾晒,人工拔麻后晾晒1~2d及时脱粒,脱粒后的原茎要及时铺沤。

8. 适度雨露沤麻

雨露沤麻的适宜温度是18℃,相对湿度50%~60%。雨露沤制方法有:鲜茎雨露法,即拔麻后直接将亚麻铺于田间进行雨露沤麻;原茎雨露法:拔麻晾干脱粒后将原茎铺于专用的雨露沤麻场地或种麻田里进行雨露沤麻；喷水雨露法：就是在干燥情况下，采用人工喷水方法增加麻茎的湿度，缩短沤麻时间；站立雨露法：在亚麻工艺成熟期喷洒化学除草剂如草甘膦，使亚麻停止生长，在田间站立的情况下进行雨露沤麻。国内常用的是前两种方法。

雨露沤麻铺麻时，麻趟间距15～20cm，厚度2～3cm，铺麻要均匀一致，避免麻茎与土壤紧密接触，也不能树下雨露沤麻，以防腐烂造成损失，条件允许时可铺于5cm高草上。一般雨露沤麻时间为14～20d。在7～10d时麻层表面有70%左右的麻茎变成银灰色，接近沤好时，适时翻麻。翻麻时尽量使麻层松散、均匀。7～10d就可以沤好。沤好的麻茎变成银灰色，麻茎外表长满了细小黑色斑点，迎着太阳光看，麻茎发出银白色的亮光，用手敲打麻茎，有时飞出黑色灰尘。

沤制好的亚麻干茎鉴别方法有两种，一种是湿茎鉴别法，在早晨露水特别大或雨后麻茎水分达到饱和状态时，把沤制中的亚麻距麻茎梢部1/3处折断，容易抽出6～10cm长麻骨而不带纤维；再用拇指和食指连续掐断麻茎，能发出清脆的响声。由于麻茎粗细不同，其响声也不一样。粗茎木质发达响声大。细茎木质不发达，响声不明显。另一种是干茎鉴别法，晴朗干燥天气，空气湿度不大，把干麻茎弯成短弓形，纤维与木质部产生分离；用手揉搓距麻茎梢部1/3处，麻茎中的木质部分容易从纤维中脱落，纤维中不带死麻屑；纤维能从根部一直剥到梢部，麻秆不带细小纤维，纤维内侧具有银白色的底光，即已沤好。沤好的亚麻干茎及时打捆入库或堆成垛，避免着雨或沤过。

（九）提高亚麻出麻率的雨露沤制技术

亚麻纤维的主要组成物质有纤维素（70%～80%）、半纤维素（12%～15%）、木质素（2.5%～5%）、果胶（1.43%～5.7%）、脂肪和蜡质（1.2%～1.8%）等。亚麻纤维是由若干单纤维组成的，各单纤维之间有胶质相黏。亚麻上的胶质分为将纤维束和其周围的组织黏合在一起的胶质A和将各单纤维黏合在一起的胶质B两种，沤制过程以除去胶质A为主，使纤维与木质部分离。亚麻原茎脱胶是半脱胶，也称之为沤麻，就是破坏纤维束与周围组织连接的工艺过程。

亚麻沤麻有很多种，可分为生物法，包括好气沤麻法、嫌气沤麻法和酶法；高温水解法，包括汽蒸法和水煮法；化学法，包括快速物理化学法等。我国广泛用于生产的是温水沤麻法和雨露沤麻法。无论哪种沤麻方法都与温度、湿度及微生物密切相关，温水沤麻3个条件基本可控，而雨露沤麻过程3个条件不好控制，希望在田间常温下沤制期间以喷水加酶的方式创造一个提高沤制时效的环境，为此，黑龙江省农业科学院经济作物研究所开展了常温下提高沤麻时效的适宜果胶酶及合适浓度的筛选试验研究。该研究以华亚4号工艺成熟期亚麻鲜茎1/2处10cm茎段若干为试验材料。设置酸性果胶酶和碱性果胶酶各3个浓度，分土上沤制和水沤两种方式，共12个处理，分别以清水作对照（表2-39），每个处理及对照设3次重复。试验于7月17日开始，每个处理样品选10段茎段，称量鲜重，放入空培养皿和加有等量土壤的培养皿中，第一次加注处理液30mL，然后隔天浇注处理液20mL，检测pH值，采用眼观、手捻方式进行脱胶程度测试，每天记录沤制程度，沤制结束后，取出样品晒干、称干重，扒麻称纤维重，计算出麻率（%）=纤维重/干重×100和干茎制成率（%）=干重/鲜重×100，统计分析。同时利用显微镜观察各处理纤维脱胶程度，判断脱胶效果。

表2-39 果胶酶沤麻试验处理

处理		处理	
S2-S水	酸性果胶酶0.5g/100mL	S2-T土	酸性果胶酶0.5g/100mL
S3-S水	酸性果胶酶0.05g/100mL	S3-T土	酸性果胶酶0.05g/100mL
J1-S水	碱性果胶酶0.05g/100mL	J1-T土	碱性果胶酶0.05g/100mL
J2-S水	碱性果胶酶0.005g/100mL	J2-T土	碱性果胶酶0.005g/100mL
J3-S水	碱性果胶酶0.000 5g/100mL	J3-T土	碱性果胶酶0.000 5g/100mL
CK-S水	清水	CK-T土	清水

沤制开始日期7月17日，7月29日取出晾干，沤制时间12d。通过对出麻率试验结果数统计分析显示，水沤试验中碱性果胶酶0.005g/100mL（J2-S）处理出麻率最高为43.43%，比水沤对照高3.87个百分点；其次碱性果胶酶0.05g/100mL（J1-S）处理出麻率为42.5%，比水沤对照高2.94个百分点（表2-40），方差分析差异不显著（表2-41和表2-42）；土沤试验中碱性果胶酶0.05g/100mL（J1-S）处理出麻率最高为33.12%，比土沤对照高7.27个百分点；其次为碱性果胶酶0.005g/100mL（J2-S）处理出麻率为32.13%，比土沤对照高6.28个百分点（表2-43），方差分析差异不显著（表2-44和表2-45）。水沤对照比土沤对照出麻率高13.71个百分点。全部水沤处理与土沤对照出麻率结果差异达极显著水平（表2-46）。利用显微镜对脱胶后的纤维观察发现，0.005g/100mL（J2-S）处理组纤维光滑无杂质，脱胶效果明显好于对照组（图2-46）。试验结果表明，利用水沤法比土沤法出麻率高；在沤麻过程中加入果胶酶的脱胶效果比没有加入的效果好；加入碱性果胶酶比酸性果胶酶效果好；在水沤过程中碱性果胶酶的最适浓度0.005g/100mL，土沤过程浇注碱性果胶酶的最佳浓度0.05g/100mL，该试验结论在实际生产中对雨露沤麻技术研发具有重要的指导意义。

表2-40　果胶酶水沤处理结果分析

处理	样本数	出麻率均值（%）	标准差	标准误	95%置信区间	99%置信区间
S1-S	3	41.73	0.041 5	0.024 0	0.314 1	0.520 4
S2-S	3	41.07	0.053 5	0.030 9	0.277 9	0.543 6
S3-S	3	38.76	0.028 5	0.016 5	0.316 8	0.458 4
J1-S	3	42.50	0.046 7	0.027 0	0.309 0	0.541 0
J2-S	3	43.43	0.040 2	0.023 2	0.334 6	0.534 1
J3-S	3	41.00	0.018 8	0.010 9	0.363 2	0.456 9
CK-S	3	39.56	0.042 1	0.024 3	0.290 9	0.500 3

表2-41　方差分析

变异来源	平方和	自由度	均方	F值	P值
区组间	0.001 8	2	0.000 9	0.526	0.603 7
处理间	0.004 7	6	0.000 8	0.451	0.831 3
误差	0.020 8	12	0.001 7		
总变异	0.027 3	20			

表2-42　差异显著性分析

处理	均值	比对照增减	比对照（%）	10%显著水平	5%显著水平	1%极显著水平
J2-S	0.434 3	0.038 7	9.780 0	a	a	A
J1-S	0.425 0	0.029 4	7.427 3	a	a	A
S1-S	0.417 3	0.021 6	5.468 4	a	a	A
S2-S	0.410 7	0.015 1	3.819 0	a	a	A
J3-S	0.410 0	0.014 4	3.645 3	a	a	A
CK-S	0.395 6	0	0	a	a	A
S3-S	0.387 6	−0.008	−2.033 7	a	a	A

表2-43　果胶酶土沤处理结果分析

处理	样本数	出麻率均值（%）	标准差	标准误	95%置信区间	99%置信区间
S1-T	3	27.16	0.035 4	0.020 4	0.183 6	0.359 5
S2-T	3	32.09	0.054 7	0.031 6	0.185 1	0.456 7
S3-T	3	31.86	0.022 9	0.013 2	0.261 7	0.375 6
J1-T	3	33.12	0.025 8	0.014 9	0.267 2	0.395 2

（续表）

处理	样本数	出麻率均值（%）	标准差	标准误	95%置信区间	99%置信区间
J2-T	3	32.13	0.037 2	0.021 5	0.228 9	0.413 6
J3-T	3	26.79	0.040 9	0.023 6	0.166 1	0.369 6
CK-T	3	25.85	0.062 9	0.036 3	0.102 3	0.414 7

表2-44 方差分析

变异来源	平方和	自由度	均方	F值	P值
区组间	0.012 5	2	0.006 3	6.067	0.015 1
处理间	0.017 3	6	0.002 9	2.791	0.061 5
误差	0.012 4	12	0.001 0		
总变异	0.042 2	20			

表2-45 差异显著性分析

处理	出麻率均值（%）	比对照增减	比对照（%）	10%显著水平	5%显著水平	1%极显著水平
J1-T	33.12	0.072 7	28.113 5	a	a	A
J2-T	32.13	0.062 8	24.274 4	a	a	A
S2-T	32.09	0.062 3	24.110 0	a	a	A
S3-T	31.86	0.060 1	23.253 4	a	a	A
S1-T	27.16	0.013 1	5.048 0	a	a	A
J3-T	26.79	0.009 3	3.610 1	a	a	A
CK-T	25.85	0	0	a	a	A

表2-46 所有处理差异显著性分析

处理	均值（%）	比对照增减百分点（个）	比对照（%）	10%显著水平	5%显著水平	1%极显著水平
J2-S	43.43	17.58	67.987 8	a	a	A
J1-S	42.50	16.64	64.377 6	a	a	AB
S1-S	41.72	15.87	61.386 4	a	a	AB
S2-S	41.07	15.22	58.859 3	a	a	AB
J3-S	41.00	15.15	58.601 4	a	a	AB
CK-S	39.56	13.71	53.018 6	a	ab	AB
S3-S	38.76	12.91	49.924 1	ab	ab	AB

（续表）

处理	均值（%）	比对照增减百分点（个）	比对照（%）	10%显著水平	5%显著水平	1%极显著水平
J1-T	33.12	7.27	28.1135	bc	bc	ABC
J2-T	32.13	6.28	24.2744	cd	bc	BC
S2-T	32.09	6.23	24.1100	cd	bc	BC
S3-T	31.86	6.01	23.2534	cd	bc	BC
S1-T	27.16	1.31	5.0480	cd	c	C
J3-T	26.79	0.93	3.6101	cd	c	C
CK-T	25.85	0	0	d	c	C

图2-46　0.005%浓度碱性果胶酶与对照纤维脱胶效果

根据上述试验结果制定了雨露沤制结合温水高效沤制和亚麻原茎田间高效雨露沤制技术方案。

雨露沤制结合温水高效沤制试验：在亚麻工艺成熟期机械或人工拔麻，将收获脱粒后的鲜茎铺于田间晾晒，厚度2～3cm，分别设置2d、4d、6d、8d共4个梯度（同一亚麻材料保证每个梯度15个样品），每个梯度中间翻麻1次，记录天气和亚麻茎秆的颜色变化程度，然后取回麻茎放入温水沤麻箱，水温恒定37℃，设加入0.05%、0.005%、0.0005%　3个梯度的碱性果胶酶和0.1%、0.01%、0.001%（体积比例，原液浓度50g/L）3个梯度的酸性果胶酶6个处理，分别在3d、4d、5d、6d、7d出麻，每天从上述各处理中出3个样品。出麻前对沤麻箱内pH值进行检测，保证4.5左右；温水沤制不加酶为对照。出麻后，充分晾晒或烘干，养生30d，打麻梳麻，比较出麻率和纤维品质，筛选最佳方案。上述试验结果显示田间晾晒6～8d（中间翻麻1次）亚麻原茎，37℃温水沤制，加入0.005%浓度碱性果胶酶，脱胶效果最佳，出麻率提升3.7个百分点。

技术一：提高出麻率的沤制技术。亚麻茎秆加工采用雨露沤制结合温水高效沤制方式进行，即在亚麻工艺成熟后完熟期前机械或人工拔麻，将收获脱粒后的原茎铺于田间，厚度2～3cm，6～8d（中间翻麻1次），然后将麻茎取回放入沤麻箱，加入清水加温，水温恒定37℃，加入碱性果胶酶，使其浓度达到0.005%，保证箱内pH值4.5左右，6～7d出麻，出麻后，充分晾晒或烘干，养生30d，打麻梳麻。

技术二：亚麻原茎田间雨露沤制技术。采用雨露沤制结合浇注果胶酶方式进行，即在亚麻工艺成熟后完熟期前机械或人工拔麻，将收获脱粒后的原茎鲜茎直接铺于田间，厚度2～3cm，每隔1d向麻茎喷施浓度0.05%碱性果胶酶，使地面表土层湿土达1cm，隔3d翻麻1次，待沤制完成，充分晾晒及时打捆，入库养生30d，打麻梳麻。

六、亚麻品种

（一）亚麻主要地方优良品种

1. 康保小胡麻

河北省康保县地方品种，生育期106d，株高40.0cm，工艺长度32.2cm，单株蒴果数7.0个，种子千粒重5.4g，种皮褐色，含油率41.0%。

2. 尚义小桃胡麻

河北省尚义县地方品种，生育期115d，株高41.9cm，工艺长度26.0cm，单株蒴果数14.7个，种子千粒重5.3g，种皮褐色，含油率40.2%。

3. 张北大桃胡麻

河北省坝上地方品种，生育期106d，株高36.5cm，工艺长度24.3cm，单株蒴果数9.7个，种子千粒重10.4g，种皮褐色，含油率43.3%。

4. 四子王旗大片

内蒙古四子王旗地方品种，生育期113d，株高42.0cm，工艺长度28.0cm，单株蒴果数8.0个，种子千粒重10.0g，种皮褐色，含油率42.8%。

5. 清水河（矮）

内蒙古清水河县地方品种，生育期120d，株高44.0cm，工艺长度27.0cm，单株蒴果数14.0个，种子千粒重10.2g，种皮褐色，含油率41.4%。

6. 二混子

宁夏永宁地方品种，生育期94d，株高67.0cm，工艺长度53.0cm，单株蒴果数9.2个，种子千粒重5.2g，种皮褐色，含油率39.4%。

7. 多伦小胡麻

内蒙古多伦县地方品种,生育期101d,株高58.0cm,工艺长度39.0cm,单株蒴果数15.0个,种子千粒重4.5g,种皮褐色,含油率36.6%。

(二)国内主要亚麻品种

1. 黑亚2号

品种来源:该品种是原黑龙江省甜菜研究所麻类室以火炬×华光1号的杂种后代5601-211为母本,以Л-1120作为父本杂交选育而成。原品系号为6201-681。

特征特性:幼苗绿色,直立,分枝少,生长繁茂。苗期叶片平展,茎叶表面有蜡被,快速生长后期,叶片向斜上方伸展,叶片狭长。株高一般83.5~100.8cm,工艺长度为65.8~88.9cm。花浅蓝色。株型紧凑,分枝4~6个。单株蒴果数5~9个。千粒重3.8~4.4g。耐瘠薄,抗旱性强。生育期73d左右,为中熟品种。

产量和品质表现:原茎产量3 889.5~5 695.5kg/hm²,长麻率为15.4%~18.95%,纤维产量511.5~775.5kg/hm²。

栽培要点:种植时注意选择不跑风的平川地、漫岗地或排水良好的二洼地。施硝氨75kg/hm²、过磷酸钙150kg/hm²,每公顷保苗1 500万株,4月下旬至5月初播种。

适宜区域:主要在黑龙江省的克山、拜泉、依安等县干旱地区推广种植。

2. 黑亚3号

品种来源:该品种是原黑龙江省甜菜研究所麻类室以火炬×瑞士10号的杂交后代6104-295为母本,以黑亚1号做父本杂交选育而成。原代号6401-661。1967年审定,黑龙江省推广品种,该品种20世纪70年代末至90年代初是中国亚麻产区主栽品种,并于1991年获国家发明三等奖。

特征特性:幼苗深绿色,直立,分枝弱,生长繁茂。叶片较短、略宽肥厚,茎叶表面有蜡被。花蓝紫色。株高为80.9cm,工艺长度为70.7cm。分枝3~5个,单株蒴果数5~8个,千粒重4.0~4.8g。具有抗旱、抗倒、耐肥水、抗立枯病和炭疽病等优良特性,生育期75d左右,中熟品种。

产量和品质表现:原茎产量4 020.0~6 355.5kg/hm²。长麻率15.6%~20.9%,纤维产量526.5~988.5kg/hm²。比对照JH120、Belinka增产18.1%~23%,纤维号13~18#。

栽培要点:适宜在水肥条件较好的土地上种植。施有机肥22 500kg/hm²作底肥,施三元复合肥75.5~112.5kg/hm²作种肥,每公顷保苗1 500万株。

适宜区域:适应性广,主要分布在黑龙江省呼兰、延寿、兰西、海伦、勃利、依兰、克山、拜泉等县和吉林中部及东部地区种植。

3. 黑亚4号

品种来源：本品种是原黑龙江省甜菜研究所麻类室用辐射与杂交相结合的方法育成。以6104-259为材料，用钴60 γ射线处理的M_3代 γ 67-1-681为母本，6409-640为父本杂交而成，原代号为 γ 7005-6。

特征特性：苗期深绿色，直立，分枝弱，生长繁茂。叶片较宽，肥厚，表面有蜡被。株高一般为85～103.7cm，最高达150cm，工艺长度为81.6～90.0cm。株型松散，分枝为4～7个，单株蒴果为6～9个，花蓝色。千粒重4.0～4.6g。较耐盐碱，喜水肥，抗倒伏，立枯病、炭疽病较轻。生育期73d，属中熟品种。

产量和品质表现：原茎产量为4 227.0～6 250.5kg/hm²，最高为7 869.0kg/hm²，比黑亚3号增产5%，长麻率为16.2%～19.2%，纤维产量为529.5～1 012.5kg/hm²。纤维号13～16#。

栽培要点：适于水肥充足的平川地、二洼地种植，在盐碱地区栽培增产。每公顷保苗1 500万～1 700万株。施有机肥22 500kg/hm²作底肥，施三元复合肥75.0～90.0kg/hm²作种肥。

适宜区域：适于黑龙江省西部的兰西、肇州、青冈、明水等盐碱地区推广种植，吉林省东部地区也有种植。

4. 黑亚5号

品种来源：黑龙江省农业科学院经济作物研究所于1971年以火炬、N-7、华光1号、Л-1120复合杂交后代6503-5-59为母本，以黑亚3号为父本，人工有性杂交培育而成，原品系号为7115-6-3。1982年由黑龙江省农作物品种审定委员会审定推广。

特征特性：幼苗直立，深绿色，分枝弱，叶上举，茎叶表面有蜡被。苗期生长缓慢，从出苗到开花50d左右，根系发达入土深，对水分追逐性强，抗旱性能强，平均株高、工艺长度分别为95.5cm和79.2cm。蓝色花，漏斗形，中等大小。蒴果棕黄色，中等大小，单株果数7～9个。花序比较紧凑，分枝比较集中，种子棕褐色，表面光滑有光泽。千粒重3.8～5.0g，株型较为整齐，生育期80～83d，属晚熟品种。该品种抗倒伏性强，抗立枯病和炭疽病，不感染锈病。

产量和品质表现：1976—1977年两年黑龙江省农业科学院经济作物研究所内鉴定，原茎及长麻平均产量为6 000kg/hm²和862.5kg/hm²，比对照黑亚3号增产15.6%和17.8%。1978—1981年在黑龙江和吉林两个省34个点次区域试验及生产试验增产显著，原茎及长麻平均产量为5 398.5kg/hm²和679.5kg/hm²，比黑亚3号各增产10.5%和10.6%。长麻率平均为16.5%，比对照黑亚3号高0.79个百分点，增高5.14%。纤维号平均为15.74#，比对照黑亚3号高1.02#。

栽培要点：选用水肥充足的平川地或排水良好的二洼地，以土质肥沃，底墒足的玉米、大豆、小麦等前茬为宜，采用秋翻秋耙或早春耙茬整地保墒技术。4月25日至5月5日播种，每公顷保苗数1 500万～1 700万株，施磷酸二铵112.5～150.0kg/hm²作种肥，深施8～10cm。

适宜区域：适于黑龙江省的绥化、佳木斯、哈尔滨、齐齐哈尔等地春季种植。

5. 黑亚6号

品种来源：黑龙江省农业科学院经济作物研究所采用辐射与杂交相结合的办法，先将火炬、1288-12等材料用钴60γ射线3万伦琴处理种子，获得突变系与Л-1120和黑亚3号杂交后，又双交获得7107-2-4，1976年以其为母本，以γ7006-21-6-7为父本，人工有性杂交而成。原品系号为γ7607-9-1。1984年由黑龙江省农作物品种审定委员会审定推广。

特征特性：幼苗浓绿健壮，叶片狭长上举，茎叶表面附有蜡被。苗期生长缓慢，从出苗至开花期50d左右。株高和工艺长度分别为100.2cm和85.7cm，花蓝色，中等大小，呈漏斗状。花序紧凑集中，分枝少而上举，种皮褐色，表面有光泽，生育期80d左右，属晚熟品种。前期耐旱，比较抗倒伏，抗立枯病及炭疽病，不感染锈病。适应性强。

产量和品质表现：1978—1979年黑龙江省农业科学院经济作物研究所内鉴定增产显著，原茎与长麻平均产量4 956.0kg/hm²和637.5kg/hm²，比对照黑亚3号增产17.1%和23.1%。1980—1983年在黑龙江省呼兰、双城、延寿、兰西、海伦、青冈、明水、拜泉、勃力、依兰等县35个点次试验结果，原茎产量及长麻产量分别为5 403.0kg/hm²和703.5kg/hm²，比对照黑亚3号增产14.2%和20.5%。长麻率15.61%，比对照黑亚3号高1.13个百分点。纤维号13.14#，比对照黑亚3号高1.43#。长麻梳成率为69.65%，比对照黑亚3号高13.2%，纤维拉力319.5 N，比对照高91.2 N，分裂度450.5公支，可纺性好于对照。

栽培要点：选用水肥充足的平川地或排水良好的二洼地，以土质肥沃，底墒足的玉米、大豆、小麦等前茬为宜，采用秋翻秋耙或早春耙茬整地保墒技术。4月25日至5月5日播种，每公顷保苗数1 500万～1 700万株，施磷酸二铵112.5～150kg/hm²作种肥，深施8～10cm。

适宜区域：适于黑龙江省的绥化、佳木斯、哈尔滨、齐齐哈尔等地春季种植。

6. 黑亚7号

品种来源：黑龙江省农业科学院经济作物研究所以7106-3-6为母本，7107-2-4为父本杂交育成，原品系号为7621-6-2-7-29，1986年参加黑龙江省区域试验编号为86-3。1989年由黑龙江省农作物品种审定委员会审定推广。

特征特性：苗期生长繁茂健壮，茎叶浓绿。株高101.1cm，茎秆粗壮，茎叶表面覆有蜡被，富有弹性，分枝3～5个，蒴果5～6个。花蓝色，种子扁圆形，褐色，表面光滑有光泽，千粒重4.3g左右，生长日数80d，为晚熟品种。工艺长度87cm，抗倒伏性强，抗立枯病、炭疽病、不感染锈病。

产量和品质表现：1986—1987年区域试验，原茎平均产量6 249.0kg/hm²，比对照黑亚6号增产9.6%；纤维682.5kg/hm²，增产21.6%，种子547.5kg/hm²，增产13.6%。长麻率14.5%，纤维强度245N左右，纤维号15.3#。

栽培要点：适于平坦、土质肥沃的平川地及排水良好的二洼地栽培。以秋翻秋耙的玉米、小麦、谷子等前茬为宜，施磷酸二铵75～110kg/hm²、硫酸钾60～75kg/hm²，播前深施8～10cm作种肥。保苗1 350万～1 650万株/hm²。

适宜区域：适于黑龙江省的齐齐哈尔、佳木斯、哈尔滨、绥化等地种植。

7. 黑亚8号

品种来源：黑龙江省农业科学院经济作物研究所以Fiber为母本，黑亚3号为父本杂交育成，原品系号为7649-10-1-25，1988年参加黑龙江省区域试验编号为88-2。1991年由黑龙江省农作物品种审定委员会审定推广。

特征特性：苗期生长繁茂健壮，茎秆粗壮、直立、色浓绿，表面覆有蜡被，分枝4个，株高100.1cm。叶片短而宽，肥厚，深绿色，花较大，蓝色，蒴果7～9个，每个蒴果含有10粒种子，种子深褐色，光泽好，千粒重4.5～4.8g。生长日数80d，为中晚熟品种。工艺长度84cm，纤维品质优良，抗倒伏性较好，苗期抗立枯病及炭疽病，后期耐湿、抗锈病。

产量和品质表现：1988—1989年区域试验，原茎平均产量6 157.9kg/hm²，比对照品种黑亚6号增产11.9%，纤维平均产量1 091.8kg/hm²，增产21.9%，种子平均产量588.9kg/hm²，增产8.8%。长麻率18.1%，纤维强度260.7 N，纤维号18.1#。

栽培要点：适于水肥比较充足的平川地及排水良好二洼地栽培。在黑龙江省5月上旬播种，采用播种机条播，行距7.5cm。播量120kg/hm²，保苗1 650万～1 700万株/hm²。化学及人工除草并举，工艺成熟期收获。晒至六七成干，上小圆垛保管，防止霉烂，保持杏黄色。

适宜区域：适于黑龙江省的哈尔滨、绥化、齐齐哈尔、佳木斯等地种植。

8. 黑亚9号

品种来源：黑龙江省农业科学院经济作物研究所以火炬、青柳、Л-1120、Fibra等品种经多次人工有性杂交育成，原品系号为8027-5。1992年由黑龙江省农作物品种审定委员会审定推广。

特征特性：苗期生长健壮，株高97～110cm。茎秆直立，富有弹性。分枝4个，蒴果4～6个。花蓝色，种皮褐色，千粒重4.4g。生长日数80d，为中晚熟品种。工艺长度80.0～94.4cm，抗倒伏性较好，苗期抗立枯病及炭疽病，不感染锈病。

产量和品质表现：1989—1990年区域试验，原茎平均产量6 445.0kg/hm²，比对照品种黑亚6号增产13.8%，纤维平均产量942.0kg/hm²，增产25.3%，种子平均产量517.4kg/hm²，增产13%。长麻率20.4%，纤维强度为245N，纤维号18.4#。

栽培要点：适宜种植在水肥充足的平川地及排水良好的二洼地。4月27日至5月5日播种，施磷酸二铵150kg/hm²、硫酸钾52.2kg/hm²，播量120kg/hm²，保苗1 700万株/hm²。人工及化学除草并举，工艺成熟期收获，小圆垛保管。

适宜区域：适于黑龙江省的绥化、齐齐哈尔、佳木斯、黑河等地种植。

9. 黑亚10号

品种来源：黑龙江省农业科学院经济作物研究所以黑亚6号为母本，以黑亚4号×法国亚麻7617的杂交后代为父本，人工有性杂交育成，原品系号为8130-1-1-10-57、91-2。1994年由黑龙江省农作物品种审定委员会审定推广。

特征特性：苗期茎叶直立浓绿、健壮，后期茎秆挺拔，株高107.8cm，分枝3~5个，上举，花蓝色，花序短而集中，蒴果4~8个，棕黄色，大小中等。种子褐色，有光泽，饱满，千粒重4.5g。生长日数79d，为中晚熟品种，工艺长度92.2cm。抗炭疽病及立枯病，不感染锈病，抗萎蔫病较强，耐旱性强，抗倒伏性较强。

产量和品质表现：1991—1992年区域试验，原茎平均产量6 468.7kg/hm²，增产11.9%。纤维平均产量990.4kg/hm²，增产21.2%，种子平均产量548.5kg/hm²，增产15.8%。长麻率16.8%，纤维强度262.6 N，分裂度432公支。纤维号17.3#。

栽培要点：适于水肥较好的平川地及排水良好的二洼地种植。可用玉米、小麦、大豆等茬为前作。适宜的播种期为4月下旬至5月上旬。保苗1 700万~1 900万株/hm²，施磷酸二铵135kg/hm²、硫酸钾100kg/hm²，播种前深施8~10cm。苗高5~10cm进行化学除草或人工除草，工艺成熟期及时收获，妥善保管，防止霉烂损失。

适宜区域：适于黑龙江省的绥化、哈尔滨、齐齐哈尔、佳木斯等地种植。

10. 黑亚11号

品种来源：黑龙江省农业科学院经济作物研究所以7106-3-6×Fibra的杂交后代为母本，以俄罗斯高纤品种K-6为父本杂交育成，原品系号为81-27-3。1996年由黑龙江省农作物品种审定委员会审定推广。

特征特性：幼苗期生长繁茂健壮，茎秆直立，叶片浓绿上举，茎叶表面覆有蜡被，有利防旱。株高105.2cm，工艺长度90.2cm，分枝3.2个，蒴果7.7个，花蓝色漏斗形，花药蓝灰色，种子棕褐色，表面光滑，千粒重4.5g，生育期75d左右，属中早熟品种。耐旱性较强，抗立枯病和炭疽病，抗倒伏性强。

产量和品质表现：1993—1994年区域试验原茎平均产量6 672.4kg/hm²，比对照品种黑亚7号增产13.6%，纤维平均产量843.5kg/hm²，增产29.5%。1995年生产试验原茎产量7 507.4kg/hm²，比对照品种黑亚7号增产11.1%，纤维平均产量1 115.8kg/hm²，增产22.2%，种子平均产量853.1kg/hm²，增产13.9%。长麻率18.8%，纤维强度262.6N，分裂度450公支，纤维品质优良。

栽培要点：适于水肥比较充足的平川黑土地或排水良好的二洼地。适宜播期4月25日至5月5日，不宜晚播。保苗数以1 700万株/hm²左右为宜。

适宜区域：适于黑龙江省的哈尔滨、齐齐哈尔、佳木斯及黑河等地种植。

11. 黑亚12号

品种来源：黑龙江省农业科学院经济作物研究所1985年以优质、抗逆性强的法国品种Datcha为母本，以早熟品种红花为父本进行了杂交，组合号为85164，后又以该所育成的高产、优质品系80196-6为母本，以85164的F₁为父本进行了复合杂交，组合号为85-58。于1991年筛选出优系85-58-26-4。1995—1997年黑龙江省农业科学院经济作物研究所内鉴定均表现优质、高产。1998—2000年参加全省区域试验和生产试验编号为98-2，2001年2月25日通过黑龙江省农作物品种审定委员会审定，定名为黑亚12号。

特征特性：苗期生长健壮，茎、叶浓绿色，花蓝色，花序短，分枝集中且上举，株型紧凑。种皮褐色，千粒重4.0～4.5g，生育期78d，属中熟品种。株高97.3cm，工艺长度83.0cm，茎秆直立，有弹性，抗倒伏能力强，立枯病、炭疽病的田间发病率分别为1.35%和0.7%。

产量和品质表现：纤维强度259.4N，长麻率16.8%，高于对照黑亚7号1.4个百分点。原茎、纤维、种子产量分别为5 140.0kg/hm²、696.4kg/hm²、523.9kg/hm²。

栽培要点：抗逆性强、适应性广，适宜在全国麻区种植。前茬以小麦、玉米、大豆为宜。在黑龙江省适宜播期为4月25日至5月20日（1～6积温带），不宜晚播。每平方米有效播种粒数为2 000粒，15.0cm或7.5cm条播，播深2～4cm。施磷酸二铵100～150kg/hm²、硫酸钾80～100kg/hm²，播前深施肥8～10cm。苗高5～10cm进行人工及化学除草。1/3蒴果变黄时适时收获。

适宜区域：适于黑龙江、吉林、内蒙古、新疆、云南、浙江等地种植。

12. 黑亚13号

品种来源：该品种由黑龙江省农业科学院经济作物研究所育成，1987年以高纤、抗倒、早熟的俄罗斯亚麻品种K-6为母本，以优质高纤品系7106-7-6-8-24为父本进行杂交，组合号为87019，按照高纤、优质、早熟的育种目标进行定向选择，于1995年F₈代决选出了亚麻新品系87019-44。1996年对该品系进行了高倍繁殖。1997—1999年在黑龙江省农业科学院经济作物研究所内进行了鉴定试验，经过3年鉴定，表现出高纤、优质和早熟的特性。于2000年参加了黑龙江省区域试验编号为2000-1。2000—2001年区域试验及生产试验，表现优异。2002年3月6日经黑龙江省农作物品种审定委员会审定推广，命名为黑亚13号。该品种为2001年黑龙江省良种化工程招标项目"高纤维亚麻品种"中标品系。

特征特性：苗期生长健壮，茎绿色，叶片墨绿色，花蓝色，花序短而集中，株型紧凑，种皮褐色。千粒重4.3g，生长日数75d，属于早熟品种。株高85cm，工艺长度75cm，分枝4~5个，蒴果5~7个，茎秆直立，有弹性，抗倒伏能力强。田间立枯病发病率1.5%，接种发病率8.7%，属中抗立枯病品种。炭疽病发病率0.5%，不感染锈病及白粉病。

产量和品质表现：区域试验原茎、长麻、全麻和种子产量分别达到4 688.9kg/hm²、861.0kg/hm²、1 336.4kg/hm²和672.0kg/hm²，分别比对照品种黑亚7号增产14.8%、36.0%、26.8%和16.3%。生产试验原茎、长麻、全麻和种子产量分别达到5 790.4kg/hm²、962.7kg/hm²、1 924kg/hm²和672.2kg/hm²，分别比对照品种黑亚7号增产18.0%、20.1%、21.8%和1.4%。长麻率19.1%，纤维强度258.7N。

栽培要点：抗逆性强，适应性广，适宜在各类型土壤上种植，前茬以杂草基数少，土壤肥沃的大豆、玉米、小麦茬为宜。在黑龙江省1~4积温带，亚麻播种时间为4月25日至5月5日、5~6积温带为5月10—20日。每公顷播种量为105~120kg，行距为7.5cm条播，播深2~3cm。施磷酸二铵100kg/hm²，硫酸钾50kg/hm²，播深为8cm。高5~10cm时用拿扑净1 500mL/hm²＋二甲四氯0.75kg/hm²除草。人工收获或机械收获，人工收获要在1/3蒴果变熟时进行，机械收获应在2/3蒴果变熟时收获。在遇到干旱年份时播种后喷水灌溉，确保土壤相对湿度大于21%，保证亚麻出苗的需要，枞型期和快速生长期各喷水一次，使土壤相对湿度大于75%，确保亚麻生长对水分的需求。

适宜区域：适于黑龙江、吉林、内蒙古、新疆、云南、浙江等地种植。

13. 黑亚14号

品种来源：1993以高纤、抗倒、早熟的法国亚麻品种Fany为供体，以高产品种黑亚10号为受体进行DNA导入，组合号为D93007。于1997年D₄代筛选亚麻新品系D93007-15-8。1998—2000年在黑龙江省农业科学院经济作物研究所内进行了鉴定试验，经过3年鉴定，该品系表现了优质、高产和抗倒伏的特性。2003年3月经黑龙江省农作物品种审定委员会审定推广，命名为黑亚14号。该品种为2001年黑龙江省良种化工程招标项目"高纤维亚麻品种"中标品系。

特征特性：苗期生长健壮，茎绿色。叶片深绿色，花蓝色，花序短而集中，株型紧凑。种皮褐色，千粒重4.4g，生育时期77d，属中熟品种。株高93.7cm，工艺长度75.6cm，分枝3~4个，蒴果5~7个，茎秆直立，有弹性，抗倒伏能力强。立枯病发病率1.3%，炭疽病发病率0.3%，不感染锈病及白粉病，发病率低于5%，属于高抗新品种。

产量和品质表现：原茎、长麻、全麻及种子产量分别为6 283.5kg/hm²、930.6kg/hm²、

1 416.5kg/hm²和758.5kg/hm²，分别比对照黑亚7号增产10.6%、19.6%、19.6%和11.9%。长麻率18.4%，高于对照品种黑亚7号1.8个百分点，纤维强度257.8N。

栽培要点：抗逆性强，适应性广，适宜在各种类型土壤上种植。前茬以杂草基数少，土壤肥沃的大豆、玉米、小麦茬为宜。播种期在黑龙江省1~4积温带为4月25日至5月5日、5~6积温带为5月5—20日。播种量为105~110kg/hm²，7.5cm条播。施用磷酸二铵100kg/hm²、硫酸钾50kg/hm²。播深3~4cm。苗高5~10cm时，用1 500mL/hm²的拿扑净+56%的二甲四氯0.75kg/hm²进行化学除草，人工收获在工艺成熟期进行，机械收获应在2/3蒴果变黄时及时收获。

适宜区域：适宜范围广，在黑龙江省1~6积温带均可种植，也适于内蒙古、新疆、云南和湖南等地种植。

14. 黑亚15号

品种来源：该品种是黑龙江省农业科学院经济作物研究所1987年以内蒙古自治区农业科学院的早熟雄性核不育亚麻品系1745A为母本，以从法国引进的优质、高纤品种Viking（维金）为父本进行杂交，组合号为M8711。按照高纤、优质、早熟的育种目标进行了定向选择，于1997年F₁₀代决选出了亚麻新品系M8711-2-1。1996—2000年在黑龙江省农业科学院经济作物研究所内进行了鉴定试验，经过3年鉴定该品系表现出了高纤、优质、早熟的特性。于2001—2002年参加全省区域试验编号为2001-2，2003年进行了生产试验。2004年2月经黑龙江省农作物品种审定委员会审定通过。该品种为2002年黑龙江省良种化工程招标项目"高纤维亚麻品种"中标品系。

特征特性：苗期生长健壮，根系发达，抗旱能力强，茎绿色，叶片墨绿色，花蓝色，花序短而集中，株型紧凑。种皮褐色，千粒重4.6g，生长日数77d，属于中早熟品种。株高78.7cm，工艺长度65.1cm，分枝3~4个，蒴果5~7个，茎秆直立，有弹性，抗倒伏能力强。长麻率20%，纤维强度261.0N，立枯病发病率1.55%，炭疽病发病率0.4%，不感染锈病及白粉病。

产量和品质表现：原茎、长麻、全麻及种子产量分别为5 641.7kg/hm²、897.2kg/hm²、1 282.3kg/hm²和619.0kg/hm²，分别比对照品种黑亚7号增产9.3%、20.2%、12.2%和11.9%。长麻率20.0%，比对照品种黑亚7号高2.8个百分点。属高纤、优质纤维亚麻新品种。

栽培要点：抗逆性强，适应性广，适宜在各种类型土壤上种植。前茬以杂草基数少，土壤肥沃的大豆、玉米、小麦茬为宜。在黑龙江省播期为4月25日至5月5日。播种量为105~110kg/hm²，15cm或7.5cm条播。施用磷酸二铵100kg/hm²、硫酸钾50kg/hm²，播深5~8cm。苗高5~10cm时进行除草。工艺成熟期及时收获。

适宜区域：适宜范围广，在黑龙江省1~6积温带均可种植，也适于内蒙古、新疆、云南、湖南等地种植。

15. 黑亚16号

品种来源：黑龙江省农业科学院经济作物研究所1996年以高纤、抗倒、早熟的俄罗斯亚麻品种俄-5为供体，以优质、高纤品种黑亚7号为受体进行DNA导入，组合号为D96021。按照高纤、优质、早熟的育种目标进行了定向选择，于2000年D_4代决选出了亚麻新品系D96021-1。2001—2002年在黑龙江省农业科学院经济作物研究所内进行了鉴定试验，经过两年鉴定，该品系表现出了高纤、优质、早熟的特性。于2003年参加全省区域试验编号为2003-1，2005年进行生产试验。2006年2月经黑龙江省农作物品种审定委员会认定，定名为黑亚16号。

特征特性：苗期生长健壮，茎绿色，叶片墨绿色，花蓝色，花序短而集中，株型紧凑。种皮褐色，千粒重4.3g，生长日数78d，属于中熟品种。株高91.5cm，工艺长度73.0cm，分枝3~4个，蒴果5~7个，茎秆直立，有弹性，抗倒伏能力强。长麻率20.6%，纤维强度259.22N，立枯病发病率1.4%，炭疽病发病率0.3%，不感染锈病及白粉病，属于高抗新品种。

产量和品质表现：原茎、长麻、全麻及种子产量分别达到5 842.3kg/hm²、986.6kg/hm²、1 469.7kg/hm²和405.9kg/hm²，分别比对照品种黑亚11号增产11.8%、18.1%、18.6%和15.8%。长麻率20.6%，比对照品种黑亚11号高0.9个百分点；全麻率30.8%，比对照品种黑亚11号高1.3个百分点。

栽培要点：抗逆性强，适应性广，适宜在各种类型土壤上种植。前茬以杂草基数少，土壤肥沃的大豆、玉米、小麦茬为宜。在黑龙江省播期为4月25日至5月5日。播种量为105~110kg/hm²，15cm或7.5cm条播。施用磷酸二铵100kg/hm²、硫酸钾50kg/hm²或三元复合肥180~200kg/hm²，播前深施5~8cm土壤中。苗高5~10cm时进行除草。工艺成熟期及时收获。

适宜区域：适于黑龙江省的哈尔滨、绥化、齐齐哈尔、牡丹江、佳木斯、黑河等地种植。

16. 黑亚17号

品种来源：黑龙江省农业科学院经济作物研究所1995年以高纤抗倒和早熟的法国亚麻品种Ariane为供体，以优质、高纤亚麻新品系81-8-6-3为受体进行DNA导入，组合号为D95027。按照高纤优质和早熟的育种目标进行定向选择，于2000年D_3代决选出亚麻新品系D95027-8。2001—2003年在黑龙江省农业科学院经济作物研究所内进行鉴定试验，经过3年鉴定，该品系表现出高纤、优质和早熟的特性。于2004年参加全省区域试验编号为2004-1，2006年进行生产试验。2007年4月经黑龙江省农作物品种审定委员会认定，定名为黑亚17号。

特征特性：苗期生长健壮，茎绿色，叶片墨绿色，花蓝色，花序短而集中，株型紧凑。种皮褐色，千粒重4.5g，生长日数79d，属于中熟品种。株高86.8cm，工艺长度73.0cm，分枝3~4个，蒴果5~7个，茎秆直立，有弹性，抗倒伏能力强。长麻率19.5%，纤维强度260.35N，立枯病发病率1.2%，枯萎病发病率0.8%，未发现炭疽病、锈病和白粉病。

产量和品质表现：原茎、长麻、全麻及种子产量分别达到5 595.9kg/hm²、873.1kg/hm²、1 338.7kg/hm²和594.7kg/hm²，分别比对照品种黑亚11号增产9.0%、16.5%、11.7%和16.2%。长麻率19.5%，比对照品种黑亚11号高1.7个百分点；全麻率29.9%，比对照品种黑亚11号高1.1个百分点。

栽培要点：抗逆性强，适应性广，适宜在各种类型土壤上种植。前茬以杂草基数少，土壤肥沃的大豆、玉米、小麦茬为宜。在黑龙江省播期为4月25日至5月5日。播种量为105~110kg/hm²，15cm或7.5cm条播。施用磷酸二铵100kg/hm²、硫酸钾50kg/hm²或施三元复合肥180~200kg/hm²，播前深施5~8cm土壤中。苗高5~10cm时进行除草，工艺成熟期及时收获。

适宜区域：适于哈尔滨、绥化、齐齐哈尔、哈尔滨、牡丹江、佳木斯、黑河等地种植。

17. 黑亚18号

品种来源：黑龙江省农业科学院经济作物研究所1995年以优质、高纤、抗性强亚麻品种黑亚10号为母本，以高纤、抗倒和早熟的法国亚麻品种Argos为父本进行杂交，组合号为"95134"。经系谱选择和病圃抗病鉴定于2002年F$_7$代决选出亚麻新品系95134-20-2。2001—2003年在黑龙江省农业科学院经济作物研究所内进行两年鉴定试验，该品系表现出了高纤、优质和早熟的特性。于2005年参加全省区域试验编号为2005-1，2007年进行生产试验。2008年8月经黑龙江省农作物品种审定委员会认定，定名为黑亚18号。

特征特性：苗期生长健壮，茎绿色，叶片墨绿色，花蓝色，花序短而集中，株型紧凑。种皮褐色，千粒重5.0g，生长日数76d，属于中熟品种。株高83.9cm，工艺长度70.7cm，分枝3~4个，蒴果5~7个，茎秆直立，有弹性，抗倒伏能力强，较抗盐碱。长麻率21.3%，纤维强度257.9N，立枯病发病率1.1%，枯萎病发病率0.7%，未发现炭疽病、锈病和白粉病。

产量和品质表现：原茎、长麻、全麻、种子产量分别达到5 679.3kg/hm²、954.6kg/hm²、1 341.4kg/hm²和634.1kg/hm²，分别比对照品种黑亚11号增产6.4%、21.5%、13.6%和11.8%。长麻率21.3%，比对照品种黑亚11号高2.7个百分点。全麻率30.0%，比对照品种黑亚11号高2.1个百分点。

栽培要点：抗逆性强，适应性广，适宜在各种类型土壤上种植。前茬以杂草基数少，土壤肥沃的大豆、玉米、小麦茬为宜。在黑龙江省播期为4月25日至5月5日。播种量为105～110kg/hm²，15cm或7.5cm条播。施用磷酸二铵100kg/hm²、硫酸钾50kg/hm²或施三元复合肥180～20kg/hm²，播前深施5～8cm土壤中。苗高5～10cm时进行除草，工艺成熟期及时收获。

适宜区域：适于哈尔滨、绥化、齐齐哈尔、牡丹江、黑河等地种植。

18. 黑亚19号

品种来源：黑龙江省农业科学院经济作物研究所1995年以优质、高纤抗性强亚麻品系87097-30为母本，以高纤、抗倒、早熟的亚麻品种黑亚7号为父本进行杂交，组合号为95088。1996—1997年系谱选择和抗病鉴定，1998—2000年利用航空搭载进行空中诱变的黑亚7号进行回交3年，2001—2002年系谱选择和抗病鉴定95088-17，于2003年决选出亚麻新品系95088-17-3。2004—2005年在黑龙江省农业科学院经济作物研究所内进行两年鉴定试验，该品系表现出了高纤、优质、早熟的特性。于2006年参加全省区域试验编号为2006-1，2008年进行生产试验。2009年2月经黑龙江省品种审定委员会认定，定名为黑亚19号。

特征特性：苗期生长健壮，茎绿色，叶片墨绿色，花蓝色，花序短而集中，株型紧凑，种皮褐色，千粒重4.6g，生长日数75d，属于中熟品种。株高82.9cm，工艺长度71.0cm，分枝3～4个，蒴果5～7个，茎秆直立，有弹性，抗倒伏能力强，较抗盐碱。长麻率19.9%，纤维强度260.1N。立枯病发病率1.0%，枯萎病发病率0.6%，无其他检疫性病害。

产量和品质表现：原茎、长麻、全麻及种子产量分别达到5 239.0kg/hm²、853.3kg/hm²、1 270.3kg/hm²和570.0kg/hm²，分别比对照品种黑亚11号增产12.0%、20.8%、18.9%和14.7%。长麻率19.9%，比对照品种黑亚11号高1.5个百分点。全麻率29.7%，比对照品种黑亚11号高1.8个百分点。

栽培要点：抗逆性强，适应性广，适宜在各种类型土壤上种植。前茬以杂草基数少，土壤肥沃的大豆、玉米、小麦茬为宜。在黑龙江省播期为4月25日至5月5日。播种量为105～110kg/hm²，15cm或7.5cm条播。施用磷酸二铵100kg/hm²、硫酸钾50kg/hm²或施三元复合肥180～200kg/hm²，播前深施5～8cm土壤中。苗高5～10cm时进行除草，工艺成熟期及时收获。

适宜区域：适于哈尔滨、绥化、齐齐哈尔、牡丹江、黑河等地种植。

19. 黑亚20号

品种来源：黑龙江省农业科学院经济作物研究所1997年以优质高纤和抗性强亚麻品系96056（黑亚4号×俄罗斯品种KPOM）为母本，以高纤、抗倒和早熟的品系96118（法国品种Argos×黑亚4号）为父本进行杂交，组合号为97175。经系谱选择和病圃抗病鉴定于2004年F$_8$代决选出亚麻新品系97175-58。2005—2006年在黑龙江省农业科学院经济作物研究所内进行两年鉴定试验，该品系表现出了高纤、优质和早熟的特性。于2007—2008年参加全省区域试验编号为2007-1，2009年进行生产试验。2010年3月经黑龙江省农作物品种审定委员会认定，定名为黑亚20号。

特征特性：苗期生长健壮，茎绿色，叶片墨绿色，花蓝色，花序短而集中，株型紧凑，种皮褐色，千粒重4.5g，生长日数77d，属于中熟品种。株高100.2cm，工艺长度86.2cm，茎秆直立，有弹性，抗倒伏能力强，较抗盐碱。

产量和品质表现：原茎、长麻、全麻及种子产量分别达到5 169.4kg/hm^2、844.8kg/hm^2、1 278.3kg/hm^{2}和652.9kg/hm^2，分别比对照品种黑亚11号增产11.4%、19.6%、17.1%和12.8%。长麻率19.8%，比对照品种黑亚11号高1.5个百分点。全麻率30.0%，比对照品种黑亚11号高1.7个百分点。

栽培要点：抗逆性强，适应性广，适宜在各种类型土壤上种植。前茬以杂草基数少，土壤肥沃的大豆、玉米、小麦茬为宜。在黑龙江省播期为4月25日至5月5日。播种量为105~110kg/hm^2，15cm或7.5cm条播。施用磷酸二铵100kg/hm^2、硫酸钾50kg/hm^{2}或施三元复合肥180~200kg/hm^2，播前深施5~8cm土壤中。苗高5~10cm时进行除草，工艺成熟期及时收获。

适宜区域：适于哈尔滨、绥化、齐齐哈尔、牡丹江、黑河等地种植。

20. 黑亚21号

品种来源：黑龙江省农业科学院经济作物研究所1997年以优质、高纤、抗性强亚麻品系96001（87019-44×Hermes）为母本，以高纤、抗倒、早熟的品系法国品种Argos为父本进行杂交，组合号为97165-22-8。经系谱选择和病圃抗病鉴定于2006年F$_{10}$代决选出了亚麻新品系97165-22-8。2007—2008年在黑龙江省农业科学院经济作物研究所内进行了两年鉴定试验，该品系表现出了高产、优质、早熟的特性。于2009—2010年参加全省区域试验编号为2009-1，2011年进行了生产试验。2012年2月经黑龙江省品种审定委员会认定，定名为黑亚21号。

特征特性：性喜冷凉，株高90.2cm，工艺长度79.3cm，苗期生长健壮，直根系，叶片深绿色，花期集中，花蓝色。抗旱、抗倒伏性强。较耐盐碱。纤维强度252.0N。立枯病发病率1.3%，炭疽病发病率0.3%，未发现其他检疫性病害。

产量和品质表现：2009—2010年区域试验平均原茎、长麻、全麻、种子产量分别达到5 221.2kg/hm^2、829.3kg/hm^2、1 249.9kg/hm^{2}和734.6kg/hm^2，分别比对照品种黑亚11号增产13.7%、18.3%、16.2%和22.4%；长麻率19.3%，比对照品种黑亚11号高1.0个百分点；全麻率29.1%，比对照品种黑亚11号高1.0个百分点。2011年生产试验平均原茎、长麻、全麻、种子产量分别达到5 590.2kg/hm^2、924.9kg/hm^2、1 451.1kg/hm^2

和578.4kg/hm²，分别比对照品种黑亚16号增产13.7%、23.7%、20.9%和9.2%，长麻率19.7%，比对照品种黑亚16号高1.9个百分点；全麻率31.0%，比对照品种黑亚16号高2.4个百分点。

栽培要点：抗逆性强，适应性广。前茬以杂草基数少，土壤肥沃的大豆玉米、小麦茬为宜，在黑龙江省播期为4月2日至5月15日。播种量为105～110kg/hm²，15cm或7.5cm条播。施用磷酸二铵100kg/hm²、硫酸钾50kg/hm²或施三元复合肥180～200kg/hm²，播前深施5～8cm土壤中。苗高5～10cm时进行除草，工艺成熟期及时收获。

适宜区域：适于黑龙江全省种植。

21. 黑亚22号

品种来源：黑龙江省农业科学院经济作物研究所以优质、高纤、抗性强亚麻品系96034为母本，以高纤、抗倒、早熟的法国品种Hermes为父本进行杂交，组合号为97171-5-18，经系谱选择和病圃抗病鉴定于2007年F_{10}代决选出了亚麻新品系97171-5-18。2008—2009年在黑龙江省农业科学院经济作物研究所内进行了两年鉴定试验，该品系表现出了高产、优质、早熟的特性。于2010—2011年参加全省区域试验编号为2010-1，2012年进行了生产试验。2013年2月经黑龙江省品种审定委员会认定，定名为黑亚22号。

特征特性：性喜冷凉，株高91.2cm，工艺长度73.7cm，苗期生长健壮，直根系，叶片深绿色，花期集中，花蓝色，种皮褐色，千粒重4.1g。抗旱、抗倒伏性强。较耐盐碱。纤维强度255N。立枯病发病率4.5%，炭疽病发病率3.9%。

产量和品质表现：2010—2011年区域试验原茎、全麻、种子平均产量分别5 056.3kg/hm²、1 266.8kg/hm²和561.1kg/hm²，分别比对照品种黑亚16号增产9.6%、17.0%和11.4%。全麻率30.1%，比对照品种黑亚16号高1.9个百分点。2012年生产试验原茎、全麻、种子平均产量分别为6 149.2kg/hm²、1 607.1kg/hm²和631.4kg/hm²，分别比对照品种黑亚16号增产11.0%、23.2%和14.1%。全麻率31.3%，比对照品种黑亚16号高2.7个百分点。

栽培要点：抗逆性强，适应性广，前茬以杂草基数少，土壤肥沃的大豆、玉米、小麦茬为宜。在黑龙江省播期为4月25日至5月15日。施用磷酸二铵100kg/hm²、硫酸钾50kg/hm²或施三元复合肥180～200kg/hm²，播前深施5～8cm土壤中。苗高5～10cm时进行除草，工艺成熟期及时收获。

适宜区域：适于黑龙江省的哈尔滨、大庆、绥化、齐齐哈尔、牡丹江、黑河等地种植。

22. 黑亚23号

品种来源：以黑龙江省农业科学院经济作物研究所育成的优质、高纤、抗性强亚麻品种黑亚12号为母本，以高纤、抗倒、早熟的法国品种Ilona为父本进行杂交，通过系谱法选择育成。

特征特性：性喜冷凉，株高85.5cm，工艺长度69.0cm，苗期生长健壮，直根系，叶片深绿色，花期集中，花蓝色，种皮褐色，千粒重4.6g，生长日数为74d左右。抗旱、抗倒伏性强，较耐盐碱。纤维强度253 N。立枯病发病率4.2%，炭疽病发病率3.8%。

产量和品质表现：2011—2012年区域试验原茎、全麻、种子产量分别为5 609.0kg/hm²、1 408.9kg/hm²和583.9kg/hm²，分别比对照品种黑亚16号增产13.3%、20.0%和12.8%。全麻率30.3%，比对照品种黑亚16号高2.0个百分点。2013年生产试验原茎、全麻、种子产量分别为6 141.1kg/hm²、1 556.2kg/hm²和636.3kg/hm²，分别比对照品种黑亚16号增产17.5%、25.3%和13.5%。全麻率30.8%，比对照品种黑亚16号高1.8个百分点。于2014年通过黑龙江省农作物品种审定委员会登记推广。

栽培要点：抗逆性强，适应性广。前茬以杂草基数少，土壤肥沃的大豆、玉米、小麦茬为宜。在黑龙江省播期为4月25日至5月15日。播种量为105～10kg/hm²，15cm或7.5cm条播。施用磷酸二铵100kg/hm²、硫酸钾50kg/hm²或施三元复合肥180～200kg/hm²，播前深施5～8cm土壤中。苗高5～10cm时进行除草，工艺成熟期及时收获。

适宜区域：适于黑龙江省亚麻产区种植。

23. 黑亚24号

品种来源：1999年以法国品种Argos为母本，以黑龙江省农业科学院经济作物研究所育成的亚麻品系88016-18为父本进行杂交，组合号为99055-27。经系谱选择和病圃抗病鉴定，于2009年F$_{10}$代决选出了亚麻新品系99055-27。2010—2011年在黑龙江省农业科学院经济作物研究所内进行了两年鉴定试验，该品系表现出高产、优质、早熟的特性。2012—2013年参加黑龙江省区域试验编号为2012-1，2014年进行了生产试验，2016年5月经黑龙江省农作物品种审定委员会登记推广。

特征特性：性喜冷凉，株高83.2cm，工艺长度71.7cm，苗期生长健壮，直根系，叶片深绿色，花期集中，花蓝色，种皮褐色，千粒重4.2g，抗旱、抗倒伏性强，较耐盐碱。纤维强度263N。立枯病发病率0.1%，枯萎病发病率0.1%。

产量和品质表现：2012—2013年两年区域试验原茎、全麻、种子产量分别达到5 736.4kg/hm²、1 471.8kg/hm²和623.6kg/hm²，分别比对照品种黑亚16号增产15.0%、25.6%和12.2%；全麻率30.7%，比对照品种黑亚16号高2.2个百分点。2014年生产试验原茎、全麻、种子产量分别达到6 151.3kg/hm²、1 531.0kg/hm²和582.3kg/hm²，分别比对照品种黑亚16号增产10.6%、27.8%和11.4%；全麻率30.9%，比对照品种黑亚16号高3.8个百分点。

栽培要点：抗逆性强，适应性广，适宜在各种类型土壤上种植。前茬以杂草基数少，土壤肥沃的大豆、玉米、小麦茬为宜。在黑龙江省播期为4月25日至5月5日。播种量为105～110kg/hm²，15cm或7.5cm条播。施用磷酸二铵100kg/hm²、硫酸钾50kg/hm²或施三元复合肥180～200kg/hm²。播前深施8cm土壤中。苗高10～15cm时进行除草，工艺成熟期及时收获。

适宜区域：适于黑龙江省的哈尔滨、绥化、齐齐哈尔、牡丹江、黑河等地种植。

24. 黑亚25号

品种来源：以法国品种Ariane为供体，以黑龙江省农业科学院经济作物研究所育成的亚麻品系9702（黑亚8号×col 188）为受体进行DNA导入，通过对导入后代的不断选择和多年多点的鉴定选育而成，2016年5月经黑龙江省农作物品种审定委员会登记推广。

特征特性：性喜冷凉，株高88.7cm，工艺长度76.1cm，苗期生长健壮，直根系，叶片深绿色，花期集中，花蓝色，种皮褐色，千粒重4.2g。抗旱、抗倒伏性强，较耐盐碱。纤维强度253N。立枯病发病率0.3%，炭疽病发病率0.2%。

产量和品质表现：2013—2014年两年区域试验原茎、全麻、种子产量分别达到5 619.1kg/hm²、1 408.8kg/hm²和596.7kg/hm²，分别比对照品种黑亚16号增产13.1%、25.2%和10.6%；全麻率30.8%，比对照品种黑亚16号高2.7个百分点。2015年生产试验原茎、全麻、种子产量分别达到6 463.3kg/hm²、1 554.3kg/hm²和733.3kg/hm²，分别比对照品种黑亚16号增产12.3%、22.7%和10.6%；全麻率29.7%，比对照品种黑亚16号高2.2个百分点。

栽培要点：抗逆性强，适应性广，适宜在各种类型土壤上种植。前茬以杂草基数少，土壤肥沃的大豆、玉米、小麦茬为宜。在黑龙江省播期为4月25日至5月5日。播种量为100kg，15cm或7.5cm条播。施用磷酸二铵100kg/hm²、硫酸钾50kg/hm²或施三元复合肥150kg/hm²，播前深施8cm土壤中。苗高10cm时进行除草，工艺成熟期及时收获。

适宜区域：适于黑龙江省的哈尔滨、绥化、齐齐哈尔、牡丹江、黑河等地种植

25. 华亚1号

品种来源：以黑龙江省农业科学院经济作物研究所国家麻类产业技术体系亚麻育种团队以AGTHAR为母本，以从俄引资源D95029筛选到的多胚单株D95029-7-3为父本杂交，然后连续4代自交选育而成，2016年在安徽省非主要农作物品种鉴定登记委员会鉴定登记。品系原代号H07020-2。

特征特性：生育期72d左右，中早熟品种。花蓝色，茎绿色，叶披针形，叶片相对细长，株高为87cm，工艺长度67cm。花蓝色，分枝3～5个，株型紧凑，单株蒴果数5～8个，千粒重4～4.5g。生长速度快，高抗枯萎病和炭疽病，抗倒、耐旱、耐涝性强，纤维品质优良，综合性状较全面。适应性广，在黑龙江鉴定原茎产量6 760～

8 333kg/hm²，比对照黑亚14号增产10.87%，纤维产量达到1 649～2 326kg/hm²，增产极显著。安徽省种植鉴定原茎产量为6 320kg/hm²，比对照品种中亚麻2号高15.75%，于2016年在安徽登记。

栽培要点：北方4月下旬至5月上旬均可播种。根据耕作制度，采种田应尽量适当早播，采麻田可适当晚播，利于提高原茎产量，但易发生倒伏。播深2～3cm。北方春播每平方米保苗1 800～2 000株，南方繁种田每平方米保苗1 500～1 800株。抗倒性强，对氮肥要求不严格，每公顷可施尿素150～225kg、磷肥300kg、钾肥225kg。磷、钾肥可作基肥一次施用。亚麻不宜长期连作，应轮作，前茬玉米、大豆、马铃薯皆可。

适宜区域：适应性较强，可以在安徽、云南等地以及黑龙江省的哈尔滨、绥化、齐齐哈尔、牡丹江、黑河、佳木斯等地种植。

华亚1号2016年在安徽省非主要农作物品种鉴定登记委员会鉴定登记（品种登记编号：皖品鉴登字第1609009），2018年8月30日通过黑龙江省省级和农业农村部种子管理部门审查，作为纤维用亚麻品种在农业农村部登记，登记编号：GPD亚麻（胡麻）（2018）230022，种子入库编号：DJI3B00018。华亚1号是一个集高产、高纤、抗倒、优质、适应性广于一体强优势高纤型亚麻新品种。

26. 华亚2号
该品种详情见本书第三章第四节第十部分。

27. 华亚3号
品种来源：华亚3号是2005年黑龙江省农业科学院经济作物研究所从波兰引进种质资源材料Pekinense（编号原2005-12）中选择的优良变异单株，采用系谱法选育出DZH系列品系，通过黑龙江省农业科学院经济作物研究所内鉴定和品系比较试验，将表现优良的株系DZH-1于2014—2016年在黑龙江、云南等地进行抗病性和产量性状鉴定，在黑龙江和云南种植鉴定，该品种表现出集种子高产、抗倒、抗病于一体的优良特征。于2017年参加了安徽省非主要农作物品种鉴定登记试验（编号为H003）。

特征特性：花紫红色，茎深绿色，叶披针形，抗倒抗病性强。种皮黄色，千粒重5.2g，安徽省种植生长日数78d，属早熟型品种。株高90.3cm，工艺长度67.9cm，分枝5～7个，蒴果20～25个；出苗密度每平方米1 956株，茎粗为2.196mm，茎秆直立，有弹性，抗倒伏能力强。2014—2015年在黑龙江省农业科学院国家现代农业产业民主示范园区组合品比试验中，原茎平均产量5 000.0kg/hm²，纤维产量达到1 305.5kg/hm²以上，种子产量1 604.2kg/hm²，比对照品种黑亚14号增产34.8%。2016—2017年在黑龙江鉴定原茎产量5 138.6kg/hm²，略低于对照品种黑亚14号，种子和纤维产量皆比对照品种黑亚14号增产14.7%以上。在云南大理宾川县金牛镇示范种植100m²，测产结果原茎产量9 350kg/hm²；种子产量2 300kg/hm²，收获株数695.9株/m²。华亚3号是一个集高产、抗病、抗倒于一体高产型的亚麻新品种。该品种在安徽做了登记试验，表现与对照品种中亚麻2号的出苗期相同，从播种到出苗期大约为7d。13d后进入枞形期，比对照品种中亚麻2号提前1d，枞形期长11d左右，在4月21日比对照品种中亚麻2号提前1d进入快速生长期，22d后，比对照品种中亚麻2号提前1d进入现蕾期。5月18日比对照品种中亚麻2号提前1d进入开花期。开花20d后，6月7日到达工艺成熟期，早于对照品种中亚麻2号6d。6月13日进入种子成熟期，比对照品种中亚麻2号早熟6d。在种子成熟期后的第二天，分别进行收获。该品种生育期为79d，比对照品种中亚麻2号短5d。在抗倒性方面华亚3号强于对照品种中亚麻2号。

安徽省鉴定登记的产量性状比较结果：品种鉴定登记试验采用随机区组，3次重复，小区面积$10m^2$，10行区，行长5m，行距0.2m，有效播种粒数2 000粒/m^2。区间道0.5m，组间道1m。鉴定试验结果显示，华亚3号原茎产量4 690kg/hm^2，低于对照品种中亚麻2号14.3%，方差分析未达极显著水平；种子产量851kg/hm^2，比对照品种中亚麻2号高39.97%，差异极显著。

栽培要点：适时播种。北方4月下旬至5月上旬均可播种。根据耕作制度，采种田应尽量适当早播，采麻田可适当晚播，利于提高原茎产量。播深2.0～3.0cm。合理密植，北方春播每平方米保苗1 600～1 800株。南方繁种田每平方米保苗1 200～1 500株。科学施肥，华亚3号抗倒性强，对氮肥要求不严，每公顷可施尿素105～150kg、磷肥225kg、钾肥150kg。磷、钾肥可作基肥一次施用。合理轮作，亚麻不宜长期连作，应轮作，前茬玉米、大豆、马铃薯皆可。

适宜区域：适应区域较广，适合于在黑龙江、安徽、云南等地种植。

华亚3号于2017年在安徽省非主要农作物品种鉴定登记委员会鉴定登记（品种登记编号：皖品鉴登字第1709006），2018年8月30日通过黑龙江省省级和农业农村部种子管理部门审查，在农业农村部登记，登记编号：GPD亚麻（胡麻）（2018）230023，种子入国家种质库编号：DJI3B00019。该品种2017—2018年在黑龙江省农业科学院国家现代农业产业民主示范园区鉴定试验中，原茎平均产量6 866.7kg/hm^2，比对照黑亚16号增产7.6%，纤维产量达到1 153.2kg/hm^2，种子产量1 005.6kg/hm^2。华亚3号是一个种子高产高油、抗倒、适应性广、花大紫红色，可纤籽赏兼用的亚麻新品种。

28. 华亚4号

品种来源：华亚4号是2008年黑龙江省农业科学院经济作物研究所从荷兰引进亚麻种质资源材料NEW中筛选出的优良变异单株，采用系统选育方法于2013年筛选出高麻率优良单株株系NEW-3，2014—2016年在黑龙江和云南进行鉴定试验，2016年参加了安徽省非主要农作物品种鉴定登记试验编号为H4。

特征特性：花蓝色，茎绿色，叶披针形，叶片相对细长，抗病性强。种皮褐色，千粒重4.5g，在安徽省种植生长日数85d，属中早熟型品种。株高99.6cm，工艺长度71.5cm，分枝6个，蒴果25个，茎秆直立，有弹性，抗倒伏能力强。

黑龙江鉴定试验：2014—2016年在黑龙江省农业科学院国家现代农业产业民主示范园区组合品比试验中，原茎产量7 800kg/hm²，平均比对照Diane增产10.87%，纤维产量达到1 649～2 326kg/hm²，增产极显著。2015年黑龙江省农业科学院经济作物研究所内鉴定原茎、纤维产量分别比对照品种黑亚14号增产7.76%、30.58%。

安徽登记试验：该亚麻品种与对照品种中亚麻2号的出苗期相同，从播种到出苗期大约为6d。11d后晚于对照品种中亚麻2号1d进入枞形期，枞形期长6～7d，在4月17日比对照品种中亚麻2号提前1d进入快速生长期，26d后，比对照品种中亚麻2号迟3d进入现蕾期。5月19日进入开花期，迟于对照品种中亚麻2号3d。开花期株高矮于对照品种中亚麻2号9.7cm。开花26d后，6月14日达到工艺成熟期，迟于对照品种中亚麻2号1d。6月24日进入种子成熟期，比对照品种中亚麻2号晚熟5d。在种子成熟期后的第2天，分别进行收获。该品种生育期为85d，比对照品种中亚麻2号长5d。该品种抗倒性强于对照品种中亚麻2号。

产量性状比较结果：品种鉴定试验采用随机区组，3次重复，小区面积10m²，10行区，行长5m，行距0.2m，有效播种粒数2 000粒/m²。区间道0.5m，组间道1m。鉴定试验结果显示，华亚4号原茎产量5 170kg/hm²，比对照品种中亚麻2号增产14.89%，方差分析差异未达显著水平。种子产量5 950kg/hm²，比对照品种中亚麻2号增产18.06%，方差分析差异达极显著水平。

栽培技术要点：适时播种：北方4月下旬至5月上旬均可播种。采种田应尽量适当早播，采麻田可适当晚播，利于提高原茎产量。播深2.0～3.0cm。安徽省六安地区可以春季种植，播种时间3月上旬即可。云南大理地区冬季种植，播种时间9月下旬至10月上旬。北方春播每平方米保苗1 600～1 800株，南方繁种田每平方米保苗1 200～1 500株。华亚4号抗倒性较强，对氮肥要求不严，耐低钾，每公顷可施氮肥7～10kg、磷肥15kg、钾肥7kg。亚麻不宜长期连作，应合理轮作，前茬玉米、大豆、马铃薯皆可。

注意事项：该种抗旱能力差，遇干旱株高下降，原茎产量存在下降风险。干旱年份晚播、深播。

适宜区域：适于黑龙江省哈尔滨、绥化、齐齐哈尔、牡丹江、黑河地区、安徽六安和云南省大理州宾川县冬季种植。

华亚4号2018年在安徽省非主要农作物品种鉴定登记委员会鉴定登记（品种登记编号：皖品鉴登字第1809009），2019年8月通过黑龙江省省级和农业农村部种子管理部门审查，作为纤维用亚麻品种在农业农村部登记信息已公示无异议。华亚4号是一个集高产、高纤、抗倒、优质、适应性广于一体强优势高纤型亚麻新品种。

29. 华亚5号

该品种详情见本书第三章第四节第十一部分。

30. 华亚6号

品种来源：华亚6号亲本Pekinense是2005年黑龙江省农业科学院经济作物研究所从波兰引进的种质资源，华亚6号为Pekinense变异单株系选育成。2008年优选大粉花DFH系列变异单株，2013年系统选育出优良株系DFH-1，2014—2016年黑龙江、云南鉴定原茎产量分别为5 022.2kg/hm²、12 855kg/hm²，种子产量939kg/hm²、1 425kg/hm²。

选育结果：2014—2016年在黑龙江省农业科学院国家现代农业产业民主示范园区组合品比试验中，原茎产量5 000kg/hm²，种子产量1 350kg/hm²，纤维产量1 185.3kg/hm²，麻率26.2%。

品种鉴定试验采用随机区组，3次重复，小区面积3m²，10行区，行长2m，行距0.15m，有效播种粒数2 000粒/m²。区间道0.45m，组间道1m。鉴定试验结果显示，华亚6号原茎产量5 022.2kg/hm²，比对照品种中亚麻2号低4.03%，方差分析差异未达显著水平。种子产量938.9kg/hm²，比对照品种中亚麻2号增产18.59%，方差分析差异不显著。

特征特性：中早熟型亚麻品种，黑龙江种植生育期79d，花粉红色，茎浅绿色，叶披针形，相对较宽，株高77.1cm，工艺长度66.4cm，分枝4~5个，蒴果5~8个，种皮黄色，喙端褐色，千粒重5.25g，脂肪含量35.15%，亚麻酸占总脂肪51.41%。

栽培要点：北方4月下旬至5月上旬均可播种。采种田应尽量适当早播，采麻田可适当晚播，利于提高原茎产量。播深2~3cm。北方春播每平方米保苗1 500~1 700株，南方繁种田每平方米保苗1 200~1 500株。华亚6号对氮肥要求不严，每公顷可施尿素105kg、磷肥225kg、钾肥105kg，磷、钾肥可作基肥一次施用。

注意事项：该品种抗倒伏性较差，肥水丰富或播种过密易倒伏，造成种子、原茎产量下降风险，应适当稀播和减少氮肥施入量。

适宜区域：适于黑龙江省哈尔滨、绥化、齐齐哈尔、牡丹江、黑河地区春季种植和云南省大理州宾川县冬季种植。

华亚6号2019年8月通过黑龙江省省级和农业农村部种子管理部门审查，在农业农村部登记，登记编号：GPD亚麻（胡麻）（2019）230011。华亚6号是一个优质纤籽赏兼用型亚麻新品种。

31. 双亚5号

品种来源：黑龙江省亚麻原料工业研究所采用复合杂交（黑亚3号 × Natasja）×

（78-97×Tsped）经混合个体选择育成，1994年2月经黑龙江省农作物品种审定委员会审定推广。

特征特性：生育期75d，属中早熟品种。苗期长势强，呈深绿色。叶片小而上举，分枝短，花序收敛，蓝色花，开花期短而集中。种子卵圆形，扁平，呈棕色，种子较大，千粒重5.0g。株高104cm，工艺长度90.8cm，基本无边际效应，非常整齐。抗倒、抗病、抗旱。

产量和品质表现：1991—1992年区域试验，原茎、纤维和种子产量分别为6 335.0kg/hm²、846.0kg/hm²和588.0kg/hm²，分别比对照品种黑亚6号增产10.76%、28.4%和11.7%。1993年生产试验，原茎、纤维和种子产量分别为6 547.6kg/hm²、996.1kg/hm²和627.3kg/hm²，分别比对照品种黑亚7号增产9%、22.2%和30.1%。长麻率17.2%，纤维强度257.7N，分裂度413公支。

栽培要点：前茬以小麦、谷子、玉米和豆类为宜，宜施三元复合肥。

32. 双亚6号

品种来源：黑龙江省亚麻原料工业研究所以（7410-95×Tsped）F_1×（黑亚3号×Ariane）F_1复合杂交育成，1998年2月由黑龙江省农作物品种审定委员会审定推广。

特征特性：生育期75d，属中熟品种，苗期长势强，呈深绿色，茎秆细，株高100cm以上。花蓝色、花期短，分枝收敛，种子褐色、扁平，卵圆形，种子较大，千粒重5g左右。抗倒、抗病、抗旱。

产量和品质表现：1995—1996年区域试验，原茎和纤维产量分别为6 888kg/hm²和985.6kg/hm²，分别比对照品种黑亚7号增产11%和34.5%。1997年生产试验原茎和纤维产量分别为4 857.5kg/hm²和696.2kg/hm²，分别比对照品种黑亚7号增产9.4%和34.3%。长麻率18.6%，纤维强度260.7N，可挠度50.2mm，分裂度445公支。

栽培要点：适于密植，播量比一般品种增加10%，适于种植于肥沃的平川和排水良好的二洼地。宜施三元复合肥。

33. 双亚7号

品种来源：黑龙江省亚麻原料工业研究所采用复合杂交（6409-669×Natasja）F_1×78-99经混合个体选择育成，2000年2月经黑龙江省农作物品种审定委员会审定推广。

特征特性：生育期74～75d，苗期叶、茎浅绿色，叶片较肥大。株高110.0cm，茎秆细、有弹性。蓝色花、伞形花序。蒴果5～10个，成熟时蒴果不开裂。种子褐色，千粒重4.5～5g。抗病性强，死苗率3%以下，抗立枯病、枯萎病和炭疽病，后期不感染白粉病。抗旱性强，严重干旱年份株高也能达到70～80cm。较抗倒伏，正常年份收获前0～0.8级倒伏。

产量和品质表现：1997—1998年区域试验原茎、长纤维和种子产量分别为5 831.5kg/hm²、664.3kg/hm²和493.1kg/hm²，比对照品种黑亚7号增产10.1%、23.1%和22.5%。1999年生产试验原茎、长纤维和种子产量分别为4 785.4kg/hm²、789.8kg/hm²和537.6kg/hm²，比对照品种黑亚7号增产8.7%、27.0%和34.4%。长麻率19%，比对照品种黑亚7号高4个百分点。纤维强度249.9N，纤维号20#。

栽培要点：适合平川地和排水良好的二洼地种植，每平方米有效播种粒数为2 000～2 100粒，适于早播。施复合肥200kg/hm²左右或磷酸二铵105kg/hm²、硫酸钾60kg/hm²。

34. 双亚8号

品种来源：黑龙江省亚麻原料工业研究所以3个国外品种为亲本杂交育成。2002年2月经黑龙江省农作物品种审定委员会审定推广。该品种为黑龙江省良种化工程招标项目"高纤维亚麻品种"中标品系。

特征特性：生育期72～73d，属早熟品种。苗期茎叶呈深绿色，蓝色花，花序短，株高80～100cm。蒴果5～7个，种子浅褐色光亮，椭圆形，千粒重4.0～4.5g。抗倒伏性强，收获前0～0.5级倒伏。抗病性强，抗立枯病、枯萎病和炭疽病。

产量和品质表现：区域试验原茎、纤维和种子产量分别为5 014.3kg/hm²、877.4kg/hm²和653.3kg/hm²，分别比对照品种Ariane增产10.5%、22.9%和11.3%。生产试验原茎、纤维和种子产量分别为5 270.0kg/hm²、914.9kg/hm²和586.8kg/hm²，分别比对照品种Ariane增产6.9%、12.95%和10.10%。长麻率21.1%，全麻率30%，强度275.4N。

栽培要点：喜水喜肥，特别适宜排水良好的二洼地、沿江地或具有湿润、半湿润的丘陵及山区小气候条件种植。田间播种密度为2 000粒/m²，施磷酸二铵100～150kg/hm²、硫酸钾80～100kg/hm²或三元复合肥200～250kg/hm²，苗期—花期前可喷施1～2次叶面肥或生长调节剂。

适宜区域：适于黑龙江的哈尔滨、绥化、黑河、齐齐哈尔、牡丹江、大庆等地推广种植。

35. 双亚9号

品种来源：黑龙江省亚麻原料工业研究所以黑亚3号×291杂交育成，2003年2月经黑龙江省农作物品种审定委员会登记推广。

特征特性：生育期76～78d，属中熟品种。苗期茎秆呈浅绿色、叶片肥大。株高100～110cm，茎秆粗细均匀，有弹性。花蓝色、伞形花序，蒴果5～7个。种子褐色，千粒重4.5～5.0g。抗旱性强，抗病性强，抗炭疽病、立枯病和枯萎病、不感染白粉病，抗倒伏性较强。

产量和品质表现：区域试验原茎、纤维和种子产量分别为6 298.0kg/hm²、986.8kg/hm²和743.5kg/hm²，分别比对照品种黑亚11号增产10.35%、21.65%和16.8%。生产试验原茎、纤维和种子产量分别为6 503.7kg/hm²、963.5kg/hm²和780.0kg/hm²，分别比对照品种黑亚11号增产11.9%、24.5%和7.6%。长麻率18.7%，比对照品种黑亚11号高1.6个百分点。纤维强度225.0N，纤维号20#。

栽培要点：每平方米有效播种粒数为2 000粒，适时早播。前茬以大豆、小麦和玉米为宜，施磷酸二铵100～120kg/hm²、钾肥75～100kg/hm²或三元复合肥180～220kg/hm²。苗高10～15cm进行化学除草，工艺成熟期及时收获。

适宜区域：适于哈尔滨、绥化、黑河、齐齐哈尔、牡丹江、大庆等地。

36. 双亚10号

品种来源：黑龙江省亚麻原料工业研究所以该所育成的优良号系85-1832与法国品种FR2杂交育成，2004年2月经黑龙江省农作物品种审定委员会登记推广。该品种为2002年黑龙江省良种化工程招标项目"高纤维亚麻品种"中标品系。

特征特性：生育期76d左右，属中熟品种。出苗期子叶有皱纹，苗期茎叶呈绿色，叶片细长。花蓝色，花序短。蒴果5个左右。种子浅褐色，一般种子一侧表面有凹痕，种子千粒重4.5～5.0g。抗病、抗旱和抗倒伏性较强。

产量和品质表现：2001—2002年区域试验原茎、长纤维和种子产量分别为6 068.7kg/hm²、975.1kg/hm²和741.9kg/hm²，分别比对照品种黑亚11号增产6.6%、24.5%和18.4%。2003年生产试验原茎、长纤维和种子产量分别为5 326.1kg/hm²、861.0kg/hm²和499.9kg/hm²，分别比对照品种黑亚11号增产8.5%、23.7%和10.9%。长麻率为20.6%，全麻率为29.9%，分别比对照品种黑亚11号高2.7个百分点和2.6个百分点。纤维强度262.0N，纤维号20#。

栽培要点：播种密度为每平方米有效播种粒数2 000粒，适期早播，机械条播，行距7.5cm。选择较肥沃的平川地或排水良好的二洼地，前茬以玉米、小麦和大豆为宜。施磷酸二铵90～120kg/hm²、硫酸钾50～70kg/hm²或三元复合肥180～220kg/hm²。苗高8～15cm进行化学除草，工艺成熟期收获。

适宜区域：适于黑龙江的哈尔滨、绥化、黑河、齐齐哈尔、牡丹江、大庆等地推广种植。

37. 双亚11号

品种来源：88-963×Y89-20经病圃鉴定和系谱选择育成。

特征特性：生育期74d，属中早熟品种。苗期长势繁茂，叶绿色。花蓝色，分枝短，花期集中。种子浅褐色，呈椭圆形，有光泽。成熟时茎秆为淡黄色。株高90～100cm，工艺长度80.0cm左右，分枝3～4个，蒴果5～7个，茎秆直立，有弹性，抗倒伏能力强。

产量和品质表现：原茎、长麻、全麻和种子产量分别是5 847.5kg/hm²、970.9kg/hm²、1 435.4kg/hm²和426.7kg/hm²。分别比对照品种黑亚11号增产12.1%、16.5%、15.9%和22.9%。长麻率20.7%，全麻率30.7%，纤维强度238.0N，可挠度30.5mm。萎蔫病发病率1.1%，炭疽病发病率0.8%，不感染锈病和白粉病。

栽培要点：适期播种，黑龙江省南部地区播期为4月25日至5月5日，北部地区播期为5月1—10日；用7.5cm条播或15cm重复播，每平方米有效播种粒数2 000粒；选择肥沃的平川地和排水良好的二洼地，前茬以小麦、大豆、玉米茬等为宜。施磷酸二铵40～60kg/hm²、硫酸钾30～50kg/hm²或施三元复合肥120kg/hm²，做到因地而异施肥；苗期进行化学除草，一般在苗高8～12cm进行，工艺成熟期及时收获。

适宜区域：适于黑龙江省哈尔滨、绥化、黑河、齐齐哈尔、牡丹江、大庆等地推广种植。

38. 双亚12号

品种来源：87-424×Viking经混合和系谱选择育成。

特征特性：生育期77～79d，属中熟品种。苗期长势繁茂，幼苗、茎叶均呈深绿色。花蓝色，分枝短，花期集中。株高110cm左右，工艺长度80.0cm左右，分枝较短，分枝数3～5个，蒴果5～7个，种子浅褐色，呈椭圆形，有光泽，千粒重4.5g以上。茎秆直立有弹性，抗倒伏能力强。成熟时茎秆为淡黄色。

产量和品质表现：原茎、长麻、全麻和种子产量分别为57.8kg/hm²、874.2kg/hm²、1 321.5kg/hm²和54.0kg/hm²。分别比对照品种黑亚11号增产8.79%、16.4%、10.3%和8.8%。长麻率19.6%，全麻率29.8%，纤维强度257.34 N，纤维号20#，萎蔫病发病率1.1%，炭疽病发病率0.9%，不感染锈病和白粉病。

栽培要点：适期播种，黑龙江省南部地区播期为4月25至5月5日，北部地区播期为5月1—10日。用7.5cm条播或15cm重复播，每平方米有效播种粒数2 000粒。选择肥沃的平川地和排水良好的二洼地，前茬以小麦、大豆、玉米茬等为宜。施磷酸二铵50～75kg/hm²。硫酸钾30～50kg/hm²或施三元复合肥100kg/hm²，做到因地而异施肥。苗期进行化学除草，一般在苗高8～12cm进行，工艺成熟期及时收获。

适宜区域：适于黑龙江省哈尔滨、绥化、黑河、齐齐哈尔、牡丹江、大庆等地推广种植。

39. 双亚13号

品种来源：黑龙江省科学院亚麻综合利用研究所1998年采用花药培养技术，以优良品系211为母本，法国高纤、抗倒、早熟品种Diane为父本的杂种F_2代花药为材料，通过花药培养获得单倍体植株，经染色体加倍获得纯合的二倍体植株。于2001年H_3代决选出亚麻新品系MH-2。2002—2003年参加黑龙江省农业科学院经济作物研究所内鉴定圃鉴定。2004年参加异地试验，2005—2006年参加全省区域试验，2007年进行生产试验，参试代号为MH-2。经黑龙江省农业科学院经济作物研究所内、异地、区域和生产试验表明，该品系高纤、优质、抗逆性强，并且综合农艺性状优良。2008年1月经黑龙江省农作物品种审定委员会登记命名推广。

特征特性：双亚13号生育期77d，属中熟品种，苗期生长势强，叶色浓绿，叶片宽大，抗旱性强，花蓝色，纯度好，花期集中，株高90cm左右，工艺长度70cm左右，茎秆直立，麻茎粗细均匀，抗倒伏能力强。分枝短，分枝数3~5个，蒴果6~8个，种子棕色，呈卵圆形，千粒重4.9g。

产量和品质表现：原茎、长麻、全麻和种子产量分别为5 776.4kg/hm²、947.2kg/hm²、1 363.7kg/hm²和621.4kg/hm²，分别比对照黑亚11号增产7.2%、21.0%、15.9%和9.5%。长麻率21.0%，全麻率30.3%，均比对照品种黑亚11号高2.4个百分点。立枯病发病率1.0%，炭疽病发病率0.4%，不感染锈病及白粉病。纤维强度258.17N。

栽培要点：根据当地气候条件适期播种，黑龙江省南部地区播期一般为4月25日至5月5日，北部地区为5月1—10日。7.5cm条播，每平方米有效播种粒数为2 000~2 200粒。选择较肥沃的平川地和排水良好的二洼地，前茬以玉米、小麦、大豆茬为宜。最好在整地的同时或播种前深施肥8~10cm，施磷酸二铵120~150kg/hm²、氯化钾75~105kg/hm²或三元复合肥150~225kg/hm²。苗高10cm左右进行化学除草，快速生长期至花期注意防虫，工艺成熟期收获。

适宜区域：适于黑龙江省哈尔滨、绥化、黑河、齐齐哈尔、牡丹江、大庆等地区种植。

40. 双亚14号

品种来源：黑龙江省科学院亚麻综合利用研究所以Hermes为轮回亲本，以双亚3号为非轮回亲本经回交选择育成。

特征特性：生育期75d，属中熟品系。苗期长势繁茂，幼苗、茎叶均呈深绿色，株高82.1cm，工艺长度71cm左右，茎秆直立，有弹性，抗倒伏能力强。花蓝色，花期集中。分枝较短，分枝数4~7个，蒴果数为6~9个，种子浅褐色，有光泽，呈椭圆形，千粒重4.7g左右。

产量和品质表现：原茎、长麻、全麻和种子平均产量分别为5 338.4kg/hm²、849.4kghm²、1 263.6kg/hm²和564.1kg/hm²，分别比对照品种黑亚11号增产12.2%、20.3%、18.4%和16.8%。纤维强度262.2N，纤维号22#。立枯病发病率0.9%，枯萎病发病率0.5%，未发现炭疽病和白粉病等其他病害。

栽培要点：适期播种，黑龙江省南部地区播期为4月25日至5月5日，北部地区播期为5月1—10日。用7.5cm条播或15cm重复播。每平方米有效播种粒数2 000~2 100粒。

采用深施肥方法，施肥深度8cm左右，结合播种一次完成。施磷酸二铵50～75kg/hm²、硫酸钾30～50kg/hm²、硫酸锌15kg/hm²或施三元复合肥150kg/hm²，施肥做到因地而异。苗期进行化学除草，一般在苗高8～12cm进行，工艺成熟期及时收获。

适宜区域：适于黑龙江省第1～5积温带种植，生育期75d左右，需≥10℃活动积温1 800℃左右。

41. 双亚15号

品种来源：黑龙江省科学院大庆分院以87-424为母本，比引7号为父本，杂交方法选育而成。

特征特性：生育期74～78d，属中熟品种。长势繁茂，株高80～100cm。花蓝色，花期集中。单株分枝数3～4个，蒴果数7～8个，种子褐色、椭圆形，千粒重4.0～4.5g。抗倒伏性较强，抗旱和耐盐碱性较强。立枯病发病率为0.9%，枯萎病发病率为0.7%。长麻率为19.2%，全麻率为29.2%，分别比对照品种黑亚11号高1.2个和0.6个百分点。纤维强度262N。

产量表现：2008—2009年区域试验平均原茎、长纤维和种子产量分别为5 189.4kg/hm²、821.4kg/hm²和652.7kg/hm²，分别较对照品种黑亚11号增产11.8%、18.6%和13.0%；2010年生产试验平均原茎、长纤维和种子产量分别为5 593.5kg/hm²、901.1kg/hm²和634.9kg/hm²，分别较对照品种黑亚11号增产11.3%、18.3%和9.5%。

栽培要点：适期播种，黑龙江省南部地区播期为4月25日至5月5日，北部地区播期为5月1—10日。7.5cm行距机械播种，每平方米有效播种粒数2 000粒。采用深施肥方法，施肥深度8cm左右，结合播种一次完成。施磷酸二铵75～150kg/hm²、硫酸钾45～60kg/hm²或施三元复合肥150～200kg/hm²，苗期进行化学除草，一般在苗高8～12cm、杂草3～4叶期进行。工艺成熟期及时收获。

适宜区域：适于黑龙江省哈尔滨、绥化、大庆、齐齐哈尔、黑河、牡丹江等地推广种植。

42. 尾亚1号

品种来源：黑龙江都倍加亚麻育种有限公司以荷兰都倍加种子公司育成的优质、高产、抗病性强亚麻品种Elise（伊利斯）为母本，以高纤、抗倒伏能力强、早熟的法国品种Evelin（伊美琳）为父本进行杂交，通过系谱法和抗病鉴定选择育成。

特征特性：苗期生长繁茂，茎绿色，叶片深绿色，花蓝色，花序短而集中，分枝短，分枝数3～6个，蒴果数5～8个，株型紧凑。株高100.6cm，工艺长度86.0cm，茎秆直立。整齐度好，成熟时茎秆为淡黄色。适应性强，抗涝抗倒伏性强。长麻率19.8%，比对照品种黑亚11号高1.5个百分点。立枯病发病率1.1%，枯萎病发病率0.8%，无其他检疫性病害。

产量和品质表现：区域试验原茎、长麻、全麻和种子产量分别为5 388.9kg/hm²、851.6kg/hm²、1 290.9kg/hm²和544.7kg/hm²，分别比对照品种黑亚11号增产8.0%、18.2%、17.4%和9.1%。生产试验原茎、长麻、全麻和种子平均产量分别为5 050.9kg/hm²、1 284.1kg/hm²、835.4kg/hm²和665.2kg/hm²，分别比对照品种黑亚11号增产8.6%、17.6%、17.9%和15.7%。长麻率19.8%，比对照品种黑亚11号高1.5个百分点，全麻率30.4%，比对照品种黑亚11号高2.1个百分点。纤维强度261N。

栽培要点：适期播种，黑龙江省南部地区播期为4月25日至5月5日，北部地区播期为5月1—10日，7.5cm或15cm条播，每平方米有效播种粒数1 800～2 000粒。施肥深度8cm左右，结合播种一次完成。施磷酸二铵40～50kg/hm²、硫酸钾30～40kg/hm²或施用三元复合肥150～180kg/hm²，施肥做到因地而异或测土施肥。苗高5～10cm时进行化学除草，工艺成熟期及时收获。选择伏翻地或秋整地，基肥播前深施5～8cm土壤中，播后及时镇压。

适宜区域：适于黑龙江省亚麻产区推广种植。在适应区，出苗至工艺成熟生长日数74d左右，需≥10℃活动积温1 500℃左右。

43. 尾亚2号

品种来源：黑龙江都倍加亚麻育种有限公司以POP E 235母本，Hermes为父本，经系谱法和抗病鉴定选择育成。

特征特性：幼苗长势强，茎绿色，叶片深绿色，花蓝色，花序短而集中，分枝短，株型紧凑，种皮褐色，千粒重4.7g。

产量和品质表现：2008—2009年两年区域试验原茎、全麻、长麻和种子量分别达到4 962.2kg/hm²、1 203.5kg/hm²、790.2kg/hm²和655.6kg/hm²，分别比对照黑亚11号高7.4%、12.2%、13.5%和14.8%。2010年生产试验原茎、全麻、长麻和种子量分别达到5 317.2kg/hm²、1 392.9kg/hm²、878.1kg/hm²和644.2kg/hm²，分别比对照黑亚11号高6.4%、14.4%、16.1%和10.8%。纤维强度平均258.6N。立枯病发病率1.2%，枯萎病发病率0.9%，未发现其他检疫性病害。

栽培要点：适期播种，黑龙江省南部地区播期为4月25日至5月5日，北部地区播期为5月1—10日。采用7.5cm或15cm条播，每平方米有效播种粒数1 800～2 000粒。播前深施肥8cm左右或结合播种一次完成。施磷酸二铵40～50kg/hm²、硫酸钾30～40kg，施肥做到因地而异。苗高5～10cm时进行化学除草，工艺成熟期及时收获。

适宜区域：适于哈尔滨、绥化、黑河、齐齐哈尔、牡丹江、大庆等地推广种植，出苗至工艺成熟生长日数需72d左右，需≥10℃，活动积温1 500℃左右。

44. 内纤亚1号

品种来源：内纤亚1号是内蒙古农牧业科学院马铃薯小作物研究所利用从黑龙江省农业科学院经济作物研究所引进的亚麻新品系"86-7"通过系统育种方法选育而。1993—1996年参加全区区试和生产示范，区域试验以黑亚6号为对照，黑亚3号为参考对照，参试点4个，1997年由内蒙古自治区品种审定委员会通过审定命名推广。

特征特性：产量高、品质好，抗性强，适应性广。在抗寒、抗旱、抗立枯病、抗炭疽病和抗倒伏等方面显著优于对照品种黑亚6号和其他品种。平均发病率和倒伏性比对照品种黑亚6号减少0.06%和0.04%。苗期长势壮，落叶深绿，表面有蜡被，叶片狭长上举，植株整齐、抗倒、抗病，喜水肥。株高100cm左右，工艺长度85～90cm，花蓝色，中等大小呈漏斗形，茎秆直立挺拔。分枝数4个，单株蒴果数6～8个，种皮褐色，表面光泽，千粒重5.0～5.2g，生育期80～89d，属中晚熟品种。

产量和品质表现：1993—1996年全区区域试验结果，两年中8个点次内纤亚1号全部比对照品种黑亚6号增产，增产极显著的点3个，显著的5个。原茎产量7 867.5kg/hm²，种子产量954.0kg/hm²，长麻产量1 267.5kg/hm²，3项指标分别比对照增产20.8%、16.5%、22.6%。1994—1996年在区内外进行了10个点次共16.67hm²的生产试验示范，平均原茎产量7 200.0kg/hm²、纤维产量1 231.5kg/hm²、种子产量988.5kg/hm²，分别比对照品种黑亚6号增产20.1%、15.4%、7.6%。平均长麻率18.5%、纤维号15.6#、纤维强度336.1N，分裂度376.5公支。

栽培要点：种子精选后用3‰的利克菌拌种，选中等地块，实行5年轮作。适时播种，采用机播，行距10～15cm，播深3～5cm，播量120kg/hm²。科学配方施肥，施有机肥15 000～22 500kg，种肥磷酸二铵75～120kg/hm²，追尿素150～225kg/hm²。合理使用二甲四氯、精稳杀得、乐果、敌杀死等灭草灭虫，黄熟期及时收获。

45. 内纤亚2号

品种来源：内蒙古农牧业科学院马铃薯小作物研究所育成。

特征特性：株高110.0～123.0cm，工艺长度95.0～108.0cm，分枝3～5个，蒴果8～12个，花蓝色，籽粒褐色，千粒重5.0g左右，生育期80～85d，原茎产量6 000～7 500kg/hm²，纤维产量1 125～1 275kg/hm²，种子产量825～975kg/hm²，长麻率18.58%，纤维强度267.54N，种子含油率42.1%，生长整齐，成熟一致，抗倒伏，高抗枯萎病。

46. 天亚5号

品种来源："天亚5号"系甘肃省兰州农校选育而成。经全国农作物品种审定委员会审定通过。杂交亲本为（天亚2号×德国1号）×天亚3号，原品系代号7669。1989年甘肃省审定，1990年1月经山西省农作物品种审定委员会认定。

特征特性：该品种属纤籽兼用类型，高抗萎蔫病，抗寒，耐旱，含油率38.8%。株高60.4cm，工艺长度42.6cm，主茎有分枝4.9个，株型紧凑，花蓝色，单株有蒴果13.4个，千粒重7.6g，种子褐色，全生育期90d左右。

适宜区域：适于甘肃、河北、山西等地胡麻主产区种植。

47. 天亚7号

品种来源：甘肃省兰州农校育成。1986年以（陇亚7号×南24）F$_1$为母本，以天亚5号为父本，进行复交。1987年种植复交F$_1$并首次选择单株，后经1988—1989年连续两年的单株选择，选出了86-124-1-1品系。1997年经甘肃省农作物品种审定委员会审定推广。

特征特性：生育期104d，株高70.1cm，工艺长度50.9cm，分枝6.7个，蒴果16个，千粒重6.5～7.5g，含油率41.9%。亚油酸含量达14.2%，高抗枯萎病和白粉病，抗旱耐瘠薄能力强。

48. 陇亚7号

品种来源：由甘肃省农业科学院经济作物研究所育成。杂交亲本为74-6×陇亚5号。1988年经甘肃省农作物品种审定委员会审定，1990年又经山西省农作物品种审定委员会认定，1992年顺利通过全国农作物品种审定委员会审定。品种登记号：GS07001—1991。

特征特性：属纤籽兼用型亚麻品种。生育期84～114d，幼苗深绿色，苗期生长缓慢，后期长势旺，株高75cm，工艺长度45～50cm，有效分枝长，株型较松散，似扫帚形。花蓝色，种子褐色，蒴果适中，果皮厚，单株结果11～25个，果粒数5.8～7.3粒，千粒重7.3～7.9g。成熟一致，蒴果不开裂。高抗亚麻萎蔫病，阴湿多雨地区轻感白粉病。含油率41.1%，脂肪酸中油酸含量26.31%，亚油酸15.98%，亚麻酸45.92%。

产量和品质表现：1987—1989年参加华北、西北胡麻联合区试，平均籽粒单产2 301.0kg/hm^2，比对照天亚2号增产18.7%，差异显著。甘肃白银市1990年推广5 000hm^2。

栽培要点：山旱地3月中旬播种，川水地3月中下旬前播种。播量52.5～60.0kg/hm^2，保苗375万～525万株/hm^2。适合中水肥管理，N：P控制在（1.5～2）：1。及时防治地老虎、黑绒金龟子和蚜虫，成熟后及时收获。

适宜区域：适于中国华北、西北胡麻主产区，特别是胡麻萎蔫病重发区种植。建议在甘肃、山西、河北和内蒙古等地推广。

49. 陇亚9号

品种来源：甘肃省农业科学院经济作物研究所选育。

特征特性：生育期97～104d，株高60cm，工艺长度30cm，分枝3～5个，蒴果

14～21个，千粒重6.0～8.0d，含油率41.39%，高抗亚麻枯萎病，兼抗白粉病，抗倒伏，耐肥水。

栽培要点：适宜水肥条件较好的川水地种植，也适宜与玉米、大豆、甜菜、葵花等晚熟作物间作套种。

50. 宁亚15号

品种来源：宁夏固原市农业科学研究所育成。

特征特性：生育期为92～121d，株高65.4cm，工艺长度50.0cm，单分枝4～5个，蒴果10个，果粒数6.7粒，千粒重7.4～8.5g，耐旱、高抗亚麻枯萎病，丰产性好，适应性较广。

栽培要点：半干旱区3月25日至4月10日抢墒播种，阴湿区在4月20日左右播种。旱地播量50kg/hm²，保苗300万～375万株/hm²；水地播量75kg/hm²，保苗450万～500万株/hm²。

51. 宁亚16号

品种来源：宁夏固原市农业科学研究所育成。

特征特性：生育期为95～98d，株高55.1cm，工艺长度41.2cm，分枝7.0个，蒴果8～9个，果粒数7.9粒，千粒重8.0g。丰产性好，适应性广，抗枯萎病。与玉米、甜菜等套种具有较高的产量水平和经济效益。

栽培要点：半干旱区3月25日至4月10日抢墒播种，阴湿区在4月20日左右。旱地播量50kg/hm²，保苗300万～375万株/hm²；水地播量75kg/hm²，保苗450万～500万株/hm²。在出苗30～40d时要及时灌好头水。

52. 轮选一号

品种来源：内蒙古农牧业科学院育成。

特征特性：生育期95～110d，株高50～70cm，工艺长度38～47cm，分枝3～5个，蒴果15～21个，千粒重6.5g左右，含油率42.8%，抗旱、抗倒伏，活秆成熟，高抗枯萎病。

栽培要点：旱地播量45～50kg/hm²，水地播量60～75kg/hm²。在水地种植第一水要早浇，一般要掌握在枞形期到快速生长期之间。

53. 内亚五号

品种来源：内蒙古农牧业科学院育成。

特征特性：生育期103～110d，株高61cm，工艺长度44.3cm，分枝3～5个，蒴果17.2个，千粒重7.5g，含油率43.57%。高抗枯萎病，抗旱性强。

栽培要点：播期为4月中旬至5月，播量50～65kg/hm²。后期要控水，防止贪青晚熟。

54. 坝亚六号

品种来源：河北省张家口市坝上农业科学研究所1986年以坝亚二号为母本、7669为父本杂交育成。1998年经河北省农作物品种审定委员会审定推广。

特征特性：生育期95～117d，株高68～82.1cm，工艺长度43～62.5cm，分枝3～5个，蒴果10～18个，千粒重6.8～7.9g。高抗亚麻枯萎病，适应性广、抗旱、耐瘠薄，抗倒伏。

55. 坝亚七号

品种来源：河北省张家口市坝上农业科学研究所1986年以加拿大品种红木65为母本，以78-10-16为父本杂交育成。2000年经河北省农作物品种审定委员会审定推广。

特征特性：生育期92～100d，株高53.85～59.08cm，工艺长度34.47～39.39cm，分枝4～6个，单株果数13～19个，千粒重6.05～6.41g，含油量39.87%。高抗亚麻枯萎病。

56. 定亚22号

品种来源：甘肃省定西市旱作农业科研推广中心油料试验站选育。

特征特性：生育期94～115d。株高52.6cm，工艺长度29.0～41.1cm，主茎分枝4～6个，蒴果13～20个，果粒数7.6～8.5粒，千粒重7.0～7.5g，含油率41.0%，抗旱性强，抗倒伏，高抗枯萎病，丰产，稳产。

57. 晋亚八号

品种来源：山西省农业科学院高寒区作物研究所以793-4-1作母本，以加拿大品种红木65作父本杂交育成，原代号8796-7-6。1998年4月由山西省农作物品种审定委员会审定推广。

特征特性：生育期100d左右，株高68cm，工艺长度50cm左右，分枝3～4个，蒴果15～20个，千粒重6.5g左右，含油率达40.8%，高抗枯萎病，抗倒伏，抗白粉病，有较广泛的适应性。

58. 伊亚三号

品种来源：新疆维吾尔自治区伊犁州农业科学研究所育成。

特征特性：生育期100～110d，株高66.5cm，工艺长度42.1cm，分枝4～5个，蒴果14～15个，千粒重7.2g，含油率42.2%，高抗亚麻枯萎病、立枯病和炭疽病，耐肥水，抗倒伏，苗期可耐-3℃低温，有较强抗旱性，适应性很强。

59. 中亚麻1号

品种来源：中国农业科学院麻类研究所采用诱变育种技术育成。2006年通过湖南省农作物品种审定委员会现场评议并登记推广。

特征特性：幼苗深绿色，苗期生长势强，叶片较小而上举，一般年份株高

90~100cm，工艺长度74~82cm，分枝4~5个，蒴果4~10个。花蓝色，花序短而集中。蒴果黄色，不开裂。种子褐色有光泽，千粒重4.5~4.7g。在南方冬季栽培条件下生育期171~192d，属于中早熟品种。长麻率为19.0%，高于对照品种阿里安1.6%。纤维强度268N，分裂度395公支。茎秆直立，木质部发达，3年区域试验及生产试验倒伏均1.5级，抗倒伏能力较强。

产量和品质表现：经过2003—2005年的两轮区域试验及一轮生产示范，中亚麻1号都表现了较好的增产潜力，其原茎产量为7 961kg/hm²，比对照品种阿里安增产0.5%；纤维产量为1 250kg/hm²，比对照品种阿里安增产14.9%；种子产量为739kg/hm²，比对照品种阿里安增产18.2%。抗倒伏性优于对照品种阿里安。

60. 吉亚1号

品种来源：吉林省甜菜糖业研究所从黑亚3号的自然杂交变异后代中经系统分离选择培育而成。于1996年通过了吉林省农作物品种审定委员会审定推广。

特征特性：幼苗呈深绿色，生长繁茂，叶片长尖，花为深蓝色。生育期80~83d，属于中晚熟品种。具有抗旱、耐盐碱、抗病和抗倒伏等抗逆性强的特点。在土壤pH值8.5左右、水肥中等的条件下种植，原茎产量平均为5 662.8kg/hm²，出麻率为18.74%，比对照品种黑亚3号提高17.17%，种子产量350~400kg/hm²。

（三）引进的国外亚麻品种

1. Argos（高斯）

品种来源：黑龙江省农业科学院经济作物研究所于1993与法国芳登—凯妮亚麻合作集团签订了亚麻科技合作协议，引进了亚麻品种高斯（原名：Argos；全省区域试验统一编号：95-1），经过多年试验后于1999年2月8日通过黑龙江省农作物品种审定委员会审定通过，准予推广。

特征特性：幼苗深绿色，苗期生长势强，叶片小而上举，一般年份株高90cm左右。花蓝色，花期短而集中。蒴果黄色，不开裂。种子褐色有光泽，千粒重4.5~5.0g。熟期75d左右，属中熟品种。茎秆直立，木质部发达，3年区域试验及生产试验倒伏均为0级，抗倒伏能力强。田间调查立枯病发病率2.2%，炭疽病的发病率仅1.4%，高抗立枯病及炭疽病，属高抗品种。

产量和品质表现：该品种原茎产量5 141.3kg/hm²，纤维723.9kg/hm²，种子540.6kg/hm²，原茎产量与对照品种黑亚7号相仿，但纤维产量和种子产量分别比对照品种黑亚7号增产14.3%和21.7%。纤维强度265.7N，比对照品种黑亚7号高96.9N。纤维、种子两项指标同步增产10%以上，而且纤维强度比对照品种黑亚7号高57.4%，属于高纤优质品种。

栽培要点：前茬以杂草基数少，有机质含量高，土壤肥沃的小麦、玉米、大豆茬为宜。小麦、玉米茬伏翻、秋翻后整平耙细，达到播种状态；大豆茬以春季耙茬播种为好，采取边耙边压边播种连续作业的方法。适宜的播期为4月下旬至5月上旬，每平方米有效播种粒数1 800～2 200粒，播种110kg/hm²，施用三元复合肥200kg，播种前深施8～10cm。苗高5～10cm时进行化学除草或人工除草，工艺成熟期收获，妥善保管，防止霉烂损失。该品种熟期早，而且成熟快，所以要注意适时收获。

适宜区域：适于黑龙江省的哈尔滨、绥化、齐齐哈尔、佳木斯、黑河等地及云南、新疆、湖南、浙江等地种植。

2. Diane（戴安娜）

品种来源：法国品种Terre de Lin公司育成，在国外推广的亚麻品种中其原茎产量高、可纺性好。在中国试种4年表现优异，2002开始大量引进推广。

特征特性：植株浓绿、生长健壮、生长势强。株型紧凑、分枝短。秆强、抗倒伏能力强，抗病性强。一般年份株高78～90cm，在黑龙江省生育期72d左右，株高93.1cm，工艺长度78.3cm。

产量和品质表现：全麻率28.9%，长麻率17.5%，原茎产量5 113.5kg/hm²，全麻产量1 250.2kg/hm²，长麻产量757.0kg/hm²，种子产量651.3kg/hm²。纤维强度258N。

栽培要点：4月27日至5月5日播种，施磷酸二铵150kg/hm²，硫酸钾52.2kg/hm²，播量120kg/hm²，保苗1 700万株/hm²。人工及化学除草并举，工艺成熟期收获。

适宜区域：适于黑龙江省的哈尔滨、绥化、齐齐哈尔、佳木斯、黑河等地区及云南、新疆、湖南、浙江等地种植。

3. Ariane（阿里安）

品种来源：法国1962年育成，1978年登记，是中国首个大面积种植的国外品种。

特征特性：植株浓绿、生长健壮、生长势强。株型紧凑分枝短。秆强、抗倒伏能力强、抗病性强。抗旱能力弱，不抗白粉病。一般年份株高78.8cm。黑龙江省1994年开始引进，生育期62～66d，株高88.6cm，工艺长度77.8cm。

产量和品质表现：全麻率27.8%，长麻率17.4%，原茎产量4 780.0kg/hm²，全麻产量1 129.5kg/hm²，长麻产量707.0kg/hm²，种子产量662.0kg/hm²。纤维强度264N。

适宜区域：适于黑龙江省气候湿润，低洼地，江滩河套地区及云南、新疆、湖南、浙江等地种植。

4. Jikta（捷克塔）

品种来源：2000年从捷克引进，属早熟品种，是中国目前市场上应用的熟期最短的国外亚麻品种之一。

特征特性：该品种植株浓绿、生长健壮、生长势强。株型紧凑，分枝短。秆强、抗倒伏能力强，抗病性强。一般年份株高78.8cm，工艺长度65.8cm，在黑龙江省生育期60～65d。

产量和品质表现：全麻率28.2%，长麻率16.8%，原茎产量4 220.0kg/hm²，全麻产量1 035.5kg/hm²，长麻产量644.1kg/hm²，种子产量548.0kg/hm²。纤维强度265N。

适宜区域：适于黑龙江省北部高纬度地区及中国冬季亚麻生产地区种植。

5. Fany（范妮）

品种来源：法国。

特征特性：生长势强，株型紧凑，分枝小。抗倒伏性强，抗旱、抗病性中等。一般年份株高76.62cm，工艺长度为59.5cm，生育期63～68d。

产量和品质表现：原茎产量3 417.2kg/hm²，纤维产量706.1kg/hm²，种子产量757.8kg/hm²，全麻率34.2%，纤维强度216.8N。

适宜区域：适于黑龙江省北部气候湿润、低洼地地区及云南、新疆、湖南、浙江等冬麻、水灌条件好的地区种植。

6. Agatha（阿卡塔）

品种来源：荷兰注册品种，2002年黑龙江省开始大面积引种推广。

特征特性：苗期茎叶浓绿、生长势强。株型紧凑、分枝短而少、秆强、抗倒伏能力强，抗病性强。最适宜冷凉潮湿的气候，适宜偏酸性的土壤（pH值6.0～7.0）种植。株高90.4cm，工艺长度78.2cm，在黑龙江省生育期74d。

产量和品质表现：全麻率30.9%，长麻率19.3%，原茎产量5 555.5kg/hm²，全麻产量1 374.6kg/hm²，长麻产量896.1kg/hm²，种子产量563.0kg/hm²。纤维强度256N。

适宜区域：适于黑龙江省气候湿润、低洼地，江滩河套地区及云南、新疆、湖南、浙江等地。

七、中国亚麻育种技术发展与思考

中国亚麻育种工作已取得飞速发展，尤其是生物技术育种取得了一定的成绩，选育出很多性状优良的品种，为今后亚麻育种的发展打下良好基础，但今后亚麻育种工作在以下方面还需要加强。

（一）加强种质资源的创新和优异资源引进利用

中国现有亚麻种质资源虽然很丰富，但用于纤维亚麻育种中的配合力好、某些性状或单一性状突出的材料不多，并且国内资源中多为育成品种（系）或育种中间材料，这些材料都属近缘，杂种优势不突出，因此今后研究过程中加强资源引进和交流的同时，还要利用远缘杂交、诱变技术、生物技术等手段不断加强种质创新和特异资源的利用。

（二）改善品种结构

国内育成的品种多为中熟和中晚熟类型，这些品种往往在抗病、丰产等农艺性状方面表现突出，而出麻率和纤维品质与国外品种相比还存在一定差距。尤其是近年来纤维用亚麻的种植区域不断扩大，种植面积最大的黑龙江省北部地区，种植模式也在改变，以大面积机械化作业为主。目前黑龙江北部以及新疆伊犁、新源等地亚麻产区国外品种占有很大比例，而国外品种的抗旱性和丰产性及抗病性较差。生产上急需早熟、高纤、综合抗性强的品种。另外针对云南、湖南等南方冬闲地、景观地面积不断扩大形势，还应注重培育一些适宜南方冬季种植的纤籽赏亚麻品种。

（三）加强亚麻生物技术育种的研究

目前亚麻学科生物育种技术水平不高，所以要进一步加强基础理论研究，改进和完善组织培养技术，建立高效培养体系，使其更具有实用性和可操作性。将生物技术与常规育种相结合，充分发挥生物技术的优势，创新种质资源，缩短育种年限，加速新品种的审定推广。

（四）加强品种的纯化整理

育成的亚麻品种经常出现整齐度和稳定性差，使用周期短的现象。一个原因可能是杂交育种的决选世代过早，性状分离造成的。国外育种过程中一般F_{10}代才决选，而中国通常在F_5或F_6代就开始决选，此时有些性状尚未稳定。第二个原因可能由于育种及种子繁殖过程中生物学混杂和机械混杂造成的。现在各育种单位的试验区都是集中种植，选种田每年种上千份材料，亚麻虽是自花授粉作物，但也存在1%～2%的天然杂交率，混杂是难免的，再加上播种、收获、运输、晾晒、脱粒等过程稍不注意就会发生混杂，所以往往决选出来的品系本身就是混杂的。由此看来，育种单位在加速新品种选育的同时，适当推迟品系的决选世代，加强纯化整理，增强种子繁殖过程中的防杂保纯意识，才能选育出纯和稳定的优良品种，延长品种的使用寿命。

（五）克服盲目引种

为满足生产的需要引进国外品种或国内异地引种，必须经过试验鉴定，确定其稳定性、适应性和丰产性后才可推广应用，切不可盲目引进种植。还应加强引种的检疫工作，防止检疫性病虫草的传播及外来物种的侵入。

第三章

多胚亚麻

第一节　植物多胚研究进展

一、植物多胚

多胚早在1719年被Leeuwenhok在柑橘属（*Citrus*）植物种子形态学的观察中发现以来，至今在许多植物（包括水稻、玉米、高粱、亚麻、咖啡等大多种类的作物）中被观察到。因此科学家们开始了各种作物的多胚起源、遗传、利用等研究工作。经过200余年的观察和总结，明确了多胚的形成原因包括无融合生殖、受精卵分裂、多胚囊产生。黄群策等（1998）根据各不同作物多胚研究结果也总结了多胚的胚胎学机制和发生机理，将多胚划分为真多胚（裂生多胚、助细胞成胚、反足细胞成胚、多卵卵器成胚）、假多胚和不定胚。多胚的发生受基因和环境效应调控。目前在水稻上，有关多胚发生与遗传的报道较多，水稻HDAR多胚起源于反足细胞成胚，水稻AP Ⅲ多胚、SB-1品系多胚起源于未受精助细胞，SB-1品系二倍性多胚起源于多卵卵器。对水稻多胚苗材料遗传学研究表明，AP Ⅰ ~ AP Ⅳ材料双胚苗性状表现主要受两对隐性基因控制，C1001水稻品系的多胚苗特性受微效多基因控制，易受温、光等环境因素的影响。水稻品系SB-1的多胚苗性状是受相应基因控制的显性性状。由此可见，即使同种作物多胚起源及遗传差异也是相当大的，这样给利用也带来了难度。在亚麻上，关于胚胎学研究国内只在李桂琴、桂明珠的研究中涉及，但却未提及多胚亚麻；Maheshwari在1963讨论了亚麻属（*Linum*）植物的 n ~ $2n$ 多胚苗中单倍性苗起源于多卵卵器。据Secor推测，在亚麻（*Linum usitatissimum*） n ~ $2n$ 双胚苗品系RA91中的单倍性苗很可能来源于胚囊内多余的类卵细胞所产生的胚，n的单倍体多胚苗应来源于亚麻的无融合生殖，产生n苗的多胚亚麻应具有无融合生殖特性。此外未见其他亚麻多胚起源的报道。有关多胚亚麻的遗传学研究也只停留在20世纪70年代的杂交试验结果上，当利用不同品系进行相互杂交时，在其杂交后代群体中可以寻找到具有多胚和多胚苗特性的个体。进一步的研究结果表明，亚麻所表现的多胚和多胚苗特性起因于特定基因重组，多胚性状受一系列复等位基因控制，具有隐性性状的遗传特征。有关多胚亚麻的利用，在近代只集中在单倍体多胚苗研究和利用，20世纪80年代末90年代初Poliakov利用多胚亚麻进行单倍体育种技术，90年代以来国内刘燕也提出利用多胚亚麻进行单倍体育种，康庆华等利用多胚亚麻单倍体苗实现了基因转化研究，其目的只为获得抗性纯种或中间育种材料。由于亚麻不同类型的多胚起源还未能明确，亚麻二倍体多胚苗利用还未见报道，利用其无融合生殖特性固定杂种优势仍处于探索阶段，其实用价值还有待通过现代技术手段从多胚起源和遗传上进行探索。

二、多胚与无融合生殖

近50年来，杂种优势的充分利用对全球主要农作物增产发挥了重要作用，通过无融合生殖途径来固定作物杂种优势的探索性研究得到广大学者的关注。无融合生殖是指不经过精卵融合即可繁殖后代的一种生殖方式，是以无性生殖的方式产生种子的过程。无融合生殖具有固定杂种优势、加速育种进程、积累优良基因的优势，因此在农业生产及遗传育种上具有重要的意义和潜力。尽管目前已在被子植物52个科的400多种植物中发现了无融合生殖植物，但作物中普遍缺乏无融合生殖特性。自然界中植物无融合生殖常伴随着有性生殖发生，在一定条件下，即使专性无融合生殖后代中也偶尔出现有性生殖后代，兼性无融合生殖体的有性胚与无性胚的比率也会受到外界环境因素如光周期、温度、无机盐以及营养水平的影响。此种兼性无融合生殖大多表现为多胚。开展利用多胚种质获得无融合生殖种子的研究工作，即获得由无融合生殖产生的种子，可以简化育种中长期艰难的选择过程。

（一）植物无融合生殖的种类和表现形式

植物无融合生殖是与有性生殖、无性生殖并存于世上的三大生殖方式之一，是指不经过雌雄配子融合而产生种子的一种特殊的生殖方式。人类对生物无融合生殖方式的认识虽然可以追溯到1745年首先在蚜虫中发现周期性孤雌生殖现象，但孤雌生殖在植物上最早是由John Smith于1841年在山麻杆属中的椴叶山麻杆（*Alchornea tiliifolia*）中发现的。直至1908年，Winkler将有性生殖生物中其生殖并不伴随着受精过程而产生的个体才定义为无融合生殖体（Apomictic）。在随后的100多年，科学家们从分类、遗传进化、胚胎发育、形态发生、生理生化和育种、基因克隆等方面对它进行了大量的研究，根据研究方向的不同进行不同的分类。

根据无融合生殖的表现形式分单倍体无融合生殖和多倍体无融合生殖两种，黄群策在1997年发表文章认为前者经过减数分裂，产生的配子直接发育成种胚，其遗传上与母体植株可能具有异质性；后者产生的种胚没有经过减数分裂，也没经过受精作用，遗传上与母体植株完全一致，在育种上具有相当的实用价值。实际上这两种无融合生殖的利用对提高亚麻育种效率都具有同样重要的意义。

按无融合生殖发生的完全程度也可将其划分为专性无融合生殖和兼性无融合生殖两种，专性无融合生殖无须经过受精自主发育，子代不发生性状分离，如非洲狼尾草（*Pennisetum squamulatum*）、披碱草（*Elymus rectisetus*）、金冠毛茛（*Ranunculus auricomus*）、巴哈雀稗（*Paspalum notatum*）、绿毛蒺藜草（*Cenchrus ciliaris*）等，后者以某种频率发生有性生殖和无融合生殖，如水蔗草（*Apluda mutica*）、早熟禾属（*Poa*）和狼尾草属（*Pennisetum*）中的一些植物。在植物中，大多数进行兼性无融合生殖，只有少数植物进行专性无融合生殖，二者无明显界限，极可能受环境影响而改变。

根据无性幼胚起源细胞发生的部位和幼胚的发育方式，马三梅等（2002）又将植物的无融合生殖分为如下类型：（1）无配子生殖，由助细胞或反足细胞直接发育为个体的生殖方式；（2）半融合生殖，是指精子进入卵细胞，但并不与卵细胞融合，后来由卵细胞和精子独自分裂，形成嵌合体胚；（3）不定胚生殖，是由珠心或珠被细胞直接发育成胚，一般与有性共存表现出多胚现象；（4）单性生殖，包括孤雌生殖和孤雄生殖，孤雌生殖是由卵细胞不经过受精而直接发育为个体的生殖方式；孤雄生殖是指精卵细胞发生细胞质融合后，没有进行核融合，后来卵核消失，精核发育成胚；（5）配子体生殖，包括无孢子生殖和二倍体孢子生殖，无孢子生殖是由珠心体细胞直接发育成胚囊后，由未减数卵细胞发育成胚；二倍体孢子生殖是大孢子母细胞减数分裂受阻形成的，而后由未减数胚囊发育形成胚。科学家们认为固定杂种优势要以无孢子生殖和二倍体孢子生殖方式最为实用。

王志伟等在2004年报道，根据胚囊结构，又将配子体生殖分为9种方式：韭型（Allium odorum type）、蒲公英型（Taraxacum type）、苦荬菜型（Xeris type）、艾纳香型（Blumea type）、披碱草型（Elymus type）、蝶须型（Antennaria type）、山柳菊型（Hieracium type）、画眉草型（Eragrostis type）及黍型（Panicum type），此种发育方式的胚囊中胚和胚乳至少有5种发育途径，且各种不同类型还可能在一个个体植株共存。

黄群策1999年报道在禾本科中已经鉴定出42个属166个物种具有无孢子生殖或二倍体孢子生殖特性。经黑龙江省农业科学院经济作物研究所亚麻育种课题组多年的观察研究，根据无融合生殖发生的完全程度，在亚麻中发现的都属兼性无融合生殖，至今还未发现专性无融合生殖体亚麻。康庆华在2011年报道通过对多胚亚麻中无性幼胚发生的部位和幼胚胚胎发育的观察推测亚麻的无融合生殖属于孤雌生殖，但不排除不定胚生殖的可能。

（二）植物无融合生殖的研究方法

无融合生殖研究应从形态学、大孢子发生、胚囊发育、胚原始细胞的来源、早期胚胎发生、染色体倍性等细胞学、同工酶标记、DNA分子标记、cDNA表达等方面进行研究。目前研究植物无融合生殖的方法主要有形态观察法、显微观察法进行胚胎学观察、胼胝质的沉积观察、染色体数目观察、生化鉴定法（包括化学成分分析与同工酶分析）、分子生物学方法（包括分子标记及无融合生殖相关基因的筛选和鉴定）、去雄套袋法、生长素测试法、测定无融合生殖植物中有性和无融合生殖发生比例的流式细胞种子筛选技术（尤其适用于鉴定需要假受精的无融合生殖种类方面）、外源标记基因转入法等。这些方法的研究侧重于无融合生殖发生机制和鉴定方面。

目前关于识别无融合生殖的形态特征的报道有7种：①异花授粉植物中产生整齐一致的后代或某些典型母本后代；②同一母本的不同F_1代出现相同类型；③两性状截然不同的亲本杂交后其F_2代不分离或分离很少；④用具有显性标记基因亲本花粉给一个隐性亲本授粉，其杂交后代为隐性遗传型；⑤在非整倍体、三倍体、远缘杂交或其他预期不育的植株，其种子育性很高；⑥非整倍体的染色体数或结构上的杂合性稳定地遗传；⑦一籽多苗（多胚）现象、多柱头、一小花多胚珠以及融合子房等。

区别于有性生殖的二倍体无融合生殖细胞胚胎学特征：①有液泡的幼小大孢子母细胞；②大孢子母细胞伸长呈哑铃状的核；③大孢子母细胞细胞壁缺乏胼胝质；④不出现联会、联会复合体、中期 I 和线状四分体。这些在识别披碱草属、摩擦禾属等植物的无融合生殖中得到有效证实。

在同工酶方面，Assienan等（1993）用9种同工酶研究大黍（*Panicum maximum*）有性与无融合种的遗传多样性，结果得到了16个位点的多态性。DNA分子标记方面，DNA指纹、RAPD、RFLP等技术已被用于多胚苗中无融合生殖的起源、分类、进化及遗传多样性的研究，更多用于鉴别无融合生殖体、无融合生殖转育的研究。mRNA差异显示目前也已成功地被用来研究无融合生殖基因的表达，Vielle-Cakzada等（1996）选用狼尾草属巴费尔草有性生殖种与无融合生殖种的杂种F_1的分离群体作为试验材料，改进了mRNA差异显示操纵程序，选择了20个随机引物，2个锚定引物，获得了2 268个200～600bp的cDNA片段，其中8个差异显示的cDNA片段被克隆，Northen杂交有1个cDNA片段仅在有性生殖个体中出现，有2个仅在无融合生殖个体出现，有1个发生在两种生殖类型的个体中。刘丽等（2008）开发了兼性无融合生殖龙须草SSR引物，用于揭示龙须草生殖方式的复杂性和龙须草遗传分析及亲缘关系鉴定。亚麻的多胚，黑龙江省农业科学院经济作物研究所亚麻育种课题组多年的研究发现有的来自无融合生殖，一半来自有性生殖的合子胚，另一半至少部分来源于未受精的雌配子体，但不排除其他组织细胞的参与可能。由于尚需从倍性进行鉴定和统计，特别是弄清自然加倍的存在与否，以得到确切的形态结构发生模式信息，因此大量的胚胎学观察和统计是本项目的研究重点之一。不进行精细的发育倍性研究就无法确定发育模式及无融合生殖遗传力及调控的研究，并会增大无融合生殖利用难度。

（三）植物无融合生殖的发生机理研究

研究无融合生殖的机理一般都从细胞胚胎学机理、遗传机理、分子机理等方面进行，近年来，分子标记技术、原位杂交技术、流式细胞技术、mRNA差显技术的发展和在植物无融合生殖研究方面的应用为深入了解植物无融合生殖的胚胎学及遗传分子机理增加了大量知识。

在无融合生殖被认为是由大量未知功能位点控制之后，Koltunow等（2011）、Tucker等（2012）在山柳菊上找到了两个有使无融合生殖发生显性的功能位点，极大地推进了世界无融合生殖的研究步伐。Koltunow等（2003）提出，无融合生殖始于一种在某一步骤或某些步骤脱调节的有性生殖形式。Koltunow等（2011）发现，需要有性繁殖刺激胚珠内的无孢子生殖，启动显性位点LOSS OF APOMEIOSIS（LOA）的功能，由此促进有性进程（性）细胞附近体细胞无孢子生殖起始细胞的分化，并抑制毗邻的有性生殖途径；无孢子胚囊中的LOSS OF PARTHENOGENESIS（LOP）位点使不依赖于受精的胚及胚乳能够发育，这是在获得无融合生殖亚麻种子的方法研究中采用灭活花粉刺激的理论根据。Koltunow等（2011）的研究还发现，LOA和LOP这2个位点是独立的，去除其中任何一个位点会导致部分有性生殖回复，两位点功能丧失会导致全部有性发育的回复。因而在无融合生殖物种中，无融合生殖与有性生殖可以互不排斥地共存，如果有性生殖的发生途径失败，则会启动无融合生殖基因的表达，而后者是有性生殖的改变形式。这些位点不可能编码对有性生殖而言关键的因子，但可借用有性途径使无融合生殖成为可能；这些显性位点的功能性渗透有可能导致产生稀有的源自兼性无融合生殖植物的有性子代。进一步研究发现，LOA位点两侧具有丰富复杂的重复与转座子序列，且在单子叶和双子叶无融合生殖植物中具有趋同进化的现象，说明该位点是无融合生殖性状功能发挥及维持所必需的。

胡龙兴等（2008）介绍了植物胚发育、胚乳发育、减数分裂等涉及无融合生殖过程的相关基因的研究及可能与植物无融合生殖途径调控相关的几个基因片段的研究情况。与胚发育相关的基因有SERK类基因：SERK（Somatic embryogenesis receptor-like kinase）基因，全称为"体细胞胚胎发生相关类受体蛋白激酶基因"，是体胚发生过程中最重要的基因，通常认为，SERK基因与无融合生殖习性密切相关。LEC类基因：LEC（Leafy cotyledon），最初是在拟南芥中应用突变体克隆出来的基因，包括*LEC1*和*LEC2*两个成员，后相继在胡萝卜、玉米、向日葵等植物中克隆出*LEC1*基因，分别命名为*C-LEC1*、*ZmLEC1*和*HaL1L*（LEAFY COTYLEDON1-LIKE），与拟南芥*LEC1*基因具有很高的同源性，与无融合生殖的关系是可诱导胚形态建成和控制胚发育的重要调控因子，通过建立一个适合胚发育的细胞间环境来调控胚的形成。BBM类基因：*BBM*（BABY BOOM）基因，是在离体培养油菜未成熟花粉，诱导出体细胞胚，再利用消减杂交方法克隆出来的，*BBM*与*AP2/ERF*转录因子家族有同源性，在发育的胚中特异性表达，在CaMV 35S启动子控制下，*BBM*在拟南芥和油菜幼苗中的异位表达可同时诱导体细胞胚和类似子叶结构的形成。*PGA6/WUS*基因：*PGA6*（Plant growth activator 6）和WUSCHEL（*WUS*）是一种同源物，是利用化学诱导激活系统分离出能够在没有外源激素的条件下诱导高频体细胞胚形成的基因。与胚乳发育相关的基因有FIS类基因［*FIS*（Fertilization independent seed）基因，是在研究无融合生殖过程中，从无须受精即形成种子的拟南芥突变体fis中鉴定得到的，包括*FIS1/MEA/MEDEA*、*FIS2*和*FIS3/FIE*三类］、*MSI1*基因（以拟南芥为材料，克隆出一个WD-40结构域蛋白MSI1（MULTICOPY SUPPRESSOR OF IRA1。突变体msi1的配子体可以在不受精的条件下以非常高的外显率启始胚乳的发育，同样也能通过减数分裂启始胚的孤雌生殖发育）。与减数分裂相关的基因有*SWI1*基因（*SWI1/SWITCH1*是从拟南芥中克隆出来的，专一性地影响雌性有丝分裂—减数分裂转换的基因，在G1期和S期特异性的表达）、*SPL/NZZ*基因［*SPL*（SPOROCYTELESS）基因，编码一种与MADS-box转录因子相似的核蛋白，并在大孢子母细胞和小孢子母细胞中表达；NZZ（NOZZLE）可在合点、珠被和珠柄中表达］。可能与无融合生殖相关的基因片段：*APOSTART*、*PpRAB1*、*PpARM*和*PpAPK*都是用mRNA-差异显示和cDNA-AFLP方法相结合从草地早熟禾减数分裂期穗子中克隆出来的基因。通过基因表达分析，这几个基因在无融合生殖型和有性生殖型中的减数分裂前、减数分裂期、减数分裂后及开花期各个发育时期表达量均不同，据推测可能与胚发育过程中，细胞与细胞间相互作用和激素诱导的信号转导有关。*Pca21*和*Pca24*是用抑制消减杂交从狼尾草（*Pennisetum ciliare*）无融合生殖的子房中克隆出来的两个基因，Northern杂交和原位杂交表明，*Pac21*在无融合生殖雌配子体的整个发育过程中都有表达，而在有性生殖的子房内表达非常低，而且*Pac24*是无融合生殖特异性基因，只在无融合生殖型子房的胚囊内表达，表明这两个基因都可能与无融合生殖有关。用差异显示法从大黍（*Panicum maximum*）中克隆出来的*ASG-1*、百喜草（*Paspalum notatum*）中克隆的*apo417*、*apo398*、*apo396*等基因，都为无融合生殖差异性表达的基因，在无融合生殖过程，可能与大孢子早期发育有关。因此无融合生殖具有复杂的遗传特性，不同物种的无融合生殖可能存在不同的发生机制。

（四）植物无融合生殖的遗传调控机制

关于控制无融合生殖的遗传机制，诸如基因数量及其显隐性等问题，在不同的植物甚至在同一植物中得到了不同的结果，即使在同一物种中也发现存在不同位点控制不同形式的无融合生殖现象。一般来说专性无融合生殖是由单基因或少数基因控制的，且常表现为显性，而兼性无融合生殖的遗传基础表现较为复杂，是受微效多基因和环境因素同时控制的，从而形成一种兼有无融合生殖和有性生殖两种方式的遗传平衡体系。有些与无融合生殖有关的特定区域在不同物种中是高度保守的。Ozias-Akins等（1998）研究非洲狼尾草（*Pennisetum squamulatum*）及绿毛蒺藜草（*Cenchrus ciliaris*）中配子体无融合生殖，发现其受到单显性位点无孢子生殖特有基因组（Apospory-specific genomic region，ASGR）的控制，该基因组区在这些物种中高度保守，含有数个在无融合生殖发育过程中起作用的基因，且有多类转座因子，跨度达15～40cM。Grossniklaus等（2001）提出，无融合生殖由单一的主基因控制或由多个紧密连锁的基因复合体控制，它们位于减数分裂染色单体交换受抑制的区域。同样的现象在水稻、玉米、摩擦禾（*Tripsacum dactyloides*）等单、双子叶物种也存在，且相对有性生殖的近亲，无融合生殖物种中共分离的片段长度达15～40cM，可以把它们当作单一的孟德尔遗传性状来看待，这说明无融合生殖物种中存在大片段连锁的现象或同一染色体中连锁及非连锁的片段同时存在。基于这些发现，Matzk等（2005）在山柳菊属（*Hieracium*）的无融合生殖研究中采用了缺失作图方法来定位与无融合生殖有关的片段，但还是无法对实际存在的紧密连锁大片段中的基因进行作图定位。此外，也有不连锁多基因、单基因控制无融合生殖的研究报道，对于不连锁多基因控制的无融合生殖，科学家们提出基因间有可能通过表达量的变化及互作来实现生殖模式的变化。国内研究发现，平邑甜茶（*Malus hupehensis* var. *pingyiensis*）的无融合生殖以显性单基因质量性状为主，也有数量性状效应。因此在所有生物中先发现无融合生殖由单基因控制，后又发现是由多基因控制的。所涉及的关键基因目前还没有找到，迄今只是在菊科的山柳菊属（*Hieracium*）和细毛菊属（*Pilosella*）找到了共同的无融合生殖遗传标记LOP。但是，这只是一段冗余的重复DNA序列，并不是控制无融合生殖的基因序列。

亚麻这一物种内目前还未发现和创制专性无融合生殖材料，也因其兼性无融合生殖材料少见，所以亚麻属的无融合生殖的遗传调控机制研究还有待开展。

（五）植物无融合生殖的诱导研究

在无融合生殖特性种质的诱导和选育方面前人也进行了大量的工作，袁隆平首先提出利用无融合生殖固定水稻杂种优势，变"二系"为"一系"的战略设想后，我国将选育具有无融合生殖特性的农作物品种作为又一次绿色革命的突破口，其研究工作在高粱、玉米、小麦、珍珠粟和水稻等农作物中展开。目前利用粳稻广亲和品系02428与具有高度无融合生殖特性的大黍品系OK85为材料，经过不对称体细胞杂交后已经成功地获得了再生植株并移栽成活，再生植株在花器官形态、结构和生殖特性上发生了明显的变异，出现了多花药（在1朵颖花内具有7～13枚花药）、多胚珠（在1个子房内具有2～3个胚珠）和多胚囊（在1个胚珠内存在着2个以上类似胚囊的结构）等特异现象。徐国庆等（1997）进行了水稻无融合诱导的研究，采用自己发明的诱导剂ATM（化学合成剂）成功地诱导了水稻孤雌生殖植株，获得了高产、优质、抗性好的中熟水稻品系94早810和早熟品系94早816。自Jassem报道，甜菜属（*Beta*）中的一些多倍体物种存在无融合生殖现象以来，郭德栋等（2000）对栽培甜菜（*B.vulgaris*）和白花甜菜（*B.corolliflora*）进行杂交，并从其杂交及回交后代中分离出带有白花甜菜染色体的无融合生殖甜菜单体附加系。仇松英等（2002，2003，2005）在小麦的无融合育种的研究中提出无融合生殖杂种产生于兼性无融合生殖材料间的杂交组合中。黄群策（1999）提出在多倍体水平寻找和创造无融合生殖种质的基本策略。莫尧等（2004）对咖啡属（*Coffea*）植物不同倍性的咖啡种质的多胚苗及多胚胚位进行了详细的研究，确定四倍体材料要比二倍体材料的双胚率高，同一咖啡豆中远离正常胚位的额外胚可能来源于胚囊外的体细胞发育而形成不定胚。无融合生殖的利用在各作物的种质创新和生产中发挥了重要的作用。

目前，关于玉米、核桃、甜菜、苎麻、油菜、韭菜等的无融合生殖诱导研究报道较多，而亚麻的无融合生殖诱导的研究报道很少。植物的无融合生殖诱导方法很多，一般有隔离法、药剂诱导、物理诱导、花粉蒙导、种间杂交诱发无融合生殖法及离体诱导法等。药剂诱导是比较通用的方法，包括化学药剂诱导和外源激素诱导，二甲基亚砜（DMSO）、马来酰肼（MH）、聚乙二醇（PEG）、秋水仙碱、烟酸等是常用的化学诱导药剂，2,4-D、NAA、KT、赤霉素（GA3）、6-BA等可用于无融合生殖诱导激素类药剂。殷朝珍（2006）提出了无融合生殖激素的调控理论，提供了NAA、2,4-D、KT等生长调节剂作为无融合诱导药剂的理论依据。根据本书课题组在亚麻无融合生殖诱导的试验结果发现，10mL/L的2,4-D溶液诱导效果比较理想，而NAA、KT的最高2mg/L的浓度有刚好启动子房膨大迹象，可能存在浓度设定偏低的问题，有待进一步探索和提高。这些研究的开展为亚麻无融合生殖的研究及无融合种质的创制找到了突破口。国外有关无融合生殖研究特别深入，如新培育的优良草坪草Liberator（草地早熟禾），无融合生殖的频率平均已达93%。

（六）在利用多胚开展亚麻无融合生殖育种中存在的问题

粮食作物的生产数量和质量关系到社会稳定和人民安居乐业，经济作物的发展同样关系着国家的经济稳定和人民的生活水平。亚麻是重要的纤维及油料作物，广泛应用于纺织业、服装业、食品、化妆品、饲料、化工以及汽车制造业等行业。目前我国亚麻产业的发展虽然接近世界水平，但与国际先进水平还相差较远。随着当前世界经济的发展，棉、麻、毛价格的上扬，我国的亚麻生产、加工业及种植业要求育种者要抓紧机遇，加强基础研究水平，趁势赶上。那么，过去一直抑制我国亚麻产业的发展瓶颈问题何在？答案是我国亚麻产量低和品质差。要解决这一问题，仅靠传统的杂交育种手段进行常规品种选育相当困难。这就要求科研工作者要从现有的资源入手，积极地去寻找一种新的、快速有效的育种方法，以达到品种在产量和质量上的飞跃。无融合生殖育种应是最佳选择和捷径。

亚麻科（Linaceae）有22个属200多个种，生产上应用的为栽培种亚麻（*Linum usitatissimum* L.），简称亚麻，属亚麻科亚麻属（*Linum*），是自花授粉作物，常异交率较低，采用常规杂交方法育成一个品种周期较长，需10～15年的时间。

黑龙江省农业科学院经济作物研究所的研究结果显示，亚麻栽培种内存在极少部分多胚种质，这种多胚种质一般表现为双胚或多胚的发生。经过近20余年的筛选，培育出来的双胚亚麻品系无融合生殖双胚发生率稳定在10%～30%的水平。这些品系常年维持双胚发生率10%左右，总的单倍体胚发生率达到4%；单株纯合二倍体形成的自交群体可以达到17%双胚率；最高双胚率达到30%（图3-1）。

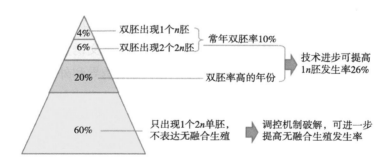

图3-1　无融合生殖的双胚发生率及可提高潜力

注：通过多年选择和自交培育出来的无融合生殖双胚发生率稳定在10%～30%水平的双胚亚麻品系，成为研究无融合生殖的理想亚麻材料。

（七）亚麻的多胚与无融合生殖关系

亚麻多胚现象与其无融合生殖的发生具有一定的相关性，并且能够从多胚中获得无融合生殖体。在黑龙江省农业科学院经济作物研究所亚麻育种团队研究的亚麻双胚或多胚中，其中的一个或多个胚有可能由无融合生殖途径产生，可能由胚囊的配子体细胞不经受精而发育成胚胎个体，这种经无融合生殖途径产生的胚胎个体是来自生殖细胞而非体细胞，产生的个体多数为单倍体，或者是重组之后的纯合二倍体或嵌合体，而非无性生殖产生的母体克隆（目前在已检测过的多胚材料中还没有发现通过珠被细胞经无性生殖产生的母体细胞克隆），后代容易纯合。因此，在亚麻育种上利用无融合生殖育种，其产生的非受精胚经筛选后可进行表型选择，减少选择压力。

但目前已有的研究表明栽培种亚麻（*L. usitatissimum* L.）中的这部分多胚种质内无融合生殖频率极低，而且绝大多数是伴随有性生殖而生。目前的研究中存在以下这些问题需要探索：已获得的无融合生殖体其无融合生殖性、多胚性在后代中是否存在或如何遗传？无融合生殖性与多胚性相关程度有多大？如何诱导多胚发生高频无融合生殖？只有这一系列问题的解决，才可以提高亚麻多胚中无融合生殖的利用效率，减少利用多胚资源进行亚麻无融合生殖利用工作中的盲目性，提高育种效率。

第二节　亚麻多胚发生及遗传研究

一、亚麻多胚的细胞学、胚胎学、形态学观察研究

（一）亚麻多胚胚胎观察

1. 采用整体透明技术进行亚麻多胚胚胎观察

黑龙江省农业科学院经济作物研究所于2010年7月以多胚诱导杂交组合的后代H04052的亚麻幼胚为材料，采用整体透明技术进行了亚麻多胚胚胎观察主要试验步骤如下。

固定：果序取回后，在卡诺固定液常温固定24h后放于75%的酒精中保存。

水合：用50%、25%、0%的酒精溶液冲洗。

解离：从果序上摘下蒴果，分3类，受精1~3d的为一类，受精4~6d的为一类，受精7d以上的为一类，放入同一三角瓶内，加入1mol/L氢氧化钠溶液，60℃下处理10~30min，冷却后用清水冲洗。

透明：剖开蒴果取出受精后的胚珠放入10%次氯酸钠溶液中浸透（真空）2h。

解剖观察：取已透明的胚珠用水冲洗后，放在培养皿或载玻片上，在Leica倒置荧光显微镜下观察、解剖并显微摄像。

　　通过亚麻的子房结构观察得知亚麻受精后的子房剖开后，可见5个子房室（幼嫩果室），每个子房室内有2个胚珠，胚珠内的幼胚轮廓已明显可见（图3-2）。压片后在显微镜下可观察到幼胚。受精4～6d的胚珠透明效果最好，容易完整解剖出幼胚（图3-2）。整体解剖50个胚珠，其中有20个没有胚胎（原因可能是授粉不良所致），26个具有正常的单个合子胚，4个具有双胚。双胚发生率为8%。所观察到的4个多胚胚珠都是双胚（图3-2），胚胎在胚乳中生长。其中，有1个着生位置不能确定，1对双胚疑似2个胚纵向罗列，另外两个胚珠的双胚都是纵向罗列。这些双胚都是小的胚靠近珠孔端生长，而较大的胚在合点端生长。

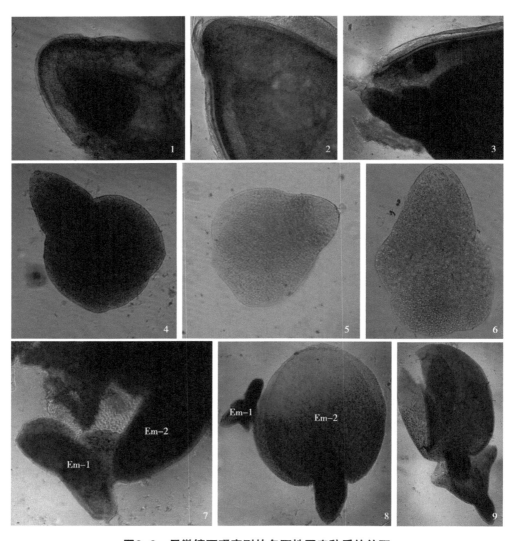

图3-2　显微镜下观察到的多胚性亚麻种质的幼胚

注：1～3为已透明的部分胚珠；4～6为剥离出的亚麻幼胚；7～9为剥离出的多胚亚麻双胚。

2. 采用石蜡切片技术进行亚麻多胚幼胚观察

本书课题组以12份多胚亚麻受精3~7d的蒴果为材料，采用石蜡切片电镜观察。所用试剂包括苏木素溶液（购买原液）、酒精（100%、95%、80%、70%、50%）、二甲苯、蒸馏水、甘油、中性树胶等。主要试验步骤如下。

（1）固定。采用卡诺固定液固定24h，90%、80%酒精各1h，保存在70%酒精中备用。

（2）脱水—透明—浸渗。50%酒精1h—70%酒精1h—80%酒精1h—95%酒精30min—95%酒精30min—100%酒精15min—酒精＋二甲苯（等量混合）15min—二甲苯20min—石蜡＋二甲苯（等量混合）30min—石蜡80min。

（3）包埋。浸蜡终了时将预先预热好的石蜡倒入蜡槽盒内，然后取出组织块，放入蜡槽内摆好位置，然后直接冷却（包埋机上进行）。

（4）塑型和切片。取已经包埋好的蜡块，用加热的刀片将其分成若干块，每块组织占一块。把有组织的蜡块修成正方形或梯形。蜡块塑好后将其粘在小木块上。粘牢。最后在木块侧面用铅笔记上组织块名称、编号。将蜡块固定在切片机上，调好距离和所要求的切片厚度，进行切片。切片的厚度在5μm。切下的切片用毛笔或牙签挑取然后放在载玻片上进行展片和粘片。

（5）展片和粘片。把切好的蜡片平整地粘在载玻片上。展片用35℃的温水进行。等到蜡片充分展平后，取一清洁载玻片，载玻片上涂一薄层蛋白甘油，然后在水中捞取蜡片，摆正，置烘干机上38℃烘干，然后即可进行染色。

（6）脱蜡和复水。取已经干燥的切片，放于盛有二甲苯的缸内脱蜡10min左右。脱完蜡复水，即100%酒精—95%酒精—90%酒精—80%酒精—70%酒精—50%酒精—蒸馏水洗各3min。

（7）染色和封固。苏木精染色法，2%铁明矾媒染2h，清水中洗5min，蒸馏水漂洗，0.5%苏木精（苏木精0.5g、酒精10mL、蒸馏水90mL，配制2月后使用）染色24h后，清水冲洗5min，2%铁矾分色，清水冲洗30min—35%酒精—50%酒精—70%酒精—80%酒精（各5min）—95%酒精—无水酒精Ⅰ（30s）—无水酒精Ⅱ（5min）—无水酒精加等量二甲苯—二甲苯（各5min）到透明为止。自二甲苯中取出切片，放在格板内，滴少量的树胶于组织片中央。取一盖玻片，轻轻以盖玻片的一边接近载玻片，然后迅速放下盖玻片。将封好的切片放置在恒温箱中干燥。最后将干燥好的切片上的浮色擦净，并在玻片的左端粘上标签，注明组织切片的名称、染色方法、固定方法、年月日。

（8）镜检。显微镜下寻找双胚切片或双胚连续切片。

（9）分析。根据切片中双胚位置、形状、发育期分析推测双胚发生。

采用上述方法在显微镜下观察，切片染色效果理想，呈现的单胚和双胚现象典型，单胚切片可看到胚囊内发育完整的单个胚靠近珠孔端生长，图3-3双胚切片可以看到双胚皆位于同一胚囊内，靠近珠孔端生长，双胚发生部位接近，排列位置各不相同（图3-3），说明双胚起源不同；所观察到的双胚有相同大小和不同大小，说明双胚存在形成和发育时期上的差异。

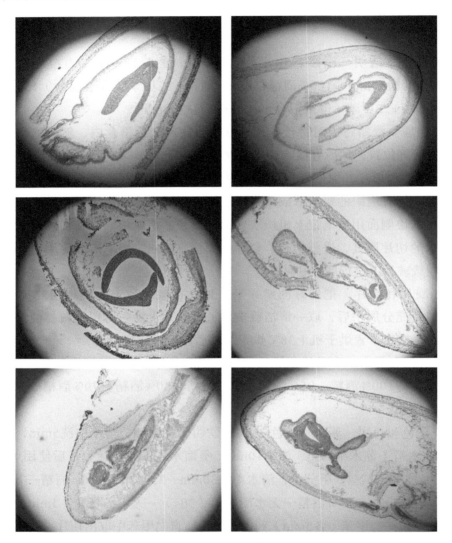

图3-3　多胚性亚麻种质的双胚幼胚切片

（二）单、双倍体多胚苗的形态学、细胞学观察及分子生物学的分类研究

1. 双生亚麻植株的形态观察

本书作者课题组采用皿培发芽筛选多胚芽苗和盆栽种植的方式（多胚芽见图3-4，多胚苗见图3-5），对15个样本110个多胚亚麻种子仅存活的31对多胚双株进行

了多胚植株的形态观察和可育性调查（表3-1），发现大多双生苗中的大苗可育，能正常结实，小苗不育，不能结实，如H06121、H06124、H06146、37盆-H04052-2对等（图3-6）；有的双生苗大小株型完全相同，但育性不同，如37盆-H04052-1对、37盆-H04052-3对（图3-7和图3-8）；有的大株不育小株可育如H06128的母本D95029-（1-4）-4（图3-9）；有的孪生株株高相同茎粗不同育性也不同，如H06128-1（图3-10）；有的双株都可育，如H06126-1（图3-11），认定为二倍体—二倍体组合。可育株花相对较大，花药丰满多花粉，不育株花瘦弱较小，花药白色干瘪无花粉（不育株与可育株花的照片见图3-12A和图3-12B）。可育株和不育株组合初步认定为二倍体—单倍体组合。也有上述多种情况出现在同一组合内，如7盆-D95029-（1-4）-4的1-4对双生植株既有二倍体—单倍体组合，也有二倍体—二倍体组合。在这31对双生植株中未发现单倍体—单倍体组合。在这31对双生苗中出现26株单倍体苗，单倍体苗在双生苗中出现的频率为41.9%。

两胚根从两端生出　　　　　　　　　　两胚根从同一端生出

图3-4　多胚种子发芽

图3-5　多胚苗近照

表3-1　15个样本及其多胚苗调查明细

序号	组合号	母本	父本	多胚率（%）	存活双胚苗（对）	成熟胚31对双胚植株形态及育性调查简介
1	H06138	D95029-18-3	97175-58	1.3	2	30盆H06138-1对：两株基本相同；1株可育，1株不育，结2无籽小果 30盆H06138-2合株：1分枝结1大果，似其他不育株
2	H06121♂ D95029-12-5	俄引资源		11	1	D95029-12-5对：高株可育，矮株不育，两株株型相近
3	H06121	DIANA	D95029-12-5	1	1	46盆H06121-1对：大株可育，小株不育
4	H06137♀ H02150-3	俄引资源		2	2	19盆H02150-3-1对：高株可育，矮株结1顶果 19盆-2对：大株可育，小株不育，无分枝
5	H06132	ARIANE	D95029-18-7	2	1	H06132-1对：株高株型相近，皆可育
6	H06111♂ H04052	H99007	HEIYA13	13	5	37盆H04052-1对：株高株型相近，1株可育，1株不育 37盆H04052-2对：大株可育，小株不育 37盆H04052-3对：株高株型相近，1株可育，1株不育 37盆H04052-4对：大株可育，小株结1果
7	H06126	D95029-18-3	97175-72	2	1	42盆H06126-1对：大可育，小可育
8	H06126♀ D95029-18-3	俄引资源		19	10	28盆D95029-18-3-1对：高株可育，矮株不育 28盆D95029-18-3-2对：大株可育，小株不育，结2无籽小果 28盆D95029-18-3-3对：大株可育，小株不育，两株株高及茎粗相差悬殊 28盆D95029-18-3-4对：大株可育，小株不育，结2～3无籽小果 28盆D95029-18-3-5对：大株可育，小株不育，结4～5无籽小果
9	H06116	原2004-4	D95029-8-3	4	3	26盆H06116-1对：大株可育，小株结1顶果（1粒种子）
10	H06116♂ D95029-8-3	俄引资源		4	2	11盆D95029-8-3-1对：株高株型相近，皆可育 11盆D95029-8-3-2对：大苗可育，小苗不育

（续表）

序号	组合号	母本	父本	多胚率（%）	存活双胚苗（对）	成熟期31对双胚植株形态及育性调查简介
11	H06128♀ D95029-(1-4)-4	俄引资源		14	13	23盆D95029-（1-4）-4-1对：大株不育，小株可育，无分枝，结1顶果 23盆D95029-（1-4）-4-2对：大株可育，小株可育，无分枝，结1顶果 23盆D95029-（1-4）-4-3对：大株可育，小株不育，结2无籽小果
12	H06128	D95029-(1-4)-4	97192-79	8	7	7盆H06128-1对：高株可育，结2果后败育，矮株不育 7盆H06128-2对：大株可育，小株不育，无分枝 7盆H06128-3对：大株可育，小株不育 7盆H06128-4对：两株株高相近，粗株可育，细株可育，结1顶果后败育
13	H06124♀ H04052	俄引资源		18	9	29盆H04052-1对：株高株型相近，1株可育，1株不育 29盆H04052-2对：大株可育，小株不育，结2个无籽小果
14	H06124	H04052	阿高斯	7	3	48盆H06124-1对：大株可育，小株不育 48盆H06124-2对：大株可育，小株不育，结2~3个无籽小果
15	H06146	D95029-18-18×HERNERS	HERNERS	1	1	8盆H06146-1对：大株可育，小株不育

H06121-1对

图3-6 H06121-1多胚双株

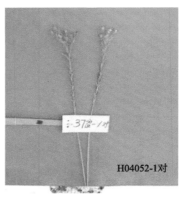

H04052-1对

图3-7 H04052-1多胚双株

H04052-3对

图3-8 H04052-3多胚双株

D95029-（1-4）-4

图3-9 D95029-（1-4）-4多
胚双株

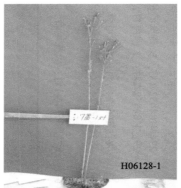

H06128-1

图3-10 H06128-1多胚双株

H06126-1

图3-11 H06126-1多胚双株

A不育

B可育

图3-12 不同育性的花

2. 双胚亚麻的细胞学

目前，多胚亚麻的细胞学研究很少。本书作者课题组以多胚亚麻D95029-18-3、

D95029-8-3、D95029-8-1、1-6Ha材料的8粒双胚种子形成的16株（以大、小区分每粒种子的2株苗）苗的根尖为检测部位，采用醋酸洋红和DAPI进行染色体倍性观察，发现D95029-18-3的第12号种子形成的小苗（代号4-12小）、1-6Ha的第23号种子形成的小苗（代号1-6Ha-23小）的染色体在17条左右，为单倍体（图3-13至图3-16）；观察到D95029-8-1的21号种子形成的小苗（代号2-21小）、D95029-8-3的1号种子形成的大苗（代号1-1大）染色体在30条以上，鉴定为二倍体（图3-17和图3-18）；其余苗没有查到能鉴定出倍性的分裂相。通过对染色体数目的检测证明双生苗中单倍体苗的存在。

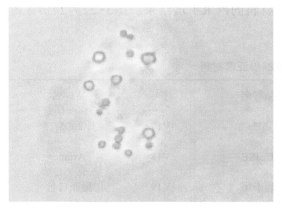

图3-13　4-12小苗细胞核染色体
（醋酸洋红染色）

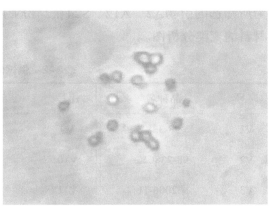

图3-14　1-6Ha-23小苗细胞核染色体
（醋酸洋红染色）

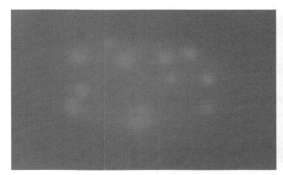

图3-15　4-12小苗染色体（DAPI染色）

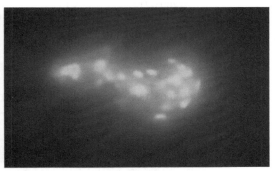

图3-16　1-6Ha-23小苗染色体（DAPI染色）

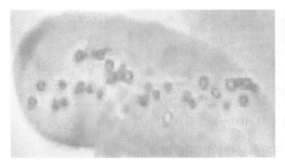

图3-17　2-21小苗细胞核染色体（醋酸洋红染色）

图3-18　1-1大苗染色体（DAPI染色）

3. 多胚亚麻分子生物学研究

目前多胚亚麻的分子生物学研究很少。本书作者课题组从随机选择的70条RAPD引物和21条ISSR引物中筛选出的10条引物对亚麻品系1-6Ha-3中的多胚种质材料和其他23个不具多胚性的亚麻材料进行聚类分析，试验结果显示24个亚麻材料（表3-2）在阈值为0.73处能被分为四大类，多胚材料1-6Ha-3独为第二类群，且与其他23个亚麻品种的遗传相似系数分布在0.652 2~0.773 9，表明这份种质材料与其他材料间都存在着较大的遗传差异。该试验为亚麻多胚性分子标记研究奠定了基础。图3-19至图3-21为所筛选的引物A2、A12、S24在24份亚麻材料的PCR扩增结果，图3-22为24份亚麻材料的聚类分析图。

表3-2　供试的24份亚麻材料

序号	品种名	序号	品种名	序号	品种名
V1	98-338	V9	1-6Ha-3	V17	原2005-15
V2	98-338CK	V10	ELISE	V18	Ariane
V3	原2006-11	V11	阿卡塔	V19	黑亚11号
V4	原2006-8	V12	Coli	V20	Jikta
V5	原2005-21	V13	r8744	V21	原2006-13
V6	TYY29	V14	贝林卡	V22	Tyy13
V7	SXY20	V15	原2006-267	V23	D97009-12
V8	原2003-15	V16	D95027-16	V24	黑亚10号

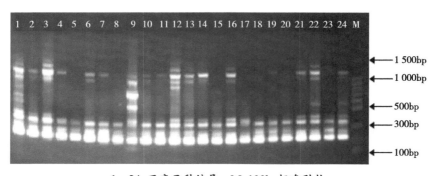

1~24. 亚麻品种编号；M. 100bp标准引物

图3-19　引物A12在24个亚麻品种中的PCR扩增结果

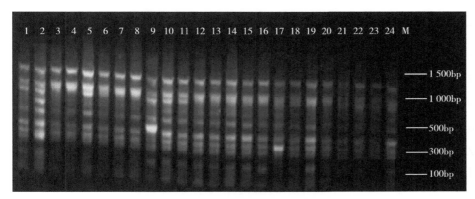

1~24. 亚麻品种编号；M. 100bp标准引物

图3-20　引物A2在24个亚麻品种中的PCR扩增结果

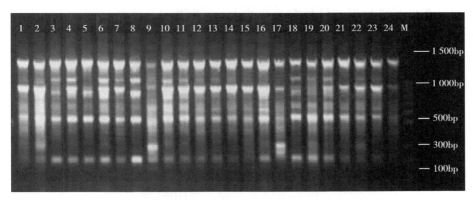

1~24. 亚麻品种编号；M. 100bp标准引物

图3-21　引物S24在24个亚麻品种中的PCR扩增结果

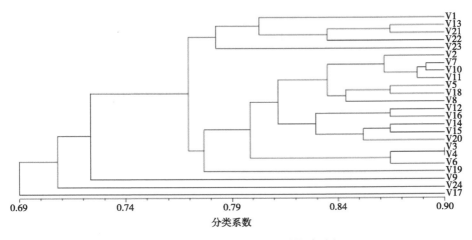

图3-22　24个亚麻栽培品种的聚类分析

二、亚麻多胚的遗传

多胚性是受基因控制的，因此可以遗传。以往的研究资料表明多胚性受多基因控制，因此多胚遗传研究在杂交后代中会发现多胚遗传的中间型。也有一些试验还发现基因的加性效应影响着多胚现象的显现。还有资料研究认为多胚的遗传同时受细胞质和细胞核的密切作用影响。因此多胚性的遗传比较复杂，至今没有准确确定。为明确多胚亚麻多胚率的传递规律，笔者在开展多胚遗传研究试验中，分别进行了多胚杂交诱导材料的多胚率在低世代和高世代传递情况调查。

（一）多胚率在杂交低世代材料中的遗传研究

以2006年配制的21个诱导多胚的杂交组合为试验材料，进行了亚麻多胚诱导及遗传研究，通过对这些组合材料的多胚亲本及杂交F_1、F_2代材料群体多胚率进行调查（表3-3）和分析，可知以高多胚率的材料作亲本（无论作父本还是母本），杂交后代都有可能出现多胚，且杂交后代的多胚水平与亲本的多胚水平呈正相关的趋势。该结果表明多胚性既可以通过母本也可以通过父本进行遗传，并且在杂种F_1代即可表现。在被研究的21个杂交组合中，在H06127、H06140、H06119、H06116、H06138、H06136、H06125、H06118的8个杂交组合F_1和F_2代中多胚出现率比其父母本具有明显的优势，其他组合则出现中间性遗传。导致第一代中多胚增加的原因目前还未能明确。但在种内杂交的低世代种子中双生植株出现的频率增加的现象对多胚种质在育种实践中的应用具有重要意义。进一步研究发现，在H06128的杂交组合的F_1代杂交种发现的4对双生植株中3对为二倍体—单倍体组合组成；H06127的杂交组合的F_1代杂交种发现的14对双生植株，其中10对为二倍体—单倍体组合组成。所以在大多数多胚诱导杂交组合中，在F_1代种子中即可得到大量的单倍体植株，这种伴随着单倍体—二倍体植株形成的多胚种子的急剧增加对我们利用多胚种质进行亚麻单倍体育种具有非常重要的意义。

表3-3　多胚现象在亚麻杂种低世代的遗传

品系名称	母本	父本	亲本多胚种子粒数（600粒）	F_1代多胚种子粒数（600粒）	F_2代多胚种子粒数（600粒）
H06127	D95029-12-4（多胚性）	97192-79	12	14	23
H06140	D95029-11-1（多胚性）	阿卡塔	18	9	31
H06143	D95029-18-18（多胚性）	阿卡塔	0	1	3
H06141	D95029-20-1（多胚性）	阿卡塔	0	0	1

（续表）

品系名称	母本	父本	亲本多胚种子粒数（600粒）	F_1代多胚种子粒数（600粒）	F_2代多胚种子粒数（600粒）
H06119	D95029-12-7（多胚性）	97192-79	9	6	4
H06124	H04052（多胚性）	ARGOS	13	7	8
H06130	D95029-12-7（多胚性）	97175-58	5	3	3
H06146	H05106（多胚性）	HERNERS	5	1	2
H06116	原2000-4（多胚性）	D95029-8-3	12	4	10
H06138	D95029-18-3（多胚性）	97175-58	9	2	10
H06139	D95029（多胚性）	JITKA	0	8	0
H06125	D95029-19-2（多胚性）	DIANE	15	8	13
H06118	D95029-18-18（多胚性）	D97008-3	—	14	25
H06155	D95029-12-1（多胚性）	ARGOS	—	7	1
H06126	D95029-18-3（多胚性）	97175-72	6	7	12
H06154	98047-32	D95029-10-3（多胚性）	39	12	3
H06136	DIANE	D95029-18-7（多胚性）	0	0	8
H06112	DIANE	D95029-（1-4）-4（多胚性）	50	12	7
H06115	ARIANE	D95029-10-34（多胚性）	—	2	7
H06121	DIANE	D95029-12-5（多胚性）	30	4	7
H06111	汉母斯	H04052（多胚性）	12	0	2

注："—"未检测。

从上述试验还发现有16个组合F_2代多胚率高于F_1代，5个组合F_1代高于F_2代。为进一步明确多胚在杂种低世代的传递情况，又以2010年配制的10个杂交组合为材料进行研究，试验结果（表3-4）显示10个组合的F_2代群体多胚性都不同程度高于F_1代。这些试验结果皆表明多胚率在F_2代群体有增大的可能性，说明多胚性不仅受多基因控制，而且受基因加性效应的影响。

表3-4 2010年配制的杂交组合低世代材料多胚遗传调查

组合号	母本	父本	F₁多胚率（%）（2012.2检测）	F₂多胚率（%）（2012.11检测）	备注
H2010021	H06113	H09052	1.5	5.0	+
H2010024	多胚H04030	H09052	2.2	3.0	+
H2010039	H06128	N2	2.3	3.3	+
H2010045	H06146	N2	1.3	2.0	+
H2010049	H04052	H09052	0.8	1.7	+
H2010050（三胚）	H06121秋	H09052	3.0	5.3	+
H2010052	H04052	H09009	0.3	3.7	+
H2010054	H03131盆	H09009	2.2	8.3	+
H2010063	ZYMA227	87号-1秋	4.5	8.7	+
H2010067	10K15-8	N2	1.0	2.0	+

注：＋多胚率升高。

（二）高世代材料的多胚率的传递情况

试验以具多胚性的高世代株系D95029-10-3、D95029-18-7、D95029-8-3、D95029-8-5、1-6Ha为试验材料，从每个株系中选择至少10个单株（6果以上），种成株行，株行收获后检测多胚率，第二年将收获的株行取适量的种子种成株系，株系收获后检测多胚率（表3-5），试验结果显示绝大部分株系的多胚率随着种植世代的增加，呈下降趋势，表明在趋于稳定的高世代多胚材料中，在不选择的情况下连续种植，其群体的多胚率会大幅度下降。因此，为了提高或保持高多胚率的种质或材料，应对其进行连续不断的选择。

表3-5 2007年收获多胚单株多胚率调查（取1g发芽统计多胚粒数）

名称	序号	多胚率（粒/g）		下降幅度（%）
		第一年	第二年	
D95029-10-3 202粒/g	1	5	4	20.0
	2	5	1	80.0
	3	4	13	—
	4	8	3	62.5

（续表）

名称	序号	多胚率（粒/g）		下降幅度（%）
		第一年	第二年	
	5	0	1	—
	6	20	5	75.0
	7	16	8	50.0
	8	18	10	44.4
	9	7	4	42.9
	10	6	3	50.0
	11	3	2.7	10.0
	12	0	0.7	—
D95029-10-3	13	4	1.3	67.5
202粒/g	14	11	4	63.6
	15	0	0.3	—
	16	18	8	55.6
	17	0	0	—
	18	20	4	80.0
	19	17	2.7	84.1
	20	13	5.7	56.2
	21	5	0	100.0
	22	2	3.7	—
	1	10	2	80.0
	2	33	2	93.9
	3	10	10.3	—
D95029-18-7	4	25	22	12.0
176粒/g	5	2	3	−50.0
	6	11	4	63.6
	7	7	4.7	32.9
	8	4	8.3	—

（续表）

名称	序号	多胚率（粒/g）		下降幅度（%）
		第一年	第二年	
D95029-18-7 176粒/g	9	14	17.3	—
	10	10	8.7	13.0
	11	28	10.7	61.8
	12	25	8.3	66.8
	13	31	20.7	33.2
	14	29	12.3	57.6
	15	30	22.3	25.7
	16	19	24.7	−30.0
	17	14	13	7.1
	18	17	4.7	72.4
	19	18	8.3	53.9
	20	27	7	74.1
D95029-8-3 232粒/g	1	3	1	66.7
	2	13	2.7	79.2
	3	0	0	—
	4	16	6.7	58.1
	5	15	2.7	82.0
	6	0	0	—
	7	42	3	92.9
	8	34	3.3	90.3
	9	30	3	90.0
	10	19	6.7	64.7
	11	12		100.0
	12	12	2.3	80.8
D95029-8-5 247粒/g	1	11	3.7	66.4
	2	1	0.3	70.0
	3	2	0.3	85.0
	4	2	0.7	65.0

（续表）

名称	序号	多胚率（粒/g）		下降幅度（%）
		第一年	第二年	
D95029-8-5 247粒/g	5	2	1.3	35.0
	6	17	2	88.2
	7	21	10	52.4
	8	27	5	81.5
	9	5	3	40.0
	10	3	0.3	90.0
	11	13	1.7	86.9
1-6Ha 229粒/g	1	24	5	79.2
	2	15	5	66.7
	3	9	9	0.0
	4	9	1.3	85.6
	5	4	2	50.0
	6	4	0.3	92.5
	7	6	0.7	88.3
	8	11	1	90.9
	9	2	1.3	35.0
	10	13	9.3	28.5
	11	3	1	66.7
	12	11	9.7	11.8

第三节　多胚种质创新与利用

由于多胚是无融合生殖的一个重要标志，笔者期望以通过不断创新多胚材料的方式获得更多无融合生殖材料并加以利用。因此从以下3个方面开展了多胚种质创新及诱导研究工作。

一、杂交创新

根据表3-5试验结果，发现采用多胚水平高的材料与无多胚性或多胚性极低的种质材料杂交，其后代在多胚性上很可能出现超亲优势或出现多胚中间型。因此，利用杂交是诱导多胚和提高多胚率的有效方法。本研究试验配制了诱导多胚的杂交组合500个，这些杂交组合的亲本至少有一个要具有多胚性。通过分析这些杂交后代材料的多胚水平可知，以高多胚率的材料无论作父本还是母本，都可获得多胚杂交种的现象，且亲本的多胚水平越高，杂交后代的多胚出现的概率越大；杂交双亲都为高多胚率的材料，其杂交后代的多胚水平将急剧增加（表3-6至表3-8）。目前，黑龙江省农业科学院经济作物研究所亚麻品种改良课题组从多胚水平较高H04052、H08015、H09052等组合的后代中分离出系列高多胚率品系10个。以组合的亲本（母本或父本）形式与非多胚种子进行杂交试验，发现无论利用这些品系非多胚种子还是多胚种子作亲本的杂交后代也都有多胚现象发生，但发现多胚的发生频率仍以多胚种子作亲本的杂交后代高。

表3-6　杂交组合中母本属于多胚种质的多胚现象

杂交组合	研究的种子个数（个）	双胚种子数	
		个	%
D95029-18-3 × 92199-6-5	200	29	14.5
D95029-12-4 × 97192-79	200	23	11.5
D95029-8-1 × 97192-79-8	200	2	9
D95029-18-1 × 97192-16	200	22	11

表3-7　杂交组合中父本属于多胚种质的多胚现象

杂交组合	研究的种子个数（个）	双胚种子数	
		个	%
JITKA × D95029-8-3	200	10	5
97192-79-8 × D95029-8-1	200	4	2
原2000-4 × D95029-8-3	200	4	2
Agthar × D95029-5-2	200	2	1

表3-8　杂交组合双亲都倾向于多胚种质的多胚现象

杂交组合	研究的种子个数（个）	双胚种子数	
		个	%
1-6Ha自交	200	3.78	1.89
D95029-18-3-3 × 1-6Ha-早熟株-3	18	9	50
D95029-8-1-1 × H04052	16	1	6.25
D95029-18-1 × 1-6Ha	100	23	23
D95029-19-2 × 1-6Ha	100	9	9

注：1-6Ha自交前多胚率4.25%；H04052自交前多胚率4.25%。

二、生长调节剂、化学药剂及诱变剂诱导创新

由于多胚性受多基因调控，因此外部条件将对多胚诱导具有一定的影响。本书课题组进行了不同剂量的NAA、KT、2,4-D、重铬酸钾、烟酰胺、亚硫酸氢钠、二甲基亚砜、EMS（甲基磺酸乙酯）诱变剂对亚麻多胚影响的试验研究。在始花阶段用浓度为5～30mg/L的2,4-D、0.05～2mg/L的NAA处理的亚麻植株材料，发现有使多胚增加现象，而0.05～2mg/L的KT处理未表现出多胚增加的现象；在快速生长时期至开花期用浓度为0.1%～5.0%的重铬酸钾溶液、0.001%～1.0%的烟酰胺溶液、1.0%～10.0%亚硫酸氢钠溶液、0.5%～1.5%的二甲基亚砜溶液处理亚麻植株的方案中在增加多胚方面得到了积极的结果。而在播种前采用0.3%～1.2%的EMS处理多胚（1-6Ha-8、H02147-22）和非多胚品种（NEW2）3份材料，0.3%～0.9%的处理在3份材料中都获得了处理后代，由于各处理后代在株高、育性、熟期、花色等性状上都出现突变，其多胚性未见规律性变化，有关各突变体多胚性变异还有待进一步探索。

三、多胚种质的单倍体加倍创新利用技术

通过对杂交低世代双胚苗中单倍体植株进行加倍，获得双单倍体材料，以快速纯合控制多胚性状的某些基因，提高多胚率。同时，利用该方法还可快速选育目标性状新品种，达到缩短育种年限，快速固定杂种优势的目的。

以17份多胚亚麻为材料，在多胚苗第一朵花开时，取花药于显微镜下观察，选单倍体植株，剪掉已开的花蕾，将剪口浸入0.015%秋水仙碱溶液内处理24～36h，调查结籽情况。对17份材料的28株盆栽多胚苗的不育株采用秋水仙碱进行加倍处理，有15株获得了种子，加倍成功率53.6%，图3-23为多胚不育植株加倍后获得的蒴果。获得DH$_2$

代材料8份，多胚率检测结果为0.5%～17.5%，2008DH007多胚率最高（表3-9）。

通过对多胚苗中不育株采用秋水仙碱进行加倍结果的测定及所获得的DH$_2$代群体材料多胚率的检测结果可知，不仅能获得种子，且后代植株在株高、花色、熟期等性状表现稳定未见分离，每份材料都具不同频率的多胚现象产生。说明利用秋水仙碱加倍对诱导亚麻多胚不育株（或单倍体植株）产生种子和多胚发生具有积极作用。

图3-23 加倍诱导成果

表3-9 加倍处理诱导亚麻多胚结果表

品系名称	处理组合号	来源	处理方法	获得蒴果数（个）	多胚率（%）
2008DH001	H06130	D95029-12-7×97175-58	秋24h	2	4.0
2008DH002	H06116	原2000-4×D95029-8-3	秋24h	2	4.5
2008DH003	H06140	D95029-11-1×阿卡塔	秋24h	3	8.5
2008DH004	H06121-1	DIANE×D95029-12-5	秋24h	2	3.0
2008DH005	H06121-2	DIANE×D95029-12-5	秋24h	3	2.0
2008DH006	H02147-12	D95029×D97018-6	秋24h	1	0.5
2008DH007	D95029-8-3-1	D95029-8-3	秋24h	1	17.5
2008DH008	D95029-8-3-2	D95029-8-3	秋36h	1	6.0

四、无融合生殖诱导创新

以12份亚麻杂交F$_1$代材料，组合号分别为：H2011001、H2011007、H2011009、H2011013、H2011014、H2011015、H2011016、H2011017、H2011018、H2011019、H2011020、H2011044（表3-10），各组合中双亲或双亲之一具有多胚性状。

表3-10　杂交组合及亲本情况

组合号	亲本	多胚亲本	组合号	亲本	多胚亲本
H2011001	H07023-1 × 2008DH004	♀♂	H2011013	Meirllin × H09052	♂
H2011007	H07023-2① × H09052	♀♂	H2011014	D97018-8-V × H09052-5②	♂
H2011017	H2010018 × H2010049	♀♂	H2011015	ZYMa182 × 2008DH001	♂
H2011044	H2010020 × H09052	♀♂	H2011016	ZYMa237 × H09052	♂
H2011019	H2010021 × NEW1	♀	H2011018	D97018-8-V × H09052	♂
H2011009	97192-79 × H09052	♂	H2011020	Modran × H09052	♂

于2012年2—8月在黑龙江省农业科学院智能温室及盆栽场从每份材料中选取50粒健康饱满的种子种植于盆内，生育前期放置于智能温室培养，后期搬置于盆栽场，整个生育期给予充足的水分及营养。温室昼夜温度：春季22/15℃±5℃；夏季25/20℃±5℃。昼夜光照：16h/8h。在亚麻花期，采集花药，用70%酒精浸泡12h以上，纯净水冲洗后离心备用。

选取第二天能够正常开花的花蕾严格去除雄蕊，套袋隔离。第二天 5：30—7：30用失活花粉对其柱头涂抹授粉，然后对子房壁进行生长调节剂滴注处理，连续滴注4~5d；对照采用两组，仅采用失活花粉授粉（CK1），去雄后不做任何处理（CK2）。授粉3d后开始调查蒴果膨大情况。处理组及对照组的蒴果都在成熟期收获，调查坐果和结籽情况。

试验采用的激素为NAA（α-萘乙酸）、KT（激动素，6-糠氨基嘌呤）、2,4-D，共设12个处理，浓度及其代号见表3-11。

表3-11　诱导亚麻无融合生殖生长调节剂处理浓度

代号	NAA浓度（mg/L）	代号	KT浓度（mg/L）	代号	2,4-D浓度（mg/L）
N-1	2.0	K-1	2.0	D-1	30
N-2	1.0	K-2	1.0	D-2	20
N-3	0.5	K-3	0.5	D-3	10
N-4	0.05	K-4	0.05	D-4	5
CK1	0		0		0
CK2	—		—		—

注：CK1仅失活花粉处理，CK2去雄不做任何处理。

1. 亚麻无融合生殖性与失活花粉诱导处理

本试验所用材料为具一定多胚频率的亚麻杂种材料。其多胚亲本的双胚率在0～10%。往年的经验和本试验CK2的检测结果显示，各测试材料去雄套袋后不进行任何处理，无果实和种子的产生。本试验使用可以刺激柱头和子房发育的失活花粉授粉处理。然而，对照组CK1仍然没有膨大的子房或果实，也没有种子产生（表3-11）。表明花粉壁蛋白对子房的刺激并不能保证能够启动亚麻无融合生殖特性，不能仅通过该方法诱导亚麻无融合生殖。

2. 不同生长调节剂处理的诱导效果

由试验结果（表3-11）可以看出12个处理方法对诱导亚麻无融合生殖的效果不同。其中D-3即10mg/L的2,4-D处理对H2011044、H2011015、H2011017这3份亚麻材料诱导的成果数分别为1个、1个、4个，诱导坐果率2.38%，诱导效果最好；D-4即5mg/L的2,4-D处理对材料H2011016诱导成果2个，在所有材料中的诱导率为0.79%；并且采用D-3、D-4两个处理方法在材料H2011017、H2011016的诱导中分别获得了相应的经无融合生殖的种子各4粒和6粒，诱导结籽率分别为0.16%、0.24%。另外，D-2、N-1、K-1这3个处理分别在材料H2011014、H2011017、H2011009的诱导上起到了促使子房膨大的作用，当蒴果长到中等大小开始黄化停止生长，未能获得种子，对子房的膨大诱导率都为0.40%；其他处理及对照对供试的12份亚麻材料皆未诱导成果，无融合生殖诱导成果见图3-24。

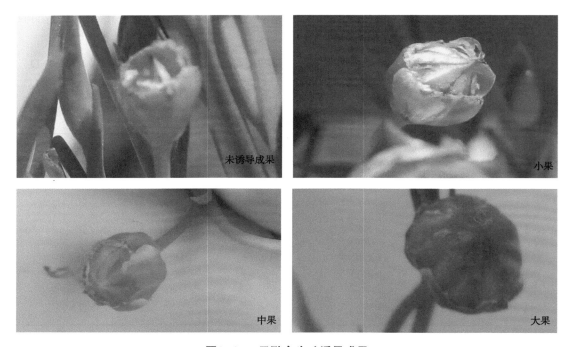

图3-24　无融合生殖诱导成果

3. 不同亚麻材料对生长调节剂处理的诱导反应

供试的12份杂交F_1代材料对诱导的反应不同，其中H2011009、H2011014、H2011015、H2011016、H2011017、H2011044共6份材料能被诱导成果，H2011017最为敏感，对N-1、D-3两个处理产生反应，获得5个果，占总诱导果数的1.83%；H2011016敏感程度次之，仅对D-4产生反应，获得2个果，占总诱导果数的0.73%；H2011009、H2011014、H2011015、H2011044分别对K-1、D-2、D-3、D-3的诱导处理产生反应，各成1果，占总处理数的0.37%；而其他6个材料在12个处理及对照中均未被诱导成功。这显示不同材料的无融合生殖性和被诱导能力不同。

4. 诱导亚麻无融合生殖的结籽调查结果与分析

在这个试验所获得的多个蒴果中，并不是每个蒴果内都有成熟的种子，表3-12中所标注的中果和小果及部分大果内都未产生种子；在D-3处理中材料H2011015、H2011044所获得的2个与正常蒴果等大的果内无种子产生；诱导H2011017产生的4粒种子来自4个等大的果中的1个，其他3个无种子产生；D-4处理诱导H2011016所获得的6粒种子也是来自2个等大的果中的1个。该结果表明，诱导无融合生殖产生果实的能力远远大于产生种子的能力。

表3-12 不同处理的亚麻无融合生殖诱导结果

处理	H2011044		H2011009		H2011014		H2011015		H2011016		H2011017		坐果率(%)	结籽率(%)
	成果数	结籽粒数	成果数	结籽粒数	成果数	结籽粒数	成果数	结籽粒数	成果数	结籽粒数	成果数	结籽粒数		
N-1	0	0	0	0	0	0	0	0	0	0	1中	0	0.40	0
N-2	0	0	0	0	0	0	0	0	0	0	0	0	0	0
N-3	0	0	0	0	0	0	0	0	0	0	0	0	0	0
N-4	0	0	0	0	0	0	0	0	0	0	0	0	0	0
K-1	0	0	1小	0	0	0	0	0	0	0	0	0	0.40	0
K-2	0	0	0	0	0	0	0	0	0	0	0	0	0	0
K-3	0	0	0	0	0	0	0	0	0	0	0	0	0	0
K-4	0	0	0	0	0	0	0	0	0	0	0	0	0	0
D-1	0	0	0	0	0	0	0	0	0	0	0	0	0	0
D-2	0	0	0	0	1中	0	0	0	0	0	0	0	0.40	0

（续表）

处理	H2011044		H2011009		H2011014		H2011015		H2011016		H2011017		坐果率（%）	结籽率（%）
	成果数	结籽粒数	成果数	结籽粒数	成果数	结籽粒数	成果数	结籽粒数	成果数	结籽粒数	成果数	结籽粒数		
D-3	1大	0	0	0	0	0	1大	0	0	0	4大	4	2.38	0.16
D-4	0	0	0	0	0	0	0	0	2大	6	0	0	0.79	0.24
CK1	0	0	0	0	0	0	0	0	0	0	0	0	0	0
CK2	0	0	0	0	0	0	0	0	0	0	0	0	0	0

注：坐果诱导率（%）＝诱导产生膨大蒴果数总和/252×100；结籽诱导率（%）＝诱导产生种子数总和/252×10×100。

五、问题及讨论

1. 供试材料的自然无融合生殖依赖于受精作用

由于试验的主要目的是获得由无融合生殖产生的后代材料，快速固定杂种优势，缩短育种年限，所以供试材料选择杂交低世代材料。根据马三梅等（2002）和冯辉等（2007）的多胚苗可作为筛选无融合生殖种质的一个标志性状的结论，本试验所选供试杂交材料的双亲中至少一个具多胚性，期望引入无融合生殖性状，作为本试验诱导无融合生殖产生后代材料的遗传基础。

本试验所用亚麻杂种材料至少具有1/2强的亲本多胚基础（表3-10），根据往年常规杂交后代多胚率调查结果，这种多胚杂交后代一般会有0～10%的多胚苗出现，说明这些杂交材料可能具备不同程度的无融合生殖特性，并伴随着有性生殖（受精）共同发生。本次试验CK1和CK2结籽率为0的现象表明，供试材料的无融合生殖性状在没有受精作用的情况下没有自然的双胚和单倍体、二倍体胚产生，因此，在没有受精作用的情况下，即使使用失活花粉对母本雌性器官进行授粉刺激，也无自然无融合生殖发生。

2. 诱导亚麻无融合生殖与亲本多胚性的关系

H2011017和H2011016是能够发生无融合生殖并可以产生种子的组合。H2011017的父母本都具多胚特性，H2011016仅父本具多胚特性，本试验结果能够说明多胚材料作父本或作双亲，其杂交后代有可能发生无融合生殖。但关于多胚材料仅作母本，杂交后代能否发生无融合生殖以及无融合生殖的发生与亲本多胚频率的关系还有待研究。

3. 生长调节剂与无融合生殖

诱导无融合生殖的植物生长调节剂包括二甲基亚砜（ＤＭＳＯ）、马来酰肼

（MH）、聚乙二醇（PEG）、秋水仙素、烟酸等常用的化学诱导药剂，2,4-D、NAA、KT、赤霉素（GA3）、6-BA等常用的激素。Poliacov（2010）在其亚麻单倍体育种研究中曾用二甲基亚砜、乳酸等药剂进行过试验。开展亚麻无融合生殖的激素诱导研究在亚麻学科上是一个新的尝试，这不仅可以对亚麻无融合生殖类型和机制进行基础性研究，而且对亚麻未来的育种和繁种都有重要意义。

根据殷朝珍等（2006）研究报道的无融合生殖激素的调控机理及王巨媛等（2005）在诱导韭菜无融合生殖的研究结果，本研究选取了NAA、2,4-D、KT作为诱导亚麻无融合激素类药剂。根据本试验结果可以发现，2,4-D、NAA、KT都有个别启动子房膨大但不产生种子现象，这种现象很可能与无籽果实诱导相关。因此，本试验的结籽率则更具有实质意义。另外，由于2,4-D可以诱导产生种子，并且供试生长调节剂对结籽率诱导效果不同，因此可以推定，亚麻无融合生殖激素类的调控机制是存在的，并且可以人为干预。通过上述试验可以证明用2,4-D处理可以诱导多胚亚麻的无融合生殖并可获得由无融合生殖产生的种子。10mg/L和5mg/L的2,4-D处理子房诱导得到了孤雌生殖种子，效果相近。所以，这两个处理皆可作为亚麻无融合生殖诱导的有效处理，并以此为基础可以对诱导方法进一步优化，比如采用重复授粉或无（远）亲缘花粉授粉、调整药剂处理部位等。

在供试材料中H2011017、H2011016较容易诱导，这两份材料可作为亚麻无融合生殖种质的被选材料提供给育种者。有关经诱导所得（无融合生殖产生）的后代植株的生长发育遗传情况、染色体倍性及无融合生殖性研究还有待进一步探讨。

该方法2014年8月被授权国家发明专利（图3-25）。

图3-25　"获得无融合生殖亚麻种子的方法"发明专利证书

第四节　多胚亚麻研究成果

一、建立了多胚亚麻创新利用育种技术体系

该项工作以在多胚亚麻种质创新研究中创建的20份多胚亚麻原始株系，多胚各世代组合及材料以及国内外优良品种品系100份为试验材料。

多胚原始材料、优良品种品系、多胚各世代组合及材料每份材料种2～5行，行距30cm。建立多胚杂交圃，在多胚材料间、多胚与改良材料间配制杂交组合，每个组合采用亲本的单株进行配制；设立多胚选种圃，H_0代材料采用1m行长种植，以父母本株行种在两边以作对照的方式种植，H_1～H_5代材料采取播种前发芽鉴定，具多胚性的种质采用行长2m种植，选未发生性状分离或在分离程度小的材料混合收获，直接升入品系鉴定试验圃，发生分离的材料选择优株，第二年种植株行，行长1m，对不再发生分离的符合选择目标的株行进行决选，以上行距都为30cm；多胚品系鉴定试验，采用行长2m，行距15cm，8行区播种，2次重复，田间进行生育期、花色、抗病性、抗倒伏性等调查，工艺成熟期收获鉴定。

选2份多胚率高的材料亚麻盛花期去雄套袋，每份材料处理600个花蕾，同时设1非多胚对照。第二天上午采集花粉，70%酒精使其失活，清水洗涤离心后涂于已去雄柱头，刺激子房膨大，第三天上午喷施药剂NAA。收获统计成果率。对杂交组合或处理材料后代进行种子多胚性和花器多子房性的观测选择。选处理后代作母本，采用不同父本或与母本性状截然不同的材料作父本或具显性基因性状的材料作父本进行杂交，采用检测其杂交后代的方法选择。对上一年已获得的组合后代连续3个世代进行考种鉴定和多胚率检测，选育多胚亚麻新品系。

试验结果表明，2008—2010年共配制多胚杂交组合154个。各年多胚杂交组合及其亲本多胚率调查结果显示，无论多胚材料作父本还是母本，后代都可能出现多胚特性，双亲都具有多胚特性的杂交组合后代出现高频率多胚性，也说明这些后代发生无融合生殖的频率较高，从中更容易选到无融合种质。至2010年10月共选育出性状各异的多胚亚麻材料582份（多胚低世代250份，多胚高世代332份）；育成高纤多胚品系21个（表3-13）。无融合生殖体诱导及选择试验：激素NAA处理结果显示发生多胚的亚麻材料被滴注的子房稍有膨大，但不结籽或结籽率极低（只有一个膨大的子房内结1粒种子），而对照材料子房未见膨大。2012年收获多胚低世代组合材料196份（2011年66份，2010年58份，2009年59份，2008年13份），其各材料多胚率见表3-14。2012年选出多胚高世代单株10 000余株，单株脱粒保存。共决选品系10份，麻率30%以上

的4份（表3-15）。

表3-13 2010年选育的多胚高纤品系

序号	品系名称	株高（cm）	工艺长度（cm）	原茎产量（kg/hm²）	纤维产量（kg/hm²）	麻率（%）
1	H200901×（D95029-8-3-7×D97008-2）	57.0	37.0	2 500.0	685.9	32.3
2	H05105	50.0	42.0	1 541.7	460.1	35.1
3	H02147-22	63.0	42.0	2 458.3	634.2	30.3
4	H02149-2	48.0	33.0	2 000.0	548.4	32.3
5	H02147-4	57.0	40.0	4 166.7	1 018.8	28.8
6	H02150-7	56.0	35.0	3 291.7	847.4	30.3
7	H06146	52.0	36.0	4 041.7	1 454.6	42.3
8	H06130MU（D95029-12-7）	54.0	32.0	2 916.7	826.4	33.3
9	H07008-2	53.0	33.0	2 958.3	813.0	32.3
10	H07008-1	50.0	36.0	3 375.0	872.1	30.4
11	H07008-2	50.0	34.0	3 166.7	863.0	32.1
12	H06153	62.0	39.0	3 416.7	906.7	31.2
13	H06117	60.0	38.0	3 333.3	1 009.6	35.6
14	H07017-4	56.0	37.0	3 833.3	1 269.2	39.0
15	H07017-3MU（D95029-18-1）	56.0	35.0	3 958.3	1 035.3	30.8
16	2H07013-1MU（D95029-10-5）	40.0	21.0	1 916.7	551.0	33.8
17	H07011-1	53.0	37.0	3 708.3	1 020.3	32.4
18	D95029-8-1多子房株	54.0	30.0	3 291.7	825.6	29.5
19	H07011-2FU（D95029-12-5）	72.0	40.0	2 250.0	666.5	34.8
20	H07009-2.3FU（D95029-8-1）	58.0	37.0	3 416.7	862.6	29.7
21	D95029-8-1-5	50.0	32.0	2 625.0	676.6	30.3

注：表中的"*"代表材料田间表现优良程度。

表3-14 2012年多胚亚麻低世代材料

年份	2011	2010	2009	2008	合计
份数	66	58	59	13	196
多胚率（%）	0~3.3	0~4.5	0~50	0~1	

表3-15　2012年决选品系

2012决选	品系名称	株高(cm)	工艺长度(cm)	干茎制成率(%)	麻率(%)
2012K11	H04052-4dan	87	67	81.3	33.5
2012K15	D95029-8-3-1duida	90	71	76.1	32.9
2012K17/2012K8	D95029-8-3-22	90	73	80.8	32.6
2012K9/2012K2	H02147-2	116	91	81.0	32.4
2012K16	D95029-8-3-4dan	96	76	81.0	27.9
2012K7	H04052-8dan	94	75	82.5	26.5
2012K19/K10/K20	H06154xiao	97	74	80.5	25.5
2012K13	H02150-3-1duida	90	75	80.1	25.3
2012K3/2012K1	H06146-1duida	91	73	82.2	24.6
2012K18	D95029-8-3danqi	86	68	82.3	24.1

二、建立了单倍体胚胎克隆技术体系

通过对单倍体胚胎进行离体培养成单倍体苗，进行无性繁殖，再由无性繁殖形成的多个基因型完全相同的后代个体，获得基因型完全相同的单倍体群。

以多胚亚麻H04052为试验材料。取授粉后3~5d的蒴果，于70%酒精消毒5min，10%NaClO溶液中灭菌10min，切开蒴果取出种子，从种皮中剥出种胚，接种于MS，MS＋6-BA（1mg/L）＋NAA（0.05mg/L），SH2，B5培养基中。进行各培养基中再生植株的形态观察，选择适于幼胚再生植株的培养基；采用染色体计数法选择单倍体再生植株，剪段（每片叶为1段），插入MS培养基中扩繁，待长至4~5cm高时，移入MS＋NAA（0.005mg/L）的培养基中生根，移栽。

试验结果表明通过对胚再生植株的观察，MS和B5培养基更适合于由胚直接发育成再生植株，而MS＋6-BA（1mg/L）＋NAA（0.05mg/L）和SH2容易使胚先形成愈伤后长出多个植株，甚至同一个胚愈伤长出的植株倍性也发生了变化。试验对H04052的100个种子的胚进行离体培养，结果在MS和B5培养基内筛选到2个单倍体，移入MS繁殖成2个单倍体群。

三、建立了双单倍体（DH）的诱导技术体系

通过对多胚苗中单倍体植株进行加倍，获得双单倍体材料，达到缩短育种年限，快速培育优质高产亚麻新品种的目的，建立利用多胚亚麻进行单倍体育种体系。

2008年采用盆栽种植32份多胚材料用于多胚苗观察和诱导DH材料，2010年盆栽种植4份多胚材料作为诱导DH材料的试验材料。

待多胚苗第一朵花开时，取花药于显微镜下观察，选单倍体植株，剪掉已开的花蕾，将剪口浸入0.015%～0.02%秋水仙碱溶液内处理24～36h，调查结籽情况。

试验结果表明，2008年的15份材料发现26株单倍体苗。多胚双株大多大株可育，小株为单倍体苗不结籽；有的双株都可育；有的双株大小株型完全相同，但育性不同；有的大株不育相对小株可育；有的孪生株株高相同茎粗不同，育性也不同。

单倍体苗加倍试验结果显示2008年盆栽种植的17份材料有28株不育株；采用秋水仙碱进行加倍处理，有15株获得了种子，加倍成功率53.6%，2010年获得DH$_2$代材料7份。2010年对25份材料中4份多胚材料（H09052、H09018、H09012、H2009-7）的不育株进行加倍处理，共处理10株单倍体苗，有6株加倍成功（其中1份材料获得5个果），加倍成功率60.0%（表3-16）。

通过对多胚孪生株的观察及加倍结果的测定可知，选杂交低世代多胚材料的株高、株型一致但倍性不同的双株如H04052-1对、H04052-2对，对其不育株进行加倍处理，不仅能获得纯合种子，也固定了植株性状，对快速选育品种具有重要意义，由此建立并完善了利用多胚亚麻的DH诱导体系。

表3-16　染色体加倍

2008创造的DH系（7份）					
2010年区行号	2009年区行号	名称	处理时间	来源	种子量（g）
10K3-8	09K4-8	H06130秋	65-1秋08.7.10，24h	D95029-12-7 × 97175-58	5
10K15-3, 4	09K17-3	H06116秋	71-1秋2果先收1果08.10.8收	原2000-4 × D95029-8-3	5
10K15-8	09K17-8	H06140秋	49号-2秋3果	D95029-11-1 × 阿卡塔	5
10K15-9, K16-1, 2	09K17-9	H06121秋	55号-1秋08.7.9，2果先收1果后收	DIANE × D95029-12-5	15
10K16-3, 4	09K18-1	H06121秋	55号-1秋08.7.9，后收2果	DIANE × D95029-12-5	15
10K31-1	09K36-1	H02147-12秋	87号-1秋	D95029 × D97018-6	5

（续表）

2008创造的DH系（7份）					
2010年区行号	2009年区行号	名称	处理时间	来源	种子量（g）
10K4-6, 7	09K	D95029-8-3一秋	72-1分枝秋08.7.10	H06116FU	5
10K16-8	09K18-8	D95029-8-3二秋	72-2秋二08.7.10	H06116FU	5

2010年加倍处理的材料（6个材料）		
名称	处理时间	获果数
H09052-3对小秋	2010.8.10，36h	1小绿果
H09052-4对大秋	2010.8.16，36h	1小绿果
H09052-6对小秋	2010.7.10，36h	2果
H09052-7对小秋	2010.7.10，36h	3果（1熟2绿果）
H09052-8对剩①秋	2010.7.10，36h	5果（1小果1粒后收4果2大2小，大果无籽）
H2009-7-1对大秋	2010.7.10，36h	1果2籽

四、小孢子培养单倍体育种技术

通过开展小孢子培养技术研究，提高单倍体苗的频率，减少变异率，缩短亚麻育种年限，完善亚麻的单倍体育种技术体系。

该工作以多胚杂交组合H07019、H08001、H09052、H09008、H09012、H09037等的H$_1$代为试验材料。各材料采用盆栽种植，待亚麻现蕾期6：00—8：00取花蕾，按蕾大小分类。显微镜下观察，取单核靠边期一类花蕾洗涤消毒，剥取花药，放入含糖3%的B5液体培养基内研磨，纱布过滤，滤液置于离心机内1 000转离心1min，弃上清液，沉淀采用含糖10%的B5、SH2、NLN液体培养基稀释到适当浓度，30℃暗培养。待小孢子长出胚状体，转入芽诱导培养基，分化诱导单倍体苗。

试验结果显示B5为启动花药内小孢子适宜培养基；H07019、H08001、H09008、H09037获得小孢子胚状体并诱导出愈伤组织（图3-26），但很难分化成苗。由本试验结果可以确定B5是启动亚麻小孢子较适宜的培养基；H07019、H08001、H09008、H09037是较容易启动的基因型。但小孢子胚状体及其愈伤组织分化成苗比较困难，还有待进一步探讨。

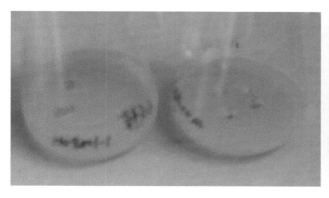

图3-26　诱导的小孢子愈伤组织

五、远缘杂交幼胚离体培养技术研究

利用*Linum genus*或*Linum grandiflorum*等野生亚麻与栽培种亚麻（*Linum usitatissimum*）中多胚材料进行杂交，研究其幼胚挽救技术，用获得的杂交后代植株进行鉴定和新品种（系）选育。

该项工作以野生亚麻为父本，栽培亚麻为母本进行杂交，二者的花粉亲合力差，精卵结合成胚困难，很难形成种子或形成残缺、不完全的种子，所以统计杂交成活率。由于杂交胚成活力较差或不育，采用早期幼胚离体培养挽救性措施以获得杂交后代植株。

试验以野生种材料（*Linum grandiflorum*）红花亚麻和栽培亚麻（*Linum usitatissimum*）多胚低世代种子（H09012、H09028、H09003、H08019等10份）为试验材料。

剥离自交种形成幼胚于MS、SH2、B5培养基上，筛选出容易令胚萌发且不易长出太多愈伤的培养基。配制远缘杂交组合30个，每个组合做30～50朵花。调查杂交果成活率。对成活杂交绿胚在8d、12d、15d进行剥离，于已筛选出的最佳培养基上培养，筛选易成活材料及最佳剥胚时期。

试验结果显示，B5培养基为亚麻胚胎培养最适培养基，SH2培养基使胚形成的愈伤过大，不利于长出再生植株，MS培养基无法使胚长出愈伤，只能使完整的胚长出胚生苗。杂交胚成活率调查结果显示，一次授粉杂交果成活率30%左右，而重复授粉的杂交果成活率能达到80%以上。确定远缘杂交幼胚最适剥离时期为8～12d。本试验由于剥胚过程中杂交果消毒处理时间过长，只有H09012和H09028两个组合获得了胚再生植株（图3-27）。

图3-27　远缘杂交胚生苗

六、双单倍体（DH）品系1-6Ha-3选育及鉴定

多胚亚麻品系1-6Ha-3是从俄罗斯引进的多胚种质D95029（形态特征接近油用亚麻）与纤维亚麻抗6的杂交后代中多胚种子产生的单倍体苗采用0.015%秋水仙碱加倍24h后获得的双单倍体（DH）品系。

该品系形态特征明显区别于油用亚麻，更接近纤维亚麻，而且株高、工艺长度等农艺性状都优于亲本。经两年鉴定（间比法），其原茎产量、纤维产量都高于对照品种黑亚14号，全麻率与黑亚14号相当（鉴定结果见表3-17和表3-18），同时具有高频率的多胚特性。该品系可提升入全省区域试验和生产试验参试品系或作为优良育种亲本更好地利用。

表3-17　2008年1-6Ha-3鉴定结果

名称	株高（cm）	工艺长度（cm）	麻率（%）	纤维产量（kg/hm²）	种子产量（kg/hm²）	原茎产量（kg/hm²）
1-6Ha-3	80.0	60.0	25.1	1 215.7	619.6	6 250.0
黑14号（CK）	71.1	47.4	26.0	966.8	425.8	4 791.7
比CK增	8.9	12.6	-0.9	25.8%	45.5%	30.4%

表3-18　2009年多胚品系1-6Ha-3鉴定

名称	株高（cm）	工艺长度（cm）	麻率（%）	纤维产量（kg/hm²）	种子产量（kg/hm²）	原茎产量（kg/hm²）
1-6Ha-3	106.0	76.0	28.5	2 476.5	637.5	10 156.3
黑14号（CK）	126.0	90.0	28.9	2 081.1	432.9	8 333.3
比CK高（%）				19.0%	47.3%	21.9%

七、双单倍体（DH）品系1-6Ha-3在23个栽培种亚麻中分类地位的研究

试验采用RAPD技术和ISSR技术相结合，对DH品系1-6Ha-3与其他23个亚麻品种的亲缘关系进行分析，旨在为多胚亚麻品种的鉴定、保护和分子标记辅助育种提供理论依据。同时也为筛选亚麻多胚性分子标记的研究工作奠定基础。

以表3-19中24个品种（系）为试验材料。

表3-19　1-6Ha-3分类地位研究试验材料

序号	品种名	序号	品种名	序号	品种名
V1	98-338	V9	1-6Ha-3	V17	原2005-15
V2	98-338CK	V10	ELISE	V18	Ariane
V3	原2006-11	V11	阿卡塔	V19	黑亚11号
V4	原2006-8	V12	Coli	V20	Jikta
V5	原2005-21	V13	r8744	V21	原2006-13
V6	TYY29	V14	贝林卡	V22	Tyy13
V7	SXY20	V15	原2006-267	V23	D97009-12
V8	原2003-15	V16	D95027-16	V24	黑亚10号

试验结果表明，试验在随机选择的70条RAPD引物和21条ISSR引物中筛选出对供试亚麻材料能扩增出清晰的谱带、重复性好、多态性丰富的引物10条，其中RAPD引物5条、ISSR引物5条（表3-20）。

表3-20　10条引物的RAPD和ISSR扩增结果

引物	序列（5′→3′）	扩增带数	多态带数	多态比例（%）
A2	GAGTAAGCGG	13	11	84.6
A5	GCCACGGAGA	9	7	77.8
A8	GAATGCGAGG	10	8	80.0
A12	CCGGTTCCAG	11	10	90.9
S24	AATCGGGCTG	10	8	80.0
U824	TCTCTCTCTCTCTCTCC	14	13	92.9

（续表）

引物	序列（5′→3′）	扩增带数	多态带数	多态比例（%）
U835	AGAGAGAGAGAGAGAGYC	15	10	66.7
U836	AGAGAGAGAGAGAGAGYA	10	6	60.0
U853	TCTCTCTCTCTCTCTCRT	9	6	66.7
U886	VDVGTCTCTCTCTCTCT	14	8	57.1
总计		115	87	757
平均		11.5	8.7	75.7

24个亚麻品种的DNA多态性：筛选出的10条引物扩增的带型较理想，多态性较好，重复扩增结果一致。这10个引物共扩增出115条带，其中同源片段28条，多态性条带87条，多态性比例为75.7%。平均每条引物扩增出11.5条带，谱带大小一般在200～2 000bp，也有极少数在100～200bp或超过2 000bp。其中扩增谱带最多的引物是U835（15条），扩增出的谱带最少的引物有A5和U853，各为9条。表3-20为10条引物在24个亚麻品种中的扩增结果。

24份亚麻种质在阈值（遗传相似系数）为0.73处分为四大类，V19（黑亚11号）、V18（Ariane）、V23（D97009-12）等21品种聚为第一大类，1-6Ha-3、黑亚10号、原05-15分别为第二、三、四类群。1-6Ha-3与其他23个亚麻品种的遗传相似系数范围分布在0.652 2～0.773 9，遗传距离由大到小为V24/V21/V19>V23>V17>V15/V4>V16>V20>V13>V3>V22>V14>V6>V18>V12>V2>V8>V10>V11>V7>V1/V5。遗传距离计算公式得：1-6Ha-3与黑亚10号（V24）、原2006-13（V21）、黑亚11号（V19）3个品种的遗传距离最远，都为0.347 8，与品种原2005-21白（V5）、98-338（V1）的遗传距离相对最近，为0.226 1。

在应用分子标记进行各品种分类及亲缘关系鉴定过程中，利用筛选的这10个引物将供试的24份亚麻种质在阈值（相似系数）为0.73处分为四大类群，多胚品系1-6Ha-3独为第二类群，且与其他23个亚麻品种的遗传相似系数分布在0.652 2～0.773 9，说明该品系与其他材料间存在着较大的遗传差异，并且从分子水平上鉴定出与其遗传距离较大的品种有黑亚10号（V24）、原2006-13（V21）、黑亚11号（V19）、原2005-15（V17）等，与其遗传距离较小的品种有原2005-21（V5）、98-338、SXY20等。一般地，遗传距离较远或不同类型的材料间杂交时杂交优势较高。根据本试验研究结果，可在1-6Ha-3和与其遗传距离远的黑亚10号、原2006-13等品种间配制杂交组合，有可能从其杂交后代的多胚种子中获得杂交优势高的单倍体植株，采用化学加倍或自然加倍方法达到快速纯合目的。本试验结果可为多胚亚麻的利用研究提供理论依据和指导。

研究通过RAPD和ISSR两种分子标记技术相结合的方法对认定多胚亚麻与其他栽培亚麻品种之间的关系的分析结果表明，该方法能较好地用于分析亚麻属种下样品的遗传距离，更能灵敏地揭示两个关系相近的个体之间的遗传差异。适合解决种下分类鉴定的问题，并能为扩大资源利用和分子标记辅助育种研究奠定基础和提供新线索。

八、抗倒伏优良亚麻双单倍体（DH）品系选育

通过开展多胚亚麻资源创新利用研究，黑龙江省农业科学院经济作物研究所2013年决选鉴定出抗倒伏优良多胚亚麻品系H08015和H07008-2两个（图3-28）。

图3-28　抗倒伏优良亚麻双单倍体（DH）品系

品系H08015：株高70.0cm，原茎、全麻、种子产量分别6 526.0kg/hm²、1 554.8kg/hm²和875.3kg/hm²，全麻率30.5%。

品系H07008-2：株高65.0cm，原茎、全麻、种子产量分别4 708.3kg/hm²、1 357.9kg/hm²和847.3kg/hm²，全麻率34.6%。

九、利用多胚诱导雄性核不育材料创制无融合生殖种质

（一）快速创制无融合生殖亚麻种子的方法

"一种快速创制无融合生殖亚麻种子的方法"被授权发明专利。专利号：ZL201810493067.1，授权公告日：2021年9月28日（图3-29）。现将该方法介绍如下。

图3-29　"一种快速创制无融合生殖亚麻种子的方法"发明专利证书

1. 技术领域

本发明涉及生物技术领域,尤其涉及一种快速创制无融合生殖亚麻种子的方法。

2. 背景技术

近50年来,杂种优势的充分利用对全球主要农作物增产发挥了重要作用。无融合生殖具有固定杂种优势、加速育种进程、积累优良基因的优势,因此可利用无融合生殖快速固定作物杂种优势,达到提质增产增效的良好效果,在农业生产及遗传育种上具有重要的意义和潜力。尽管目前已在被子植物52个科的400多种植物中发现了无融合生殖植物，但作物中普遍缺乏无融合生殖特性。自然界中植物无融合生殖常伴随着有性生殖发生，在一定条件下，即使专性无融合生殖后代中也偶尔出现有性生殖后代，兼性无融合生殖体的有性胚与无性胚的比率也会受到外界环境因素如光周期、温度、无机盐以及营养水平的影响。开展可以达到人工诱导、调节和控制无融合生殖发生的工作，获得由无融合生殖产生的种子，可以简化育种中长期艰难的选择过程。

亚麻是自花授粉作物，育种周期较长，采用常规杂交方法育成一个品种需10~15年的时间。在亚麻的栽培种（*Linum usitatissimum* L.）内存在极少部分的多胚种质。这种多胚种质一般表现为双胚的发生，并且其中的一个胚通常通过无融合生殖途径产生，即胚囊的配子体细胞不经受精而发育成胚胎个体，多数为单倍体，少数为纯合二倍体或镶嵌体。目前在已经检测过的材料中还没有发现通过珠被细胞经无性生殖产生的母体体细胞克隆，也就是亚麻的无融合生殖目前已经发现的属于雌配子体参与的，可以通过对其产生的非受精胚经选择培育后获得种子，对其后代可直接进行表型选择，能缩短育种年限，提高育种效率。因此，获得仅由无融合生殖产生的后代对育种十分有利。在亚麻育种上，利用多胚中的无融合生殖胚进行育种，其产生的非受精胚经筛选后可进行表型选择。但是多胚亚麻种子中的无性胚即无融合生殖胚与有性生殖胚往往是伴生的，即在同一种子内，这就给利用带来较大难度。

已有方法证明利用多胚亚麻种质可以获得仅由无融合生殖胚发育的种子，但该方法需要采用2,4-D和灭活花粉蒙导去雄花蕾的方法诱发多胚亚麻中的无性胚发育成种子，方法烦琐，去雄工作繁重，对诱导药剂浓度要求严格，成功率极低。为简化获得无融合生殖种子方法中的去雄和激素诱导及失活花粉刺激等工作，提高获得无融合生殖亚麻种子的工作效率和准确性。本发明在利用多胚亚麻种质的基础上，采用导入雄性核不育基因的方法，可以简化操作程序，快速准确获得无融合生殖的亚麻种子。

3. 发明内容

发明一种新的快速创制无融合生殖亚麻种子的方法，即利用多胚资源和核不育材料创制无融合生殖亚麻种子的方法。本方法采用具有无融合生殖特性的多胚亚麻种质为父本，与雄性核不育亚麻种质的不育株为母本进行杂交，通过对杂交后代不育株套袋不授粉处理，从所收获的果实中得到无融合生殖亚麻种子的方法。

4. 操作方法及实施步骤

下述实施例中所使用的试验方法如无特殊说明，均为常规方法。

下述实施例中所用的材料、试剂等，如无特殊说明，均可从商业途径得到。

（1）获得杂交果的M_0代种子。2015年7月雄性核不育亚麻种质M1401不育株作为母本，多胚亚麻种质2008DH007（1）作为父本，杂交授粉，获得多胚雄性核不育杂交组合M1503；于2016年4月将M1503的种子种植田间，记作2016KDZ188，该材料花期观察发现6株不育株（无花粉或花药呈白色干瘪状态），可育株种子当年发芽检测多胚率达0.1%。所得到的雄性核不育亚麻种质2016KDZ188具备多胚和不育双重基因特性。

2016年6月在雄性核不育亚麻种质2016KDZ188始花期，开始观察，对所有雄性不育株进行拴牌，套袋，7月收获M_0种子。

上述雄性核不育亚麻种质M1401是1987年黑龙江省农业科学院经济作物研究所以雄性核不育组合M8711不育株为母本，Viking为父本杂交获得的不育株再为母本，可育材料为父本连续26代杂交获得的核不育杂交组合。雄性核不育组合M8711是以黑龙江省农业科学院经济作物研究所引进的雄性核不育亚麻品系1745A为母本，以Viking为父本的雄性不育的杂交组合。

2008DH007（1）是2008年黑龙江省农业科学院经济作物研究所以多胚品系D95029-8-3单倍体苗为试验材料，采用0.015%秋水仙碱溶液加倍的方法育成。

（2）播种收获无融合生殖来源亚麻种子。

①M_1代植株的获得：2017年4月将上述获得的所有M_0代种子播种，得到M_1代植株；根据是否有花粉判断M_1代植株的育性，若2016KDZ188的M_1代植株上所开放的花朵内的花药上有花粉散出，则为可育植株；若无花粉或花药呈白色干瘪状态，则为不育植株。

2017年2016KDZ188的M_1代植株共17株，其中7株2016KDZ188的M_1代雄性不育植株，10株2016KDZ188的M_1代可育株。

②无融合生殖亚麻种子和新的多胚雄性核不育杂交种子的获得：2017年7月在母本2016KDZ188的M_1代亚麻植株的始花期，开始观察，对所有雄性不育株进行拴牌，套袋，每天6：00～7：00选表3-21不同父本花粉分别对雄性核不育亚麻植株的花进行授粉处理，然后再套袋；无融合生殖鉴定组仅套袋不进行授粉处理；对照选雄性核不育杂交组合M1501（为雄性核不育亚麻种质M1401的不育株和Viking的杂交后代，Viking不具有多胚特性，M1501仅为雄性核不育种质，不具有多胚性）的不育株始花期套袋不授粉；以2016KDZ188的M_1代可育株为参考对照，不套袋不进行杂交授粉处理。

具体操作步骤如下：

2017年7月，选1株已套袋的2016KDZ188的M_1代雄性不育株2016KDZ188-1的花朵仅套袋未进行涂抹授粉处理得到的杂交果及种子，命名为多胚雄性核不育MH2017023的M_0代种子，该种子即为无融合生殖产生的亚麻种子，无种子产生说明不育植株2016KDZ188-1不具备无融合生殖特性。

2017年7月，选1株已套袋的2016KDZ188的M_1代雄性不育株2016KDZ188-2

的花朵仅套袋未进行涂抹授粉处理得到的杂交果及种子，命名为多胚雄性核不育MH2017024的M_0代种子，该种子即为无融合生殖产生的亚麻种子，无种子产生说明不育植株2016KDZ188-2不具备无融合生殖特性。

2017年7月，选1株已套袋的2016KDZ188的M_1代雄性不育株当天开放的花朵（无花粉或花粉败育）为母本，取多胚亚麻种质2016KDZ188可育株-1的花粉对母本花朵的柱头进行涂抹授粉处理，得到杂交果及种子，命名为多胚雄性核不育MH2017011的M_0代种子，其父本为多胚亚麻种质2016KDZ188可育株-1。

2017年7月，选1株已套袋的2016KDZ188的M_1代雄性不育株当天开放的花朵（无花粉或花粉败育）为母本，取多胚亚麻种质2016KDZ188可育株-2的花粉对母本花朵的柱头进行涂抹授粉处理，得到杂交果及种子，命名为多胚雄性核不育MH2017012的M_0代种子，其父本为多胚亚麻种质2016KDZ188可育株-2。

2017年7月，选1株已套袋的2016KDZ188的M_1代雄性不育株当天开放的花朵（无花粉或花粉败育）为母本，取多胚亚麻种质2016KDZ188可育株-3的花粉对母本花朵的柱头进行涂抹授粉处理，得到杂交果及种子，命名为多胚雄性核不育MH2017020的M_0代种子，其父本为多胚亚麻种质2016KDZ188可育株-3。

2017年7月，选1株已套袋的2016KDZ188的M_1代雄性不育株当天开放的花朵（无花粉或花粉败育）为母本，取多胚亚麻种质H2010050的花粉对母本花朵的柱头进行涂抹授粉处理，得到杂交果及种子，命名为多胚雄性核不育MH2017021的M_0代种子，父本H2010050为多胚亚麻种质，是以2008DH004为母本，以H09052为父本的杂交组合后代材料，当年鉴定具有多胚特性。

2017年7月，选1株已套袋的2016KDZ188的M_1代雄性不育株当天开放的花朵（无花粉或花粉败育）为母本，取多胚亚麻种质H2010010的花粉对母本花朵的柱头进行涂抹授粉处理，得到杂交果及种子，命名为多胚雄性核不育MH2017022的M_0代种子。父本H2010010为多胚亚麻种质，是以2008DH007（1）为母本，以NEW为父本的杂交组合后代材料，当年鉴定具有多胚特性。

2017年7月，选M1501的2株不育株在始花期分别套袋，不授粉，观察蒴果膨大和结籽情况。

结果如表3-21所示：

在未授花粉的2016KDZ188的M_1代雄性不育株2016KDZ188-1上获得2个成活杂交果，每个杂交果内8粒种子，种皮黄色籽粒饱满成熟。

在未授花粉的2016KDZ188的M_1代雄性不育株2016KDZ188-2上获得1个成活杂交果，每个杂交果内3粒种子，种皮黄色籽粒饱满成熟。

在授2016KDZ188可育株-1花粉的2016KDZ188的M_1代雄性不育株上获得4个成活

杂交果，每个杂交果内4粒种子，种皮黄色籽粒饱满成熟。

在授2016KDZ188可育株-2花粉的2016KDZ188的M_1代雄性不育株上获得4个成活杂交果，每个杂交果内8粒种子，种皮黄色籽粒饱满成熟。

在授2016KDZ188可育株-3花粉的2016KDZ188的M_1代雄性不育株上获得3个成活杂交果，每个杂交果内8粒种子，种皮黄色籽粒饱满成熟。

在授H2010050花粉的2016KDZ188的M_1代雄性不育株上获得4个成活杂交果，每个杂交果内8粒种子，种皮黄色籽粒饱满成熟。

在授H2010010花粉的2016KDZ188的M_1代雄性不育株上获得3个成活杂交果，每个杂交果内8粒种子，种皮黄色籽粒饱满成熟。

以上对2016KDZ188的M_1代雄性不育株上的花朵授粉，目的是创制新的多胚雄性不育组合，以快速大量获得无融合生殖的亚麻种子。

对照M1501为未与多胚种质杂交的雄性不育组合，2株不育植株套袋未授粉，无膨大蒴果，无种子产生。

参考对照2016KDZ188的M_1代可育株即MH1503上皆有10个以上成活蒴果，每个蒴果内8粒种子，种皮褐色籽粒饱满成熟。

从表3-21中可以看出，多胚不育杂交组合2016KDZ188的M_1代不育株套袋经授粉处理，可产生雄性核不育的亚麻种子（种皮黄色，区别于对照组可育植株上的褐色种皮的种子）；2016KDZ188的M_1代多胚不育株套袋不授粉处理，产生种子；而雄性核不育组合M1501的不育株套袋不授粉，不能结籽，说明多胚不育组合2016KDZ188的M_1代套袋不授粉的不育株所结的种子源于无融合生殖（孤雌生殖）。本试验所获得的MH2017023的2个蒴果共8粒种子和MH2017024的1个蒴果3粒种子为采用本方法获得的无融合生殖亚麻种子。

表3-21　2017年利用多胚诱导不育株产生无融合生殖种子的试验

组合号	母本	父本	蒴果数	种子粒数/种皮颜色
MH2017011	2016KDZ188的M_1代多胚不育株	2016KDZ188可育株-1	4	32/黄色
MH2017012	2016KDZ188的M_1代多胚不育株	2016KDZ188可育株-2	4	32/黄色
MH2017020	2016KDZ188的M_1代多胚不育株	2016KDZ188可育株-3	3	24/黄色
MH2017021	2016KDZ188的M_1代多胚不育株	多胚亚麻种质H2010050	4	32/黄色
MH2017022	2016KDZ188的M_1代多胚不育株	多胚亚麻种质H2010010	3	24/黄色

（续表）

组合号	母本	父本	蒴果数	种子粒数/种皮颜色
MH2017023	2016KDZ188的M$_1$代多胚不育株-1套袋	—	2	8/黄色
MH2017024	2016KDZ188的M$_1$代多胚不育株-2套袋	—	1	3/黄色
MH1503	2016KDZ188的M$_1$代多胚可育株	自交	10	80/褐色
M201701	M1501不育株-1套袋	—	0	0
M201702	M1501不育株-2套袋	—	0	0

5. 小结

该发明公开了一种快速创制无融合生殖亚麻种子的方法。该发明提供了一种创制无融合生殖亚麻种子的方法，包括如下步骤：①用具有无融合生殖特性的多胚亚麻种质为父本，以雄性核不育亚麻种质的不育株为母本进行杂交，收获杂交果；②将所述杂交果的种子进行播种，选取不育株套袋不授粉，所收获的果实中的种子，得到无融合生殖亚麻种子。该发明的方法可以简化前述获得无融合生殖种子方法中的去雄和激素诱导及失活花粉刺激等工作，提高获得无融合生殖亚麻种子的工作效率和准确性。因此，此发明在利用多胚亚麻种质的基础上，采用导入雄性核不育基因的方法，可以简化操作程序，快速准确获得无融合生殖的亚麻种子。

（二）无融合生殖种质创制情况

1. 利用多胚诱导核不育材料快速创建无融合生殖亚麻种子

在前期无融合生殖亚麻种子的创制工作中，采用多胚种质在现蕾期对花蕾进行去雄、套袋、第二天采用失活花粉授粉处理、再连续3~4d用生长调节剂滴注子房的方法诱导获得无融合生殖种子的方法极其烦琐，且成功率极低。本项工作采用上述发明的方法即利用多胚诱导核不育材料的方法可以快速创建无融合生殖亚麻种子。该项工作以亚麻雄性核不育材料MH2018059、MH2018060、MH2018061、MH2018062、MH2018063、MH2018064、MH2018065和MH2018066（上述亲本来源见表3-22、表3-23）为母本，在母本材料始花期，开始观察，对所有雄性不育株进行挂牌，套袋，每天6：00~7：00选具有多胚性的材料花粉对不育株花进行授粉处理和不授粉套袋处理；并对上年多胚诱导不育株产生的不育株花朵采用仅套袋不进行授粉处理。观察各处理结籽情况，并收获膨大的蒴果，脱粒通过观察种皮颜色确定是否为不育组合或无融合生殖种子。

表3-22   2018年利用多胚诱导不育株产生无融合生殖种子

组合号	母本	父本
MH2018059	KDZ63-1/MH2017011不育	KDSD43-8/H2015015
MH2018060	KDZ63-1/MH2017011不育	KDZ66-1/多胚选株
MH2018061	KDZ63-10/MH2017020不育	KDSD53-5/H2010011-6对单2
MH2018062	KDZ63-10/MH2017020不育	KDSD53-4/H2010011-6对秋5
MH2018063	KDZ64-4/MH2017024不育	KDSD53-4/H2010011-6对秋5
MH2018064	KDZ64-4/MH2017024不育	ZAZHU华3
MH2018065	KDZ64-4/MH2017024不育	自转育
MH2018066	KDZ64-4/MH2017024不育	FA1/法1
MH2018067	H2016011扁茎不育株-1	—

表3-23   2017年利用多胚诱导不育株产生无融合生殖种子

组合号	母本	父本	膨大蒴果数
MH2017011	2016KDZ188多胚不育	2016KDZ188可育株-1	4
MH2017012	2016KDZ188多胚不育	2016KDZ188可育株-2	4
MH2017020	2016KDZ188多胚不育	2016KDZ188可育株-3	3
MH2017021	2016KDZ188多胚不育	H2010050GAO-DUO3YA	去萼4
MH2017022	2016KDZ188多胚不育	H2010010GAO-DUO3YA	3
MH2017023	2016KDZ188多胚不育	自育	2
MH2017024	2016KDZ188多胚不育	自育	1

注：2016KDZ188不育株，来自M1503［M1401×2008DH007（1）］。

父本：H02147-22（0.3%EMS）-9-4-9-1-4（47.2%）、H2010011-6DUI单-2等及母本材料可育株。

2019年试验结果显示，9份参试母本材料都有不育株出现，共产生不育株30株，配制不育组合49个，其中未经授粉处理自育组合22个，27个为授以多胚、高纤或自身可育株花粉，每个组合至少获得2个杂交果，籽粒具不育特性黄色。MH2019038、MH2019044、MH2019080、MH2019081、MH2019086、MH2019087、MH2019056等组合部分不育株整株完全未做授粉处理（表3-24），自行膨大的蒴果内产生的种子为无融合生殖种子，果内籽粒种皮呈现黄色，可确定为不育材料。该试验结果表明，多胚诱导雄性不育材料不经授粉可自行转育即具备发生无融合生殖的能力，且可遗传。

表3-24 2019年利用多胚诱导不育株产生无融合生殖种子

组合号	母本	父本
MH2019038	KD6-9不育株半开-1/MH2018059不育株半开-1	自育
MH2019039	KD6-9不育株-2/MH2018059不育株-2	K12-7/H02147-22（0.3%EMS）-9-4-9-1-4（47.2%）
MH2019040	KD6-9不育株半开-3/MH2018059不育株半开-3	KDSD101-3/H2010011-6DUI单-2
MH2019041	KD7-1不育株半开-1/MH2018061不育株半开-1	KD7-1可育株/MH2018061可育株
MH2019042	KD7-1不育株半开-2/MH2018061不育株半开-2	自育
MH2019043	KD7-1不育株半开-2/MH2018061不育株半开-2	K9-5粉/H09005-3MU（AGTHAR）-9-10（37.6%）粉
MH2019044	KD7-1不育株-3/MH2018061不育株-3	自育
MH2019045	KD7-2不育株-1/MH2018062不育株-1	K9-9粉/RW0616MU粉-2-10-3-6-6-5（56.8%）粉
MH2019046	KD7-2不育株-1/MH2018062不育株-1	K10-6/RW0616MU粉-2-7-5-6-6-7（51.6%）-6
MH2019047	KD7-2不育株-2高麻率/MH2018062不育株-2高麻率	自育
MH2019048	KD7-1不育株半开-4/MH2018061不育株半开-4	自育
MH2019049	KD6-10不育株-3/MH2018060不育株-3	K12-7/H02147-22（0.3%EMS）-9-4-9-1-4（47.2%）
MH2019050	KD7-1不育株-4/MH2018061不育株-4	K9-9粉/RW0616MU粉-2-10-3-6-6-5（56.8%）粉
MH2019051	KD7-5不育株-1/MH2018065不育株-1	KD4-3/H2018033/H2010047-2DUI小秋-12×H2015017-3（深粉）
MH2019052	KD7-5不育株-2/MH2018065不育株-2	K12-1+KDSD101-3多胚
MH2019053	KD7-5不育株-3/MH2018065不育株-3	KD4-3
MH2019054	KD7-5不育株-4/MH2018065不育株-4	K12-1+KDSD101-3多胚
MH2019055	KD7-4不育-0/MH2018064不育株-0	捡2果
MH2019056	KD7-3不育株半开/MH2018063不育株半开-3	自育
MH2019057	KD7-2不育株-11/MH2018062不育株-11	自育
MH2019058	KD7-2不育株-11/MH2018062不育株-11	K9-9粉/RW0616MU粉-2-10-3-6-6-5（56.8%）粉
MH2019059	KD7-2不育株花半开-12/MH2018062不育株半开-12	KD7-2/MH2018062可育株

（续表）

组合号	母本	父本
MH2019060	KD7-2不育株花半开-12/MH2018062不育株半开-12	自育
MH2019061	KD7-2不育株-13/MH2018062不育株-13	自育
MH2019062	KD7-2不育株-13/MH2018062不育株-13	K9-9粉＋K9-5粉/RW0616MU粉-2-10-3-6-6-5（56.8%）粉
MH2019063	KD7-2不育株-13/MH2018062不育株-13	KD7-2可育株/MH2018062可育株
MH2019064	KD7-2不育株花半开-14/MH2018062不育株半开-14	KD7-2可育株/MH2018062可育株
MH2019065	KD7-2不育株花半开-14/MH2018062不育株半开-14	自育
MH2019066	KD7-2不育株/MH2018062不育株-2	捡1果
MH2019067	KD7-4不育半开-1/MH2018064不育株-1	K12-5/H02147-22（0.3%EMS）-9-4-9-1-4（47.2%）
MH2019068	KD7-4不育半开-2/MH2018064不育株-2	自育
MH2019069	KD7-4不育半开-2/MH2018064不育株-2	K12-5/H02147-22（0.3%EMS）-9-4-9-1-4（47.2%）
MH2019070	KD7-4不育半开-2/MH2018064不育株-2	KDSD101-3多胚
MH2019071	KD7-4不育半开-2/MH2018064不育株-2	K12-7/H02147-22（0.3%EMS）-9-4-9-1-4（47.2%）
MH2019072	KD7-4不育半开-2/MH2018064不育株-2	自育
MH2019073	KD7-4不育-23/MH2018064不育株-23	自育
MH2019074	KD7-4不育-23/MH2018064不育株-23	K12-7/H02147-22（0.3%EMS）-9-4-9-1-4（47.2%）
MH2019075	KD7-4不育-23/MH2018064不育株-23	KDSD101-3多/H2010011-6DUI单-2
MH2019076	KD7-4不育-23/MH2018064不育株-23	自育
MH2019077	KD7-4不育-5/MH2018064不育株-5	自育
MH2019078	KD7-4不育-5/MH2018064不育株-5	K9-9粉/RW0616MU粉-2-10-3-6-6-5（56.8%）粉
MH2019079	KD7-7不育-1/MH2018067不育株-1（H2016011扁茎-1）	K12-7＋K12-5/H02147-22（0.3%EMS）-9-4-9-1-4（47.2%）
MH2019080	KD7-5不育株半开-5/MH2018065不育株-5	自育
MH2019081	KD7-5不育株半开-6/MH2018065不育株-5	自育
MH2019082	KD7-5不育株半开-7/MH2018065不育株-7	KD7-5可育株/MH2018065可育株

（续表）

组合号	母本	父本
MH2019083	KD7-5不育株半开-①/MH2018065不育株-①	自育
MH2019084	KD7-5不育株半开-①/MH2018065不育株-①	KDSD101-3去萼片/H2010011-6DUI单-2
MH2019085	KD7-5不育株半开-①/MH2018065不育株-①	KD7-5可育株/MH2018065可育株-5
MH2019086	KD7-5不育株半开-②/MH2018065不育株-②	自育
MH2019087	KD7-5不育株半开-③高麻率/MH2018065不育株-③高麻率	自育

2. 无融合种质的创制及其可育后代性状观察

该项工作以2020年配制的MH2020132-MH2020359共228个不育组合中所产生的不育株作为母本，以同组合可育株或多胚、高纤、不同花色的亚麻材料为父本授粉处理和套袋不授粉处理，2021年获得不育组合127个，其中获得套袋不授粉处理的自育组合即无融合生殖种子材料18个：MH2021199、MH2021203、MH2021204、MH2021205、MH2021206、MH2021214、MH2021216、MH2021218、MH2021220、MH2021235、MH2021236、MH2021246、MH2021247、MH2021256、MH2021257、MH2021259、MH2021304、MH2021308。2020年获得的不育苗未做授粉处理自行结实的种子材料即由无融合生殖产生的种子材料可育株后代调查结果显示，株行内植株群体整齐，未见性状分离，可进行直接选择。

十、高产亚麻品种华亚2号的育成

（一）选育过程

华亚2号是2008年以黑龙江省农业科学院经济作物研究所自选多胚品系D95029-8-3-7为母本，以自育品系98018-10-22为父本配制杂交组合H08015，经连续4代自交，通过株系间比较试验，筛选出优良株系，再进行品比试验。2013—2015年在黑龙江省农业科学院国家现代农业产业民主示范园区组合品比试验中，该品种表现出集原茎高产、种子高产、抗病、抗倒于一体的特征。于2016年参加了安徽省非主要农作物品种鉴定登记试验（编号为H002）。

选育过程如图3-30所示。

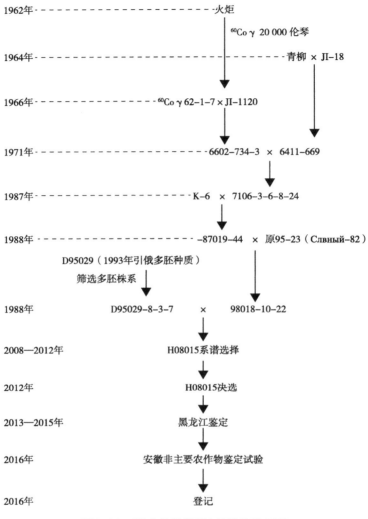

图3-30　亚麻品种华亚2号的选育系谱

（二）选育结果

1. 华亚2号在黑龙江省的鉴定试验

2013—2014年在黑龙江省农业科学院国家现代农业产业民主示范园区组合品比试验中，原茎平均产量7 645.8kg/hm²，比对照黑亚14号增产13.25%；纤维产量达到1 698.4kg/hm²以上，增产极显著；种子产量1 628.3kg/hm²。2015年黑龙江省农业科学院经济作物研究所内鉴定原茎、种子产量比对照品种黑亚14号分别增产1.16%、54.55%（表3-25）。华亚2号是一个集高产、抗病、抗倒于一体的高产型亚麻新品种（图3-31）。

表3-25 2015年黑龙江鉴定试验结果

品种	株高(cm)	工艺长度(cm)	出麻率(%)	比CK(±%)	原茎产量(kg/hm²)	比CK(±%)	纤维产量(kg/hm²)	比CK(±%)	种子产量(kg/hm²)	比CK(±%)
华亚2号	76	58	26.9	-1.9	7 823.0	1.16	1 683.51	-5.52	1 712.0	54.55
黑亚14号（CK）	85	71	28.8	—	7 733.3	—	1 781.8	—	1 107.7	—

图3-31 华亚2号植株

2. 华亚2号在安徽省的登记试验

（1）生长情况。由表3-26可知，该品种与对照品种中亚麻2号的出苗期相同，从播种到出苗期大约为7d；17d后进入枞形期，比对照品种提前1d，枞形15d左右；在4月23日比对照品种提前1d进入快速生长期；18d后，比对照品种迟1d进入现蕾期；5月17日与对照品种同期进入开花期；开花26d后，6月12日达到工艺成熟期，迟于对照品种3d；6月23日进入种子成熟期，比对照品种晚熟4d；在种子成熟期后的第二天，分别进行收获。该品种生育期为94d，比对照长4d；在抗倒性方面华亚2号明显强于对照品种。

表3-26 生长情况

品种	播种期（日/月）	出苗期（日/月）	枞形期（日/月）	快速生长期（日/月）	现蕾期（日/月）	开花期（日/月）	工艺成熟期（日/月）	种子成熟期（日/月）	收获期（日/月）	生育期天(d)	抗倒性
华亚2号	15/3	22/3	8/4	23/4	11/5	17/5	12/6	23/6	24/6	94	较好
中亚麻2号（CK）	15/3	22/3	9/4	24/4	10/5	17/5	9/6	19/6	20/6	90	中

（2）产量性状比较结果。品种鉴定试验采用随机区组，3次重复，小区面积10m²，10行区，行长5m，行距0.2m，有效播种粒数2 000粒/m²，区间道0.5m，组间道1m。结果显示，华亚2号原茎产量6 540kg/hm²（表3-27），比对照品种中亚麻2号增产19.78%，方差分析差异达极显著水平（表3-28和表3-29）。

表3-27　品种原茎产量

品种（系）	原茎产量（kg/hm²）				比CK（±%）
	I	II	III	平均产量	
华亚2号	6 700	6 810	6 110	6 540	19.78
中亚麻2号（CK）	5 340	5 390	5 650	5 460	—

表3-28　原茎产量方差分析

变异来源	SS	DF	MS	F	P
品种间	1 749 600	1	1 749 600	20.656	0.010 5
重复间	338 800	4	84 700		
总变异	2 088 400	5			

表3-29　原茎产量显著性分析

品种（系）	平均产量（kg/hm²）	$F_{0.05}$	$F_{0.01}$
华亚2号	6 540±376.4	a	A
中亚麻2号（CK）	5 460±166.4	b	B

（3）特征特性。该品种花蓝色，茎绿色，叶披针形，叶片相对细长，抗倒、抗病性强。种皮褐色，千粒重4.7g。安徽省种植生长日数93d，属中早熟型品种。株高109.8cm，工艺长度80.13cm，分枝4~5个，蒴果16~18个；出苗密度1 872株/m²，比对照品种中亚麻2号多出28株；茎粗为2.639mm，比对照品种中亚麻2号粗0.374mm，茎秆直立，有弹性，抗倒伏能力强（表3-30）。

表3-30 品种农艺性状

品种（系）	株高（cm）	茎粗（mm）	工艺长度（cm）	分枝数（个）	蒴果数（个）	出苗密度（株/m²）	单株干茎重（g）
H002	109.8	2.639	81.93	4.57	16.34	1 872	3.58
中亚麻2号（CK）	102.7	2.265	77.57	4.27	14.17	1 844	3.33

（三）栽培要点

1. 播期选择

北方4月下旬至5月上旬均可播种。根据耕作制度，采种田应尽量适当早播，采麻田可适当晚播，利于提高原茎产量。在安徽六安地区播种时间选择在3月上旬至4月上旬，6月中下旬即可进入收获期，减少倒伏现象发生。

2. 播深密度

亚麻最佳播种深度以2.0~3.0cm为宜。北方春播每平方米有效播种粒数2 000粒，南方繁种田每平方米有效播种粒数1 500~1 800粒。

3. 施肥

华亚2号抗倒性强，对氮肥要求不严，可施尿素150kg/hm²、磷肥300kg/hm²、钾肥225kg/hm²，钾肥可适当增施。

4. 轮作

亚麻地不宜长期连作，与玉米、大豆、马铃薯轮作皆可。

5. 适宜区域

该品种适应性较强，采种田适合于黑龙江的哈尔滨、绥化、齐齐哈尔、牡丹江、黑河、佳木斯等地，采麻田适合于安徽、黑龙江等地。

（四）登记情况

华亚2号于2016年在安徽省非主要农作物品种鉴定登记委员会鉴定登记（品种登记编号：皖品鉴登字第1609010）（图3-32），2018年8月30日通过黑龙江省省级和农业农村部种子管理部门审查，在农业农村部登记，登记编号：GPD亚麻（胡麻）（2018）230021（图3-32），种子入国家种质库编号：DJI3B00017。该品种2017—2018年在黑龙江省农业科学院国家现代农业产业民主示范园区鉴定试验中，原茎平均产量6 866.7kg/hm²，比对照黑亚16号增产7.6%，纤维产量达到1 153.2kg/hm²，种子产量1 005.6kg/hm²。该品种种皮褐色，千粒重4.7g；籽实粗脂肪含量36.0%；抗病、抗倒伏能力较强。华亚2号是一个集原茎种子双高产、抗病、抗倒于一体的纤籽兼用型亚麻新品种。2020年被金达集团旗下黑龙江康源种业有限公司转化应用。

图3-32　华亚2号品种登记证书

十一、高纤亚麻品种华亚5号的育成

（一）选育过程

华亚5号是黑龙江省农业科学院经济作物研究所以D95029为母本，以自育品系95015-20为父本配制杂交组合H02150，采用系谱法选择多胚单倍体苗加倍为手段育成。母本D95029引自俄罗斯，具多胚特性；父本95015-20为自育品系，来自87019-44（黑亚13号）×Argos杂交后代，具高纤特性。2002年以D95029的多胚单株为母本，以95015-20为父本配制杂交组合H02150，从其杂交后代选择多胚单倍体苗，用秋水仙碱加倍（0.015%秋水仙碱溶液内处理24h）获得双单倍体植株，经连续4代自交，选择稳定遗传的优良株系，再通过株系比较试验，筛选出高纤株系H02150①-20（50.6），在黑龙江、云南等地进行农艺和产量性状鉴定而育成。2014—2016年在黑龙江鉴定试验中原茎产量5 910～6 900kg/hm²，种子产量975.0～1 115.0kg/hm²，全麻率39.3%～43.9%。2016—2017年云南冬季种植鉴定原茎产量13 095kg/hm²，种子产量1 475kg/hm²。于2016年参加了安徽省非主要农作物品种鉴定登记试验（编号为H5）。

选育过程如图3-33所示。

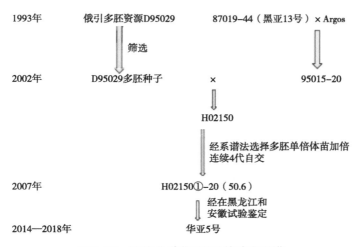

图3-33　亚麻品种华亚5号的选育系谱

（二）选育结果

1. 黑龙江鉴定试验

2014—2016年在黑龙江省农业科学院国家现代农业产业民主示范园区组合品比试验中，原茎产量5 910～6 900kg/hm²；纤维产量达到2 223.4kg/hm²，增产极显著；全麻率39.3%～43.9%。2016年黑龙江省农业科学院经济作物研究所内鉴定原茎、纤维产量分别比对照品种Diane增产7.8%、52.02%；种子产量1 240kg/hm²（表3-31）。

表3-31　2016年黑龙江鉴定试验结果

品种（系）	株高（cm）	工艺长度（cm）	全麻率（%）	±CK（%）	原茎产量（kg/hm²）	±CK（%）	纤维产量（kg/hm²）	±CK（%）	种子产量（kg/hm²）	±CK（%）
华亚5号	90	68	39.3	10.3	6 900.0	7.8	2 223.4	52.02	1 240.0	-11.74
Diane（CK）	80	55	29.0	—	6 400.0	—	1 462.5	—	1 405.0	—

2. 安徽登记试验

该品种于2016年参加安徽省非主要农作物品种鉴定登记试验，试验点为：六安、韩摆渡和望江试验点，每个试验点参试品种和对照品种中亚麻2号均采用随机区组3次重复试验。3个试验点综合试验情况如下。

（1）生长情况。从表3-32中可以看出，该亚麻品种比对照品种的出苗期早2d，从播种到出苗期大约为5d。12d后与对照品种同时进入枞形期，枞形期7d左右，在4月17日比对照品种提前1d进入快速生长期，22d后，比对照品种提前2d进入现蕾期。5月

14日进入开花期，比对照品种提前2d。开花期株高矮于对照4.3cm。开花26d后，6月9日达到工艺成熟期，比对照品种提前4d。6月16日进入种子成熟期，比对照品种早熟3d。在种子成熟期后的第9天，分别进行收获。该品种生育期为79d，比对照短3d。在抗倒性方面华亚5号（H5）强于对照品种中亚麻2号。

表3-32 生长情况

品名（系）	播种期（日/月）	出苗期（日/月）	枞形期（日/月）	快速生长期（日/月）	现蕾期（日/月）	开花期（日/月）	开花期株高（cm）	工艺成熟期（日/月）	结果期（日/月）	种子成熟期（日/月）	收获期（日/月）	生育期（d）	抗倒性
华亚5号	24/3	29/3	10/4	17/4	8/5	14/5	83.7	9/6	22/5	16/6	25/6	89	好
中亚麻2号（CK）	24/3	31/3	10/4	18/4	10/5	16/5	88.0	13/6	24/5	19/6	25/6	87	中

（2）产量性状。

①原茎产量比较：品种鉴定试验采用随机区组，3次重复，小区面积10m²，10行区，行长5m，行距0.2m，有效播种粒数2 000粒/m²。区间道0.5m，组间道1m。鉴定试验结果显示，华亚5号原茎产量5 170kg/hm²（表3-33），比对照增产4.02%，方差分析差异10%水平显著（表3-34和表3-35）。种子产量496kg/hm²（表3-36），比对照减产1.59%，方差分析差异不显著（表3-37和表3-38）。

表3-33 品种原茎产量

品种（系）	原茎产量（kg/hm²）			平均产量（kg/hm²）	±CK%
	Ⅰ	Ⅱ	Ⅲ		
华亚5号	5 190	5 220	5 100	5 170	4.02
中亚麻2号（CK）	4 860	5 120	4 930	4 970	—

表3-34 原茎产量方差分析

变异来源	SS	DF	MS	F	P
品种间	60 000	1	60 000	8.633	0.098 9
重复间	30 100	2	15 050	2.165	0.315 9
误差	13 900	2	6 950		
总变异	104 000	5			

表3-35　原茎产量显著性分析

品种（系）	原茎平均产量（kg/hm²）	$F_{0.1}$	$F_{0.05}$	$F_{0.01}$
H5	5 170 ± 36.06	a	a	A
中亚麻2号（CK）	4 970 ± 77.67	b	a	A

②种子产量比较：

表3-36　品种种子产量

品种（系）	种子产量（kg/hm²）			平均产量（kg/hm²）	± CK%
	I	II	III		
华亚5号	490	513	485	496	−1.59
中亚麻2号（CK）	495	519	498	504	—

表3-37　种子产量方差分析

变异来源	SS	DF	MS	F	P
品种间	96	1	96	10.105	0.086 3
重复间	769	2	384.50	40.474	0.024 1
误差	19	2	9.50		
总变异	884	5			

表3-38　种子产量显著性分析

品种（系）	种子平均产量（kg/hm²）	$F_{0.05}$	$F_{0.01}$
H5	496 ± 8.622	a	A
中亚麻2号（CK）	504 ± 7.540	a	A

（3）特征特性。该品种浅花蓝色，茎绿色，叶披针形，叶片相对细长，抗倒、抗病性强。种皮褐色，千粒重4.5g。在安徽省种植生长日数79d，属中早熟型品种，株高105.2cm，工艺长度70.9cm，分枝6个，蒴果20.3个，茎秆直立，有弹性，抗倒伏能力强（表3-39）。

表3-39　品种农艺性状

品种（系）	株高（cm）	茎粗（mm）	工艺长度（cm）	分枝数（个）	蒴果数（个）	出苗密度（株/m²）	单株原茎重（g）
华亚5号	105.2	2.64	70.9	6.0	20.3	1 856	2.33
中亚麻2号（CK）	98.0	2.29	80.8	5.2	18.2	1 858	2.41

（三）栽培技术要点

1.适时播种

北方4月下旬至5月上旬均可播种。根据耕作制度，采种田应尽量适当早播，采麻田可适当晚播，利于提高原茎产量。播深2.0~3.0cm。合理密植，北方春播每平方米有效播种粒数1 700~1 800粒，南方繁种田每平方米有效播种粒数1 200~1 500粒。科学施肥，华亚5号抗倒性强，对氮肥要求不严，瘠薄土地复合肥施肥450~525kg/hm²。合理轮作，亚麻不宜长期连作，应轮作，前茬玉米、大豆、马铃薯皆可。

2.注意事项

生长速度快，高抗枯萎病和炭疽病，抗倒、耐旱、耐涝性强，综合性状较全面，耐密性差，生产上建议适当降低播种量。

3.适宜区域

适宜在黑龙江省哈尔滨、绥化、齐齐哈尔、牡丹江、黑河和安徽六安春季种植，云南省大理州宾川县冬季种植。

（四）登记情况

华亚5号2018年在安徽省非主要农作物品种鉴定登记委员会鉴定登记（品种登记编号：皖品鉴登字第1809010），2019年8月通过黑龙江省省级和农业农村部种子管理部门审查，作为纤维用亚麻品种在农业农村部登记，登记编号：GPD亚麻（胡麻）（2019）230012。华亚5号是一个集高纤、抗倒、优质、适应性广于一体的高纤型亚麻新品种（图3-34、图3-35）。

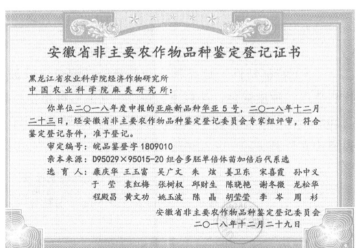

图3-34　华亚5号品种登记证书

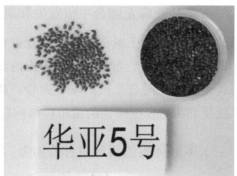

华亚5号黑龙江种植田间

华亚5号

图3-35　华亚5号种子和植株

第五节　多胚亚麻研究展望

一、多胚亚麻研究工作中存在的问题

（一）亚麻多胚发生及调控机制模糊不清

有关多胚亚麻的研究目前国内只有黑龙江省农业科学院经济作物研究所在研究。相关课题组已经培育出多胚率稳定在较高频率（10%～20%）的多胚品系、多胚单倍体苗加倍后的加倍品系和多胚种质与非多胚材料杂交后代中筛选的多胚种子经多代自交后的多胚品系。比如单倍体加倍品系2008DH007（1）、2008DH008（*Linum usitatissimum* L.），虽然是由多代自交多胚品系D95029-8-3的不同单倍体苗加倍获得，但二者表现出不同的多胚水平，2008DH007（1）多胚率17.5%、2008DH008多胚率5.5%（2012年检测结果）；多代自交多胚品系H08015、H08014（*Linum usitatissimum* L.）是本书课题组于2012年从2008年多胚品系D95029-8-3-7与非多胚材料杂交组合后代中决选的自交多胚品系，二者有着相同母本不同父本的遗传背景，农艺及产量性状略有差异，但不显著，都表现出高水平的多胚性，当年多胚测定结果分别为18%、11%。以上4份多胚材料都来源于亚麻多胚资源D95029，该种质是黑龙江省农业科学院经济作物研究所1993年从俄罗斯引进的原始多胚材料，当年多胚率检测结果30%以上，但表现高度杂合性，经多代自交和不断选择，筛出多胚率不同的品系D95029-8-3、D95029-18-3等10余个。然而，来源背景几乎相同的材料多胚性为何表现如此大的差异？多胚的发生除了受自身遗传物质的控制之外还受哪些因素影响？哪些利于多胚发生又是如何调控，都处于未知，有待探索。

（二）多胚亚麻无融合生殖发生和遗传机制研究不足

目前研究所用的无融合生殖双胚亚麻自交系材料具有特异性的无融合生殖途径和结构，即形成多于一个卵细胞，其多出的卵细胞被认为是形成单倍体胚胎的原因。但是是否这是形成无融合生殖的唯一途径，尚有待细胞胚胎学的发育过程观察和验证。关于多胚亚麻无融合生殖性的遗传机制问题也有待探索。

（三）多胚种质创新利用有待加强

获得无融合生殖亚麻种子，提高育种效率。筛选并验证具有无融合生殖特性的亚麻材料和无融合生殖种子及后代的工作虽然取得一些进展，但是从细胞学、胚胎学、分子生物学方面探讨多胚亚麻无融合生殖发生和遗传机制工作还不是很系统、详尽。在利用多胚种质进行单倍体胚胎克隆和单倍体苗直接加倍的过程中发现多胚起源及其无融合生殖方式未能明确，从而限制了多胚苗的高效利用。所以，在今后多胚种质利用的同时进行多胚起源及无融合生殖发生方式、诱导技术的进一步研究尤为重要。另外，目前利用多胚种质育成的新品系中只有极少数原茎、纤维产量、出麻率等指标高于国内外的优良品种，大部分还难以形成优良品种。所以还需更多关注现有品种品系的改良工作。

二、多胚亚麻研究展望

（一）与无融合生殖紧密相关的发育时期的研究

以经自交多代培育出的较高频率（10%～30%）的无融合生殖多胚品系为主要试验材料，与相同品种栽培亚麻的非无融合生殖材料进行比较，研究以下3个关键时期（图3-36）。

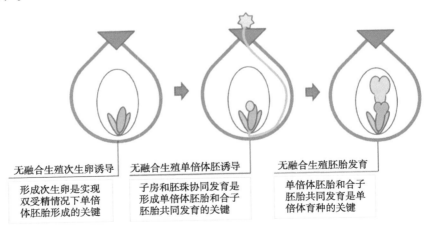

图3-36　与发育时期紧密相关的重点研究内容

1. 无融合生殖次生卵诱导期

在这个发育时期，在减数分裂后的胚囊形成多于一个卵细胞（初生卵细胞和次生卵细胞）是实现双受精情况下单倍体胚胎形成的关键。诱导条件的正交设计及显微解剖的胚胎学鉴定和统计，是优化无融合生殖生理调控条件的途径。

根据以上结果，形成无融合生殖结构的、没有形成的，和非无融合生殖的常规品种取材进行转录组的分析，寻找特异性表达的基因信息。

2. 无融合生殖单倍体胚诱导期

在这个发育时期，子房和胚珠应具有亲和的授粉并在双受精后形成有利于多于一个胚（双胚）发育的生理环境，胚珠和子房应有足够的营养和生理刺激，实现协同发育，是为形成单倍体胚胎和合子胚胎共同发育的关键。在以往研究结果的基础上喷施生长调节剂和使用蒙导花粉等方法，可以促使胚珠和子房的有效发育。

3. 无融合生殖胚胎发育期

在这个发育时期，子房和胚珠应具有双胚发育的生理环境，胚珠和子房实现协同发育，单倍体胚胎和合子胚胎得以共同发育成熟。倍性和成熟双胚着生的定位，以及后代的分离统计，可以成为该品种无融合生殖双胚特性的遗传力的量化依据。

（二）多胚亚麻的无融合生殖诱导

分别采用去雄套袋灭活花粉孢子体蒙导、灭活花粉管雌配子体蒙导辅以2,4-D诱导、秋水仙碱加倍的胚胎发育生物学试验方法，通过调查结籽情况和比较诱导效果，探讨获得无融合生殖亚麻种子的方法，创制无融合生殖亚麻种子。

（三）亚麻多胚中无融合生殖发生机制研究

对能够获得无融合生殖的多胚材料进行细胞学和无融合生殖发生的胚胎学观察，探讨多胚亚麻中无融合生殖的发生机制。

已有的研究表明，所用的无融合生殖双胚亚麻自交系材料具有特异性的无融合生殖途径和结构，即形成多于一个卵细胞，其多出的卵细胞被认为是形成单倍体胚胎的原因。根据已有的显微切片，胚囊中两个卵细胞的位置模型如图3-37所示。胚胎学鉴定和统计将验证该模型的代表性，并可依据结果追踪双胚的发生过程。

（四）亚麻无融合生殖的遗传机制分析

对获得的无融合生殖种子及其自交后代多胚率及株高、工艺长度、出麻率等性状的分离情况进行检测和统计分析，研究无融合生殖特性的遗传力；对高多胚率材料及其无多胚性近等基因系，通过胚胎观察和发育控制方式在无融合生殖启动期雌配子体关键结构发生期的转录组分析，寻找控制亚麻无融合生殖的基因信息，综合分析亚麻无融合生殖的遗传机制。

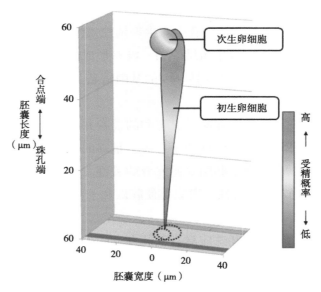

图3-37　已培育出的无融合生殖双胚亚麻品系，无融合生殖卵细胞的三维构建模型、胚囊中两个卵细胞的位置及尺度示意图

（五）多胚亚麻研究必须解决的关键科学与技术问题

一是采用细胞胚胎学观察和统计揭示亚麻无融合生殖的独特模式。

二是采用实验生理学方法进行无融合生殖结构的诱导。

三是采用胚胎发育控制和自交后代观察研究无融合生殖特性的遗传力。

四是采用LOP标记检测亚麻与其他植物在无融合生殖遗传标记方面的异同。

五是通过转录组测序分析无融合生殖多胚品系和普通品系在无融合生殖启动期的雌配子体关键结构发生过程中的差异基因并用qRT-PCR技术进行验证。

六是通过环境条件的优化，在不使用离体培养的大田条件下进行产业化无融合生殖中试，验证稳定性。

七是进一步提高无融合生殖发生率和获得稳定的优异亚麻种子。

八是进行亚麻无融合生殖发生及调控机制的细胞学、生理学、遗传学和分子生物学的解析。

第四章

亚麻品种改良岗位多胚亚麻科研论文选编

Study Progress of Apomixis in Flax
(*Linum usitatissimum* L.)

Qing-Hua Kang[a], Wei-Dong Jiang[a], Xi-Xia Song[a], Zhong-Yi Sun[b],

Hong-Mei Yuan[a], YuBo Yao[a], Wen-Gong Huang[a], Dong-Wei Xie[a],

Ying Yu[a], Jing Chen[a], Ying-Ying Hu[a]

([a]Institute of Industrial Crops, Heilongjiang Academy of Agricultural Sciences, Harbin, China; [b]Institute of Animal Husbandry Research, Heilongjiang Academy of Agricultural Sciences, Harbin, China)

Abstract: In this paper, the history of flax breeding, the types, research methods, occurrence, and genetic mechanism of apomixis were reviewed. The development and genetic mechanism of apomixis in polyembryonic flax, the progress in inducing methods and other aspects was discussed by cytology, embryology, genetics, and molecular biology, etc., methods in this paper. The purpose of this study was to reveal the rules of apomixis and to improve the utilization efficiency of apomixis in breeding. The problems existing in apomixis breeding of polyembryonic flax and the research direction of apomixis of flax were put forward.

The overview of the purpose and breeding of flax

Overview of the history of cultivation and the purpose of flax

The flax (*Linum usitatissimum* L.) is an important fiber and oil crop. It has already grown for 6 000-8 000 years in Egypt and Samaria. It is considered that flax cultivation in Western Europe (the Netherlands, Northern France, Belgium, and Switzerland) started about 5 000-3 000 BC when seminomads, originating from the Middle East, settled in Flanders and introduced flax cultivation (Vromans, 2006). In China flax was already grown for more than 5 000 years (Xiong, 2008). But it was for seeds or oil mainly. The fiber flax was tried to plant in 1906, and it was planted for processing in 1936 in China.

Currently, flax plant area is 213 700 ha and the fiber yield is 697 100 tons in the world. Compared with the last century, the planting area decreased significantly in the 1980s. However, the fiber yield per unit area increased and the total yield of the fiber decreased slightly. Flax is widely used in textile, clothing, cosmetics, feed, chemical, and automobile manufacturing industries. The fiber has the characteristics of high strength, soft color, good hygroscopicity, strong air breathability, antistatic, and antiseptic and antibacterial property. And its seeds are rich in fat, protein, dietary fiber, lignin, and so on. Under suitable conditions, 9.67% pectin, 39.46% oil, 11.03% lignin（purity 28%）, 15.27% protein（containing about 5% lignin）can be obtained at the same time. The content of α-linolenic acid is the highest in its fat composition. Omega -3 polyunsaturated fatty acids mainly include α-linolenic acid（ALA）, eicosapentaenoic acid（EPA）, docosapentenoic acid（DPA）, and docosahexenoic acid（DHA）, which are a benefit to defending of the human cardiovascular disease, central nervous system disease, mental health disease, Immune dysfunction, and so on.（Deng, 2017）.

General situation of flax breeding

The earliest commercial breeding of flax started at the end of the nineteenth century. The first report of flax breeding in the Netherlands was around 1816 at Ternaard in the North of Friesland. Flax breeding in other West European countries started in the early twentieth century. Before West European varieties became available, seeds for sowing were imported from Russia.

At present, the flax breeding in China and in the world is still mainly cross-breeding（Wang et al., 2016, 2011; Xia, 2015）. mutagenesis breeding（Feng et al., 2017; Qiu et al., 2014）, system breeding（Zhang et al., 2017）, distant hybridization（Zhang et al., 2012）, heterosis utilization（Li et al., 2015）, and anther culture（Song, 2008）were also used in breeding practice. Flax transgenic breeding technology（Long et al., 2014）has also carried out a series of studies. Preisner obtained low lignin（Preisner et al., 2014）flax through transgenic technology, but only Canada registered the genetically modified variety CDC Triffid（certificate number: 4338）（McHughen, 1997）, and there is no transgenic varieties and products of flax in China. The flax varieties are characterized by low fiber content and easy to lodging. For this reason, since twenty-first Century, we have started breeding work with high quality, high fiber, resilience to adversity and wide adaptability. Compared with these breeding methods, apomixis has obvious advantages, and this technique will play an important role in flax breeding in the future.

Research status of apomixis in plants

Types of apomixis in plants

Apomixis is a reproductive phenomenon which the embryo is developed directly without sperm-egg fusion in plants. The plant apomixis is one of the three major reproductive ways that coexist with sexual reproduction and asexual reproduction in the plant. It is a special reproductive mode that produces seeds without the fusion of male and female gametes (Nogler, 1984) . The apomixis was classified differently by the research direction. For example, it was divided into haploid apomixis and polyploid apomixis two types according to the manifestations of apomixis. The former type, after the meiosis, the gamete developed into embryo directly, which is genetically different from the parent plant; the latter developed into embryo directly, there is not meiosis and fertilization process, it is genetically identical with the female parent. Huang (1997) considered that polyploid apomixes have considerable practical value in the breeding. According to the complete degree of apomixes, it can be divided into two kinds of apomixes, they are an obligate apomixis and facultative apomixis. The obligate apomixis does not need fertilization, it is an autonomous development, and the offspring do not have the character separation, such as Pennisetum squamulatum, Elymus rectisetus, Ranunculus auricomus, Paspalum notatum, Cenchrus ciliaris, etc. (Lubbers et al., 1994; Meng, 1995) . The facultative apomixis occurs at some frequency of sexual reproduction and apomixes, such as some species of Apluda mutica, Poa, Pennisetum. (Ma et al., 2002; Meng et al., 1995; Murty, 1973) . In apomixis of a plant, most of them are facultative apomixes, only a few plants are obligate apomixes, but there are no obvious boundaries, and they are likely to be affected by the environmental factors (Wang et al., 2004) . Scientists believe that the most practical fixed heterosis is the apospory and the diploid spore reproduction. Huang (1999) reported that 42 genera and 166 species have been identified with apospory and the diploid spore reproduction.

Research methods of apomixis in plants

Apomixis study has been extended from morphology (Ding et al., 2009) , Embryology (Qiu et al., 2013; Yang and Zhou, 2009) , cytology (Qiu et al., 2013) to physiological and biochemical and Molecular Biology (Wu et al., 2010) .

At present, seven identifying methods of the characteristics of apomixis were reported (1) Heterophoric plant produce neat and consistent offspring or some offspring with female parenttypical characteristics; (2) the different F_1 generations of the same female parent appears same type; （3）the F$_2$ generation which was crossed by two parents with very different characters is not segregation or rarely segregation phenomenon; （4）Pollination of a recessive parent with pollen of parent with dominant marker gene, and its hybrid progeny is a recessive genetic type; （5）the seed fertility was very high in aneuploidy, triploid, distant hybridization, or other expected sterile plants; （6）the heterozygosity of chromosome number or structure of aneuploidy was hereditarysteadily; （7）a seed can have multiple seedlings （multiple embryos）, multiple stigma, a small flower with multiple ovule, and fused ovary.The embryological characteristics of diploid apomixic germ cells distinct from sexual reproduction: （1）immature MMC（megaspore mother cell）with vacuoles; （2）MMC with elongated dumbbell shaped nucleus; （3）MMC cell wall lacks callose; （4）there is not synapsis, synapsis complex, metaphase I, and linear tetrad. These have been proved effective in identifying apomixis of Elymus and Heteroptera. Haploid apomixis is a phenomenon in which synergidae, antipodal cells, or egg cells develop directly into embryos. After chromosome doubling, these haploids can obtain homozygous diploids, it can accelerate the breeding process.

Study on the mechanism of apomixis in plants

Grossniklaus et al.（2001）presented that apomixis was controlled by a single main gene or controlled by multiple closely linked gene complexes, which were located in a region where chromatid exchange is inhibited. The same phenomenon exists in monocotyledonous and dicotyledonous species such as rice, maize, Paspalum simplex, and Tripsacum dactyloides. After apomixis was considered to be controlled by a large number of unknown functional sites（Koltunow and Grossniklaus, 2003; Ozias-Akins and van-Dijk, 2007）, Koltunow et al.（2011）, Tucker et al.（2012）found two dominant functional site in the chrysanthemum, which greatly promoted the apomixes study in the world. Koltunow and Grossniklaus（2003）proposed that apomixis began with a sexual reproductive form that was deregulation at a certain step or some steps.

Hu and Wang（2008）introduced the related genes in plant embryo development, endosperm development and meiosis, which involve the process of apomixes: SERK （Somatic Embryogenesis Receptor-like Kinase）gene, is the most important gene in the process of somatic embryogenesis. It is believed that the SERK gene is closely related to the apomixis habit; the LEC（Leafy Cotyledon）gene can induce the important regulatory factors of embryo morphogenesis and control of embryo development;

the ectopic expression of BBM（BABY BOOM）gene in Arabidopsis and rapeseed can induce the formation of somatic embryos and similar cotyledon structures and the development of endosperm development at the same time；The related genes FIS （Fertilization Independent Seed）, which can start the development of the endosperm at very high explicit rates without fertilization, and can also start the parthenogenesis by meiosis, as well as genes associated with meiosis and a lot of other amito reproduction. Therefore, apomixis has complex genetic characteristics, and there are different mechanisms of apomixis in different species.

Study on induction of apomixis in plants

A large number of research work have been reported in the induction and selection of Germplasm with apomixis characteristics：after Yuan（1987）proposed that use apomixis to fix the hybrid rice heterosis and change the "two lines" as a "one line" strategy, China will breed crop varieties with the characteristics of apomixis as a sally port of another green revolution. And it is carried out in crops such as sorghum, corn, wheat, pearl millet, and rice. At present, the rice with the multiple anthers （7-13 anthers in 1 flower glume）, multiple ovules（2-3 ovules in 1 ovary）and the multiple embryo sac（more than 2 embryo sac in 1 ovules）have been successfully obtained by using of the asymmetric somatic hybridization with the materials of the wide affinity Japonica Rice line 02428 and the large grain line OK85 with highly apomixis characteristics（Xin et al., 1997）. Xu（1997）have studied the apomixis induction of rice. The parthenogenetic reproduction plant of rice was successfully induced by the inducer ATM（chemical synthetic agent）invented by themselves. Guo et al., （1999a） hybridized Sugar beet B. vulgaris and B.corolliflara, and the apomixis monosomal appendage lines were isolated from their cross and backcross progeny.

There are many methods to induce apomixis in plants, such as isolation, chemical induction, physical induction, pollen mentor, interspecific hybrids, and so on. The chemical induction is a common method, the chemicals：DMSO, maleic hydrazine （MH）, polyethylene glycol（PEG）, colchicine, nicotinic acid, etc., and the hormones 2,4-D, NAA, KT, gibberellin（GA3）, 6-BA and so on can be used in apomixis induction（Yin, 2006）.

The present situation and problems of apomixis in flax

The present situation of apomixis in flax

In the past 50 years, the potential of increasing yield of main crops is obviously brought into full use of heterosis in the world. Apomixis has the advantages of fixing heterosis, accelerating the breeding process and accumulating good genes. Therefore, the utilization of apomixis to fast fixed crops heterosis can be used to improve the quality and increase yield and efficiency. Apomixis will play an important role in agricultural production, genetics, and breeding (Wu et al., 2010).

Because the frequency of apomixis in flax is very low, the utilization of apomixis is limited. Multiembryo is an important symbol of apomixis. The use of multi-embryo flax germplasm to obtain apomixis seeds can improve the efficiency of apomixis in flax. In order to improve the apomixes utilization efficiency of the multi-embryo flax, the occurrence and genetic mechanism study of the apomixis of the multi-embryo flax will be the focus on the apomixis of flax currently. Studies of flax apomixis are few compared with other crops. It has been mainly studied in morphology, embryology, cytology, genetics, and utilization.

Twin seedlings in flax were observed for the first time in 1929. The origin of the twin seedlings and the heritability of polyembryony in Linum were first described by Kappert (1933). Twin seeds often contain one diploid and one haploid plant as the diploid member of the pair is derived from the fertilized egg cell (Kappert, 1933; Thompson, 1977). Thompson (1977) concluded that the first cell of the haploid embryo was a product of maternal meiosis.

Huyghe (1985) found that the cellular origin of twins is the occurrence of an egg-cell division before fertilization in two equipotent egg-cells. Haploid embryos and plants, derived from gametophytic cells, have been described in about 100 species of angiosperms. However, such haploids are rare in nature. One of these develops parthenogenetically into a haploid embryo. Through selection, the percentage of twins in the progeny can be increased.

So-called twinning cultivars are known in flax, where the second embryo is formed from one of the antipodal cells, and it has haploid chromosome number (Green and Salisbury, 1983). Green and Salisbury (1983) suggested that the presence of twins was controlled by additive gene action, with a heritability of 0.6-0.8.

Wricke (1954) confirmed these results and conducted additional studies on the factors that influence polyembryony. He found that the date of sowing had a strong effect on the twinning rate. The phenomenon of haploids from polyembryonic seeds in linseed and the development of genotypes with frequencies of haploid-diploid twin seedlings reaching more than 30% were reviewed by Friedt et al. (1997).

The heritability of polyembryony has been studied through crosses between haploid and diploid lines (Murray, 1980, 1985) as well as between twinning and non-twinning lines of flax. Presumably, additive gene action is primarily responsible for the production of twin seedlings. Haploid-diploid twin embryos are derived from genetically different nuclei. Cell division of the second, apomictic haploid nucleus has been reported to be dependent on fertilization of the ovule. To recover DHs, Rowland and Weerasena (1986) initiated a recurrent selection program using polyembryony found in selected genotypes of flax. It was more efficient to use the diploid twin seedling as the female parent than the haploid. Moreover, no significant difference in the twinning frequency of F_2 seed of crosses between twinning and non-twinning lines (range 0.8%-1.9%) was observed. The twinning frequency of individual DHs within crosses varied from 0.4% to 20.3%.

Selecting lines of varieties with a fairly high percentage of polyembryony in the F_1, when these lines were used as pollen parents, to populations in which a third to a half of the plants were haploid. Induction of haploids with lactic acid, dimethyl sulfoxide, and other growth stimulators was less effective (Polyakov, 1987). Although haploids derived from twin seedlings are sterile, fertility can be readily restored by artificial chromosome doubling through colchicination, giving rise to complete homozygous doubled haploids (DH) (Plessers, 1963; Rajhaty, 1976).

Murray (1985) report that the twins were derived from crosses of high-twinning × nontwinning lines. The data presented were based on the following: (1) the morphology of twins in terms of variations in the position, orientation, and size of the twin embryos in the embryo sac and in the mature seed; (2) the cytological interpretation of meiosis in the haploid and diploid member of F_2 twins, and chromosomal pairing of the F_3 diploid, triploid, and trisomic progeny obtained from crossing haploid × diploid F_2 twins; and (3) the genetic analysis of twinning frequencies, seed set by twins in single and double-cross progenies, and the combinations of flower color phenotypes in F_2 twins derived from blue flower × white flower crosses. The results, based on the survival rate of the haploid embryos, the cytological interpretation of meiosis, the fertility in the haploids, and in particular, the flower phenotype of twins in nine F_2 families, support the hypothesis that the progenitors of the twin embryos are two-megaspore nuclei rather than one.

Interpretation of the origin of the haploid and diploid member of twins from one or from two megaspores (megametogenesis vs. megasporogenesis) is based on the arrangement of twin embryos in the embryo sac and in the mature seed, the timing of sister chromatid separation and cytokinesis, and genetic evidence in terms of phenotypes expressed by twin members. The origin of the twin members is important if the haploid is the basis for the genetic interpretation of the diploid member (Murray, 1985).

The haploids from polyembryonic flax seeds have been used to breeding. The twinning character of such a high twinning genotype RA91, provides a useful tool for the development of doubled haploids in genetic research and molecular genetics. It has been used to develop a recombinant DH population for studying wilt resistance in linseed and identifying markers tightly linked to wilt resistance (Spielmeyer et al., 1998).

This wilt resistant Solin-type plant was used in a cross with the Australian variety 'Glenelg', genetically related to CRZY8, but highly wilt-susceptible. The haploid components of the resulting F_2 twin seedlings were colchicinized, and a population of 143 homozygous recombinant lines was developed. The segregation of wilt resistance in the homozygous DH lines was studied in the glasshouse using highly Fusarium-infested soil and under field conditions (hot spot for wilt). The segregation ratio in the DH lines suggests the involvement of two independent major genes with additive effects in wilt resistance of the cross, and probably also minor genes for wilt resistance. The elimination of heterozygosity and genetic variation within the individual recombinant lines assisted in clarifying the inheritance of Fusarium wilt resistance. The estimation of the disease response was more precise on the basis of each DH line when compared with the accuracy of an individual estimate in F_2 progeny. The use of the DH population also confirmed that a glasshouse screening method of DH lines was a reliable indicator of field resistance to Fusarium wilt (Spielmeyer et al., 1998).

Advances in our research on apomixes

According to the complete degree of apomixes, the facultative apomixis of flax were found by the observation and research on flax plant by the flax breeding team of China Agriculture Research System in recent years. But the obligate apomixis of flax has not been found yet until now. Flax apomixes were concluded belongs to parthenogenesis by the observation of the part which develops to young asexual embryo and the development of immature embryo, but it does not exclude the possibility of the adventitious embryos reproduction (Kang et al., 2011). We have found haploid apomixes and polyploid apomixes in the studies, they were the same importance in improving breeding efficiency (Kang, 2013).

By analyzing the polyembryo level of the hybrid progeny, we found: when polyembryonic flax as the female parent the polyembryonic ratio of hybrid progeny is higher, when polyembryonic flax as the male parent, the polyembryonic ratio of hybrid progeny is lower (Kang, 2011a) (Table 1, Table 2).

The polyembryonic germplasm have double embryos usually, and one embryo is usually produced by the apomixis (Secor and Russell, 1988), that is the gametophyte cells of the embryo sac develop into an embryo without fertilization, most of them are haploid and a few are homozygous diploid or mosaic. In the study of polyembryo of flax, we found that some polyembryos were derived from apomixes, or half from the zygotic embryos of sexual reproduction, and the other half or at least partly from the unfertilized female gametophyte, but it did not exclude the involvement of other tissue cells.

Table 1　The polyembryonic ratio of the polyembryonic female parental hybrid seeds

Cross combinations	Seeds	Polyembryonic seeds	Polyembryonic ratio（%）
D95029 × 92199-6-5	200	29	14.5
D95029 × 92192-79	200	23	11.5
D95029 × 92192-79-8	200	2	9
D95029 × 92192-16	200	22	11

Table 2　The polyembryonic ratio of the polyembryonic male parental hybrid seeds

Cross combinations	Seeds	Polyembryonic seeds	Polyembryonic ratio（%）
Jitka × D95029	200	10	5
97192-79-8 × D95029	200	4	2
Juan2000-4 × D95029	200	4	2
Agatha × D95029	200	2	2

At present, there are not integument cells were found to produce a clone of the maternal cell by agamogenesis in the flax which have been tested. It means that the apomixis of flax is currently found to be part of the female gametophyte, and it can be used for haploid breeding through the cultivation of the non fertilized embryos, after that, it can be selected by phenotypic properties, it can shorten breeding years and improve breeding efficiency.

Koltunow et al. (2011) found that the initiation of sexual reproduction is required to stimulate apospory inovules and to promote the function of the dominant locus, LOSS OF APOMEIOSIS, which stimulates the differentiation of somatic aposporous initial cells near sexually programmed cells. As aposporous initial cells undergo nuclear mitosis the sexual pathway terminates. The function of the dominant locus LOSS OF PARTHENOGENESIS in aposporous embryo sacs enables fertilization-independent embryo and endosperm development. According to this theory, we received an ideal effect (Kang, 2014) in the study of methods for obtaining apomixis flax seeds. Therefore, in the previous work, 2,4-D and deactivation pollen mentor were used to induce apomixes flax seed (Kang, 2013). Based on the morphological and cytological studies of embryogenesis and embryogenesis seedling of flax for many years (Kang, 2004, 2011a, 2011), a new method of apomixes seed induction was obtained, the apomixis flax seed and progeny materials were obtained by these methods. We have studied the hormone induces the apomixes of flax. The anthers were dislodged in all treatments. CK1: the anthers were dislodged, and they were treated by distilled water, and CK2: the anthers were not dislodged. In the study field of the apomixis induction in flax, the results of the induction of apomixes experiment shown that 5mL/L and 10mL/L 2,4-D solution is ideal (Kang, 2013) (Table 3), and the highest concentration 2mg/L of NAA and KT just starts the bulge of ovary, and may exist a problem of low concentration setting, which needs further study. In the study, two apomixis flax materials were obtained. It has provided a breakthrough for flax apomixes research and the creation of apomixes flax.

After that, we have studied the chromosome doubling methods of haploid plants which from polyembryonic flax. The experimental results showed that when the first flower of flax haploid plant was opened, the top of the plant was cut off and soaked in 0.05% colchicine solution for 24h, which doubled 52.1% of haploid plants (Liu, 1999) (Table 4). Thus, homozygous diploid seeds with excellent parent traits were obtained, and their offspring had high homozygosity and genetic stability. By using this method, the homozygous pure lines can be easily and quickly obtained, which eliminates the process of multi-generation self-crossing homozygous, and has great utilization value in breeding.

Table 3   Results of flax apomixes induced by different treatments

Treatments	Treated capsules	Harvested capsules	Harvested seeds	Ratio of harvested capsules（%）	Ratio of harvested seeds（%）
NAA 2mg/L	30	1	0	3.33	0
NAA 1mg/L	30	0	0	0	0
NAA 0.5mg/L	30	0	0	0	0
NAA 0.05mg/L	30	0	0	0	0
KT 2mg/L	30	1	0	3.33	0
KT 1mg/L	30	0	0	0	0
KT 0.5mg/L	30	0	0	0	0
KT 0.05mg/L	30	0	0	0	0
2,4-D 30mg/L	30	0	0	0	0
2,4-D 20mg/L	30	1	0	3.33	0
2,4-D 10mg/L	30	6	4	20.00	1.33
2,4-D 5mg/L	30	2	6	6.67	2.00
CK1	30	0	0	0	0
CK2	30	30	296	100	98.67

Table 4   The statistical data for chromosome doubling survival of haploid plants

Solution concentration of colchicine（%）	Time of treatment		
	12h	24h	36h
0.01	0	0	2.1
0.05	5.3	52.1	1.6
0.25	1.1	0	0

We have used polyembryonic flax to breeding practice，and a new variety Huaya No.2 was bred from the progeny of D95029-8-3-7×98018-10-22. Its female parent D95029-8-3-7 is polyembryonic flax. It was tested in Heilongjiang province at 2013 and 2014，and the stem yield was 7333–8083kg/ha which were over control 13.25%，and its fiber yield was over 1623kg/ha. There was a significant difference between Huaya No.2 and control. In identification test of Anhui province，2016，the stem yield of

Huaya No.2 was 6540kg/ha which was over control 19.78%. Huaya No.2 was approved and registered by Anhui Provincial Non-Major Crop Identification and Registration Committee as a new variety in 2016（Kang，2018）.

The study direction of apomixis in flax

The primary fundamental aspects of apomixis are parthenogenetic development of the embryo without fertilization. Apomixis could be harnessed for plant breeding programs enabling the permanent fixation of heterosis in crop plants. The development of apomixis technology is expected to have a revolutionary impact on agricultural and food production by reducing cost and breeding time（Barcaccia and Albertini，2013）.

The three features of apomixes：（1）ease of multiplying and maintaining elite hybrid genotypes，（2）ease of producing high-quality pure seed without isolation requirements，and（3）possibility for selection of a diversity of more closely adapted genotypes，are expected to provide means for indefinite fixation of hybrid vigor and lower the cost of hybrid seed production（Mohan Dev et al.，2015）.

But，in the flax，according to a large number of research results，there are very few polyembryos germplasm in flax. This kind of polyembryonic germplasm is diembryogenesis or polyembryogenesis usually. After nearly 20 years of screening，we developed a double embryo apomixis lines with a stable double embryo rate of 10% to 30% by selection and selfing. The incidence of double embryos was 10%，and the total haploid embryo rate reached 4%. The inbreeding population of single homozygous diploid could reach 17% double embryo rate，and the highest double embryo rate reached 30%. The results agreed with the results of foreign experts.

There is a certain correlation between flax polyembryo and apomixes，and apomixis can be obtained from polyembryo flax lines. In the double embryos or polyembryos that we have studied，one or more embryos may be produced by an apomixis pathway，possibly by the gametophyte cells of the embryo sac that are developed into an embryo without fertilization，and the individual embryo produced by the apomixis pathway is derived from the gametophyte cells instead of somatic cells，and produced individual embryo is haploid or the homozygous diploid or chimerism after the recombination，and it is not the female parent clone produced by asexual reproduction，and the offspring are easy to be homozygous. Therefore，apomixis can be used in flax breeding，and the offspring can be selected by phenotype，and it can reduce the selection pressure. However，the current studies have shown that the frequency of apomixis in *Linum usitatissimum* L. is very low, and most of them are accompanied by sexual reproduction.

The apomixis is important to crops breeding, but the study of flax apomixes has not formed system. For apomixes to use in flax breeding, it needs to systematic study at the following science and technology problems:

（1）How to induce high-frequency apomixis in multiple embryos flax? The solution of these problems can improve the utilization efficiency of the apomixis in the flax multi embryo flax and reduce the blindness in the use of the multiembryo resources for the utilization of apomixis flax.

（2）The occurrence mechanism: The mechanism is foundation of study and utilization. So, first, it is necessary to obtain the exact morphogenesis pattern information and explore the mechanism of apomixis in the multi embryo flax by embryological observation and statistics on the embryological and apomictic flax seeds. Second is to study the apomixis development pattern through control of embryo development, observation of polyembryo sterile hybrid offspring, selfing progeny, and fine developmental of ploidy.

（3）The genetic mechanism: The apomixis polyembryonic lines, which have been bred at a higher frequency（10%–30%）, have been bred for many generations, and apomixis structure of female gametophyte and its developmental stage be found out now. Next step of the main study work of apomixis in flax is molecular biology study by using qPCR differential expression analysis technique, and search for key genes about inheritance and regulation. These works are of great significance for improving the level of induction of apomixes, revealing the law of apomixes, obtaining the germplasm of apomixis and improving the efficiency of breeding.

（4）The regulation and utilization: A major advantage of apomixis is in F_1 hybrid development for commercial seed production. It simplifies seed production, because isolation is not necessary, and there is no need to maintain or multiply parental lines. As an alternative to current commercial hybrid production systems, it would make hybrids readily available and affordable, reducing the costs of seed production. Thus, hybrid vigor can be exploited advantageously in vegetables, wheat, soybean, rice, minor grains, forage, and turf species, if apomixis genes could be introduced into the target crops. Apomixis makes it possible to fix the genotype of a superior variety bred for a particular environment so that clonal seeds can be produced continuously and economically（Ramulu et al., 1998）. So, the research work should be based on the previous research，through removing of stamen，pollen mentor bagging them，killing pollen tube mentor，inducing with 2,4-D and doubling chromosome by colchicines，to search the efficient methods of obtaining apomixis flax seeds and utilization.

In short，the research of apomixis breeding technology may be a new green revolution. The research on apomixis of flax has just started，and the future research and application prospect is broad.

Funding

This work was supported by the China Agriculture Research System-Flax Breeding [CARS-16-E04]；Project of Science Foundation for Outstanding Youth in Harbin [2016RAYYJ005].

References（Omitted）

本文原载　Journal of Natural Fibers，2019，18（1）：1-11

双胚亚麻（*Linum usitatissimum* L.）利用的研究

康庆华

（黑龙江省农业科学院经济作物研究所，哈尔滨 150086）

摘　要： 本试验对亚麻双胚实生苗进行了详细的观察，同时进行了亚麻染色体加倍技术的深化研究，确定了现蕾期用0.05%秋水仙碱24h处理单倍体亚麻苗的最佳时期，并获得了多份加倍材料。本文阐述了双胚亚麻无融合生殖的意义和在育种中的利用价值。

关键词： 亚麻；双胚亚麻；无融合生殖；染色体加倍

亚麻（*Linum usitatissmum* L.）是我国重要的纤维及油料作物，在我国有悠久的栽培历史，但其生产及育种水平与先进国家相比仍有一段差距。我国自20世纪50年代初期开始应用亚麻有性杂交育种技术育种，在实践中积累了宝贵经验，并把杂交育种工作推向一个新的阶段，产量有了大幅度提高，病害得到了控制，品质明显提高。但近几年来我国亚麻育种工作却呈现出徘徊不前的状况，分析发现其主要原因是现有品系遗传基础狭窄，对已有的品种资源利用率偏低所致。因此真正成功利用优异种质资源就显得尤为必要。

双胚亚麻是指在一粒亚麻种子中有两个能发育成苗的胚。双胚起源包括合子原胚裂生、助细胞成胚和珠心或珠被细胞产生不定胚。有关亚麻胚胎学研究只在李桂琴、桂明珠的研究中涉及，但却未提及双胚亚麻。在Sector研究中也只报道了n-$2n$型双胚的起源。由于亚麻不同类型双胚起源未能明确，所以本试验只对实生苗中可育株和不育株作区分，并对不育株（含n、$2n$）进行孤雌生殖利用，以获得纯系选育新品种或作为中间育种材料。20世纪80年代末90年代初Poliakov曾报道了利用多胚亚麻进行单倍体育种技术，90年代末期在国内刘燕也首次提出利用多胚亚麻进行单倍体育种技术的研究，并做了一些工作。本项工作在已有的基础上对亚麻双胚实生苗做了详细的形态观察和记载，并改进了对单倍体的加倍技术，同时对双胚亚麻的利用做了进一步设想，以备建立双胚亚麻高效利用体系。

1　材料与方法

1.1　试验材料

F_1代材料H02148、H02149、H02159、H02157；F_3代材料H99005、H99007；F_4代

材料H98004、H98003、H98010、H98012共10份。

1.2　试验方法

将上述材料的种子各取1 000粒发芽统计双胚频率。选取具有双胚根的种子分粒点播于花盆中，营养土于150℃高压灭菌90min，室内温度保持在20℃上下，花期室内日照>12h。3～4d灌透水一次，由于双胚苗中的单倍体苗生活力弱，抗病力差，室内湿度不宜过大。在麻苗生长期间以0.2%的多菌灵定期喷洒。

采用0.05%秋水仙碱24h浸泡和0.1%秋水仙碱12～18h浸泡两种处理，分别选双胚苗中单倍体植株在其快速生长期对其进行剪顶和未剪顶处理、在其开始现蕾期剪顶蕾处理、在开始开花期剪掉第一朵花处理，然后进行这3个时期的处理效果比较。

生育期间记录特殊形态植株。对快速生长期、现蕾期处理的植株在开花初期进行结实性、育性辨别。观察特殊形态、性状植株。对双胚实生苗中的二倍体植株获得的部分种子进行发芽试验，统计双胚率。

2　试验结果

试验自1999年于黑龙江省农业科学院经济作物研究所连续3年在田间和培养室同时进行，由于田间环境对单倍体苗来说极恶劣，花期温度过高，不利于单倍体苗成活、加倍和观察选择；室内由于光照和温湿度的原因，虽然单倍体苗的处理成活率增大，但难以获得种子。本试验总结了上述经验，于2002年选择了适宜的播种期、适宜的温湿度，采取了充足的防御措施并使蕾期和花期集中在3—5月，使本试验获得成功，并获得了一定数量的加倍材料。

从发芽3d后的种子中测得这10份材料的双胚频率为0.1%～2.5%（表1）。将双胚苗种植后，在103粒双胚种子的双胚苗中，最终只有40粒种子发育成苗，其中只有18株为单倍体植株。对18株单倍体植株采用不同的处理方式，用秋水仙碱处理的小苗3～7d后的腋芽处发出新芽，新芽生长缓慢。不同苗龄期、不同处理方式下的处理情况表明，在适宜的温湿度条件下，无论快速生长期、现蕾期还是开花期通过剪顶处理，采用0.05%秋水仙碱24h浸泡伤口处理，成活率达100%，并皆具有较好处理效果，但略有差异。现蕾期处理效果最好，单倍体植株每株蒴果数1～6个，平均单倍体结果率达5个/株；单个蒴果内的籽粒数有1～6粒，平均每株获得了8.2粒；第一朵花开花期处理次之（表2）。在上述实生苗中还观察到一对花色不同的孪生苗，二倍体植株花为蓝花，单倍体植株花为白花，这一现象表明发育成单倍体植株的胚可能来自母体植株的无融合生殖。

表1　各材料双胚频率及单倍体成苗数

代号	双胚品系	品系来源	观察粒数	双胚粒数	双胚率（%）	成苗数	单倍体苗数
1	H98004	D95029 × 抗6	1 000	23	2.3	12	9
2	H98003	D95029 × 俄5	1 000	25	2.5	3	1
3	H98012	D95029 × y8709-4-4-6-7	1 000	17	1.7	9	3
4	H98010	D95029 × 85-58-26-4	1 000	11	1.1	9	2
5	H99007	H99004 × Diane	1 000	4	0.4	4	1
6	H99005	H99004（白）× 85-58-26-4	1 000	2	0.2	0	0
7	H02148	D95029 × D97018-7	1 000	17	1.7	2	2
8	H02149	D95029 × D96021-12	1 000	2	0.2	1	0
9	H02159	H99005 × H99014	1 000	1	0.1	0	0
10	H02157	H98003 × D95029	1 000	1	0.1	0	0
	合计		10 000	103	1.03	40	18

表2　不同方法单倍体加倍效果

处理时期	处理方式	处理株数	成活株数	成活率(%)	获得果数	蒴果/株	总收获粒数	粒数/株
快速生长期	未剪顶	1	0	0	0	0	0	0
	剪顶	2	2	100	2	1	0	0
现蕾期	剪掉顶蕾	9	9	100	45	5	74	8.2
花期	剪掉第一朵花	6	6	100	15	2.5	26	4.3

3　讨论

　　Sector（1988）研究证明，双胚亚麻中n-$2n$型双胚起源于受精前卵细胞有丝分裂形成的多卵卵器，其二倍体来源于合子，单倍体来源于未受精的类卵细胞，在卵细胞受精的情况下，类卵细胞自行发育成单倍体。上述观察的孪生苗花色不同现象也能证明Sector的研究，是无融合生殖方式的一种。本试验利用单倍体植株加倍获得种子的实质就是利用无融合生殖的孤雌生殖来快速固定需要的遗传组成，以缩短育种年限或为亚麻育种提供中间材料。Breukelen等（1975）认为，由孤雌生殖获得的单倍体即基因分离和重组的初级产物，一定摆脱了不利基因的存在，否则是不能成活或者是有缺陷的，因此，利用孤雌生殖的方法可以强化选择作用。

本试验实质是利用双胚亚麻进行孤雌生殖，其中主要是利用单倍体苗育种。虽然亚麻双胚频率较低，但利用方法简单、易操作、易选择，可省去花药培养和远缘杂交获得单倍体技术中烦琐的组织培养、筛选、鉴定及移栽的工作和昂贵的试验费用，所以双胚种子利用具有广阔的前景。

4　双胚种子利用设想

亚麻双胚利用与各种育种方式相结合进行将会具有更大的应用价值。

在诱变育种中，可利用亚麻双胚种子获得的纯系做诱变材料，其突变的隐性基因就很容易表现出来，获得突变体的速度加快，还可缩短选育时间。

在远缘杂交育种中，可利用双胚种子单倍体加倍获得的双单倍体为受体接受远缘基因，一定程度上可能克服远缘杂交后代疯狂分离，缩短选择时间。

在转基因分子育种中，师桂英（2001）在马铃薯转基因试验中报道，低倍体受体细胞利于外源基因的整合和表达，转基因再生植株倍性与亲本倍性一致。所以可利用双胚亚麻单倍体为受体，也许可以克服外源基因在二倍体同源染色体插入位点可能不同以及在二倍体中的整合与表达问题，同时也可降低转基因后代筛选的难度。

为更有效利用双胚亚麻，建立双胚亚麻高效利用体系，加强基础性的研究尤为必要，尤其是双胚亚麻的胚胎学、双胚形成机制及鉴定、分离、控制亚麻形成双胚的基因的研究，以找到快速保存、提高双胚种性的途径。

Poliakov（1994）的试验表明，采用秋水仙碱处理所获得的双单倍体由于受到化学药剂副作用影响，第一个世代植株农艺、产量性状较差，不宜筛选，只有到第3～6个世代才表现出自身性状（高产、稳产性），所以在利用孤雌生殖方式育种的工作中应对选择世代进一步研究。

参考文献（略）

本文原载　中国麻业，2004，26（3）：7-10

亚麻单倍体抗逆基因的转化

康庆华[1, 2]　许修宏[1]　李柱钢[3]　徐　涵[4]　关凤芝[2]　刘文萍[3]　张利国[2]

（1. 东北农业大学资源与环境学院，哈尔滨　150030；2. 黑龙江省农业科学院经济作物研究所，哈尔滨　150086；3. 黑龙江省农业科学院生物中心，哈尔滨　150086；4. 法国图卢兹综合科学研究所，图卢兹　31300）

摘　要：为提高亚麻抗逆性，尽快获得转基因纯系亚麻，本研究采用农杆菌介导的转基因技术，将抗盐和低温胁迫基因 $Hy15Cs$ 导入单倍体亚麻，结果获得抗性再生植株24株，从15株生长健壮的再生植株中PCR检测到3株阳性植株，阳性率20%；同时进行了不同方法的单倍体检测技术的研究，确定DAPI染色可以作为快速鉴定植物体倍性常用方法。

关键词：亚麻；单倍体；$Hy15Cs$；转基因；DAPI染色

1　前言

亚麻是重要的纤维及油料作物，主要分布于欧洲、亚洲、北美洲和非洲。我国亚麻种植区域从地理分布上可以划分为东北平原区、南方冬季亚麻区、黄土高原区、阴山北部高原区、黄河中游区、河西走廊灌区、南疆内陆灌区、北疆内陆灌区、青藏高原区8个区。20世纪90年代以前，我国的亚麻纤维产区主要集中在东北的黑龙江，之后由于传统的东欧亚麻企业的没落、WTO的加入及我国市场经济的建立、种植业结构的调整，我国亚麻产业得到进一步发展，纤维亚麻产区由黑龙江发展到新疆、内蒙古、吉林、辽宁、甘肃、云南、湖南、浙江等省（区）。2004年我国亚麻种植面积达16万 hm^2，跃居世界第一。油用亚麻种植区域主要集中在甘肃、内蒙古、宁夏、陕西、河北、新疆、青海等省（区），每年播种面积60万～70万 hm^2，居世界第二位。随着我国亚麻产业的发展壮大，种植面积的向南延伸，亚麻育种工作者面临东北地区干旱、倒伏问题，华北、西北枯萎病严重问题，西南、华南安全越冬问题，北疆内陆区苗期温度低，青藏高原区气候寒湿霜害严重等问题。所以目前亚麻科研、生产中亟须解决的问题就是尽快育出抗逆品种。

直接采用抗逆基因转化，定向选育亚麻抗逆品种应是解决上述问题的捷径。目前，随着植物基因工程技术的发展，各类基因（抗除草剂、抗虫、抗病、抗逆境、改变品质性状等基因）在不断地被克隆，各类启动子的构建成功，转基因植物的研究和应用也随之迅猛发展。全球转基因作物种植面积1996年为170万 hm^2，2005年全球转基因作物种植面积已达9 000万hm²，是1996年的53倍。随着转基因植物的发展扩大，各种基因遗传转化的方法也应运而生。迄今为止，已经建立了10余种基因转化方法，按转化系统的原理，可以分为三大转化系统类型：一是以质粒DNA等为载体的转化系统，如农杆菌法。二是不用任何载体，通过物理化学方法直接将外源基因导入受体细胞的直接转化系统，如基因枪法、微针注射法。三是以植物自身的生殖系统种质细胞，如花粉粒或其他细胞等为媒体的转化系统，如花粉管通道法。迄今为止所获得的转基因植物中约80%是利用根癌农杆菌转化而来的。

据大量资料记载，利用植物基因工程技术获得的转基因植株已不计其数，但从转基因植株中选育外源基因纯合的转基因品系往往需要较长的时间和大量的田间工作，因为外源基因不可能同时插入或整合到二倍体植株的等位基因同一位点上，因此转基因后代发生性状分离。一般来讲，导入双倍体的外源基因纯合需要4年以上，再加上至少2～3年的大田试验，到获得生产上能应用的品系需要6～7年的时间，显然转基因作物的应用受到了限制。为此，采用农杆菌介导的转基因技术将抗盐和低温胁迫基因*HY15*导入亚麻单倍体的研究，旨在建立一种使外源基因快速纯合的育种程序，以使育种进程缩短3～4年，在最短时间里选育出生产上急需的抗逆转基因品系。

2　试验材料及方法

2.1　试验材料

植物材料：D95029-8-3、D95029-8-1、D95029-10-3、D95029-18-3、D95029-18-7、1-6Ha（获得的加倍材料）。

基因：抗盐和低温胁迫基因（*Hy15Cs*）于2004年在上海交通大学从大白菜（*Brassica napus*）中克隆获得，由黑龙江省农业科学院李柱钢博士馈赠。基因载体EHA105菌株pB121质粒。

2.2　试验方法

2.2.1　单倍体受体制备

将供试材料的种子各50粒浸泡于75%酒精5min，无菌水冲洗2次；再用1%的NaClO饱和溶液浸20min，无菌水冲洗3～4次，播种于含固体MS培养基试管中，每管2～3粒。于23～24℃暗培养2～3d，种子开始萌发，将长出的双胚苗或多胚苗标记序号，移到组培室（25℃，12h光照）培养，待用。

2.2.2　受体倍性检测

醋酸洋红染色与DAPI荧光染色共同确定单倍体。

2.2.2.1　醋酸洋红染色

预处理：当种子露白时将其放在0～8℃下培养48h，再放回23℃条件下处理7.5～8h，将多胚苗作标记，根尖剪下1cm，立即放入冰水中，冷处理20～24h。

固定：取出根尖，滤纸吸干，在卡诺固定液低温固定1h后放于75%的酒精中保存。

染色：取出根尖，滤纸上吸干，放入预先配制好的1%醋酸洋红（进口）溶液中染色3d。

观察：挑出已染好的根尖，切去根冠，切取极少量的分生组织于载玻片上，加1滴45%的醋酸，盖上盖玻片，用橡皮头轻敲，使染色体散开，于LEIKA4000显微镜100×下观察。

2.2.2.2　DAPI（4′,6-diamidino-2-phenylindole）荧光染色只检测倍性

用70%的酒精固定根尖，然后用0.01%DAPI的70%酒精溶液染色1min或更长时间（最好黑暗条件下染），压片然后观察，用荧光显微镜在400nm观察（100×，本试验所用显微镜LEIKA4000）。

2.2.3　转化

2.2.3.1　预培养

以筛选到的亚麻单倍体苗的叶片为外植体，置愈伤培养基（MS + 2mg/L BA + 1mg/L NAA）预培养3d。

2.2.3.2　菌液制备

①挑取农杆菌EHA105菌落，转接于10mL含Rif（利福平）40mg/L，Str（链霉素）25mg/L，Kna（卡那霉素）50mg/L的改良的YEP液体培养基中，28℃，200r/min振荡培养过夜；②以2%的接种量转接于含相同抗生素的YEP液体培养基中，28℃，200r/min振荡培养至OD600为0.5～0.6；③取一定体积（12.5mL）菌液，4℃，5 000r/min离心5～10min，弃上清，以等体积无菌MS液离心去上相，以洗脱抗生素，再加3～4倍体积的加有50mg/L AS（乙酰丁香酮）的MS液，混匀备用。

2.2.3.3　浸染

将已预培养3d的外植体浸入菌液中，10r/min振荡浸染1h。对照受体采用无菌水或MgSO₄浸泡。

2.2.3.4　共培养

将上述侵染后的受体（包括对照）接到附加50mg/L AS的MS分化培养基（pH值6.0以下）上，19～20℃下，每天14～16h的光照培养4～5d，光照强度为2 000lx。

2.2.3.5　脱菌、分化选择培养

选择上述处理生长健康的受体，接到加有抗生素100mg/L头孢噻污钠（国产）+400mg/L TEMETIN（进口）+50mg/L Kna的分化培养基上，在接种前先用1 000mg/L头孢噻污钠浸洗10min，后再用MgSO₄或无菌水冲洗2～3次。设0对照（对照受体接种在不加抗生素的分化培养上）。

2.2.3.6 生根培养

将获得的再生植株接种于MS + 400mg/L TEMETIN（进口）+ 100mg/L CORFLAND和附加0.005mg/L NAA进行生根。整个转化过程对糖的浓度适当调节。

2.2.3.7 炼苗移栽

在移栽前打开盖子，自然炼苗4～6d；从培养基内将有根苗取出，用清水将根上的培养基冲洗干净栽入营养土中，营养土和盛土容器要灭菌。

2.2.4 抗性植株的PCR检测

（1）质粒DNA的提取采用碱裂解法，参照王关林的试验方法进行。

（2）再生植株（模板）DNA提取采用CTAB法，参照Stewart的试验方法进行。

（3）PCR（聚合酶链式反应）检测：以Hy15Cs（含nos终止子，长度450bp）的两个引物（Primer1和Primer2）检测转化后获得的抗性植株。在冰上建立PCR反应体系（20μL）：

dd H$_2$O	12.6μL
10 × Buffer	2μL
dNTP（2mM）	0.4μL
Primer 1（10μM）	1μL
Primer 2（5μM）	2μL
Taq（5M/μL）	1μL
TEMP	1μL

PCR程序：95℃预变性3min；94℃变性30s，61℃退火30s，72℃延伸60s，35个循环；72℃再延伸10min；4℃贮存。取1～5μL反应产物进行1%琼脂糖凝胶电泳检测，筛选鉴定阳性植株。该试验所用的两个引物Primer1和Primer2可扩增出HY15Cs基因的序列片段，扩增片段的大小为450bp；通过PCR扩增为阳性的可确定为转基因植株。

Primer 1：3′-CAA TCC TTC TTC CGC CTC TT-5′

Primer 2：5′-CAA GAC CGG CAA CAG GAT TC-3′

3 结果与分析

3.1 醋酸洋红染色与DAPI荧光染色染色体鉴定筛选单倍体

依2.2.1方法，以多胚种子D95029-8-3的1、3、21号种子（1-1）（1-3）（1-21）；D95029-8-1的21号种子（2-21）；D95029-18-3的12号种子（4-12）；1-6Ha的11、21、23号种子（1-6Ha-11）（1-6Ha-21）（1-6Ha-23）的16株（每粒种子有大、小苗各1株）多胚苗的根尖为检测部位，采用醋酸洋红进行染色。3d后，倍性鉴定结

果是，4-12的小苗、1-6Ha-23的小苗为单倍体（16条左右）；2-21的小苗鉴定为二倍体；其余苗没有查到能鉴定出倍性的分裂相。采用DAPI染色，对4-12的小苗、1-6Ha-23的小苗、1-1的大苗茎部或根部表皮细胞检测，倍性鉴定结果，4-12的小苗、1-6Ha-23的小苗为单倍体，1-1的大苗可能为二倍体。通过染色体检测确定出4-12的小苗（图1左）、1-6Ha-23的小苗（图1右）两份单倍体材料，用于转化试验。从试验方法看DAPI荧光染色方法鉴定单倍体方便、简洁、快速，可省去采用其他常规染色技术前对植物材料的预处理及染色时间的要求，是快速鉴定、检测单倍体材料较适宜的方法。本试验只做了倍性鉴定，具体染色体个数及核型分析还有待进一步研究。

左：4-12小苗的染色体（醋酸洋红染色）；右：1-6Ha-23小苗的染色体（DAPI染色）

图1　供试材料的染色体数目

3.2　单倍体转化再生植株的获得

按2.2.3方法所述，以上述检测到的单倍体材料4-12和1-6Ha-23小苗（无菌苗）的幼嫩叶片为外植体，置于9%含糖量的固体培养基（MS＋2mg/L 6-BA＋1mg/L NAA）预培养3d，使柔嫩叶片硬化，采用预先制备的农杆菌菌液（OD＝0.554 2，MS液稀释3倍）摇晃浸染1h，浸染前对硬化的叶片做划伤处理，对照受体采用无菌水处理；将浸染后的叶片置于共培养培养基（MS＋2mg/L 6-BA＋1mg/L NAA＋50mg/L AS）中5d，选择上述处理生长健康的受体（53片），用1 000mg/L头孢噻污钠浸洗5min，后再用无菌水冲洗2～3次，接到加有抗生素100mg/L头孢噻污钠（国产）＋400mg/L TEMETIN（进口）＋50mg/L Kna的分化培养基（MS＋1mg/L 6-BA＋0.05mg/L NAA）上。设0对照，即受体接在不加抗生素的分化培养基上以跟踪检测分化系统。培养条件为25℃，12h光照，两周换一次分化培养基，30d左右以4-12为受体的叶片愈伤块有的开始分化出抗性芽（图2），最后统计共有8块愈伤能分化出芽，愈伤分化率为15%，其余叶片愈伤渐渐变白、变黄，含卡那霉素培养基内对照受体分化明显受到抑制，50d左右全部黄化死掉；而以1-6Ha-23为受体的叶片愈伤一直未分化；其0对照也未分化，可能此分化培养基不适于该基因型。待已分化出的芽长至1cm左右时，将其切下转至生根培养基中（MS固体培养基＋0.005mg/L NAA＋50mg/L Kna＋100mg/L头孢噻污钠＋400mg/L TEMETIN）。最后通过卡那霉素抗性筛选共获得了24株转化再生植株。由于卡那霉素的选择作用，仍有部分植株白化。

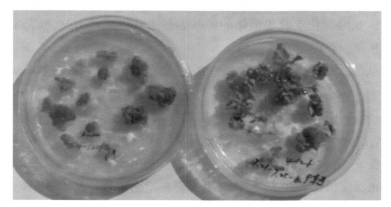

左：4-12单倍体叶片未经转化；右：4-12单倍体叶片经过转化

图2　植株再生

3.3　PCR检测结果

根据2.2.4的方法，微量粗提亚麻再生植株幼嫩叶片的总DNA，以碱裂解法提取载有Hy15Cs基因的pB121质粒DNA。以转HY15CS基因的抗性亚麻植株的总DNA为模板，以载有HY15CS基因的质粒DNA为阳性对照，以未转基因4-12小苗（对照受体）的再生植株的总DNA为阴性对照，同时设不加模板的PCR反应体系为空白对照，以HY15CS的两个特异引物（Primer1和Primer2）进行PCR，阳性对照和部分转基因植株应扩出450bp，阴性对照及空白对照无扩增条带。通过对15株健壮抗性植株进行PCR，经1%琼脂糖凝胶电泳与标准分子量DL15000比较，其中共3株呈阳性（图3），阳性率20%。证实Hy15Cs基因已经转入亚麻单倍体中，即获得了转HY15CS的阳性亚麻植株。

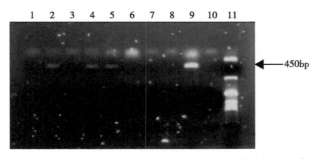

1～7：植株；8：阴性对照植株；9：阳性对照（质粒DNA）；
10：体系的空白对照；11：Marker（DL15000）

图3　亚麻单倍体转化植株的PCR检测

4　结论与讨论

一是通过 *Hy15Cs* 基因转化亚麻单倍体试验，获得卡那霉素抗性再生植株24株，从其健康的15株中PCR检测出3株阳性植株，证明已有基因插入到单倍体亚麻基因组中，标志着利用抗逆基因转化亚麻单倍体的转基因技术获得成功。这为得到纯系抗逆亚麻新品系，使多胚亚麻获得更好的利用。

二是通过单倍体鉴定试验，确定DAPI荧光染色可以用来检测植物体倍性，而且简单、快速而准确，可以省略其他染色方法的前处理、固定、长时间染色等程序。所用的DAPI，是一种常用的荧光染料，其作用机理与溴化乙锭（EB）等染色剂的机理类似；它们与DNA双螺旋的凹槽部分可以发生相互作用，从而与DNA的双链紧密结合。结合后产生的荧光基团的吸收峰358nm，而散射峰是461nm，正好UV（紫外光）的激发波长是356nm，使得DAPI成为一种常用的荧光检测信号。采用该染色法来识别单倍体以至在将来检测转化再生植株倍性的变化是极为实用的。

三是在基因转化的过程中仍然存在基因转化率低的问题；另外，利用农杆菌介导法进行转化，虽然对于双子叶植物亚麻来讲是转化率最高的一种方法，但其试验周期较长，脱菌困难，任何一个环节上的错误或误差都会导致全程的失败。受体基因型的选择问题相当关键，不同的基因型，其愈伤分化率不同，对抗生素及抗生素的敏感程度也存在较大的差异。尤其是在利用单倍体转化的过程中，上述问题表现得更明显，所以亚麻基因转化体系尚需进一步完善。

参考文献（略）

本文原载　中国麻业科学，2006（6）：291-296

多胚亚麻DH种质筛选与评价

康庆华[1]　马廷芬[1]　关凤芝[1]　吴广文[1]　孙中义[2]　赵德宝[1]　黄文功[1]　赵东升[1]

吴建忠[1]　袁红梅[1]　于　莹[1]　姜卫东[1]　宋喜霞[1]　刘　岩[1]　程莉莉[1]　姚玉波[1]

（1. 黑龙江省农业科学院经济作物研究所，哈尔滨　150086；

2. 黑龙江省农业科学院畜牧研究所，哈尔滨　150086）

摘　要：本文采用SPSS数据处理软件对7个多胚亚麻加倍单倍体（DH）品系的原茎产量、纤维产量、种子产量、全麻率的测试结果进行了分析，结合其多胚性、株高、工艺长度等性状，对所育成的这7个多胚DH品系进行了综合评价和筛选。为选育高产、高纤、多胚双单倍体亚麻新品种提供参考。

关键词：亚麻；多胚DH品系；评价

1993年，黑龙江省农业科学院经济作物研究所从俄罗斯农业科学院全俄亚麻研究所引入了3份多胚亚麻资源（D95029、D95030、D95031），从此，开始了中国亚麻多胚资源的研究与利用工作。经过对这3份多胚资源连续种植与选择，已从D95029这份材料中选出不同株高、纤维含量、多胚水平的株系19个。同时，黑龙江省农业科学院经济作物研究所也开展了对这些多胚资源的创新利用工作。直接利用这些多胚资源中的单倍体植株进行加倍诱导双单倍体；或利用已选育的高多胚率的材料与现有优良材料进行杂交，创建新的多胚杂交组合，从这些已引入新的优良基因的杂交后代中选择符合育种目标的单倍体多胚植株进行加倍诱导，提高育种效率。通过多年的工作和试验，目前，利用这些方法已育成一批性状稳定、田间表现整齐的多胚加倍单倍体（DH）纤维亚麻品系。现本文对2008年创建的7个多胚DH亚麻品系的原茎产量、纤维产量、种子产量、纤维含量、多胚性、株高、工艺长度指标（与新引进的优良品种NEW对照）进行了详细的测试和分析评价，以期为纤维亚麻新品种的选育提供参考和基础材料。

1　材料与方法

试验于2012年在黑龙江省农业科学院国家现代化农业产业民主示范园区进行。试验田土壤为黑色壤土，前茬为大豆茬。

1.1　参试材料

供试材料8份，包括7个多胚DH亚麻品系和一个对照品种NEW。参试材料选育明细见表1。

表1 参试亚麻品系及来源

代号	品系名称	品系来源	
		来自组合（♀×♂）	获得方法
1	2008DHD02	H06116（原2000-4× D95029-8-3）	选不育多胚苗在始花期采用0.02%秋水仙碱溶液处理24h，由获得的种子选育而成
2	2008DH008	D95029-8-3（从俄罗斯引进，系选获得）	选不育多胚苗在始花期采用0.02%秋水仙碱和0.001%的二甲基亚砜混合溶液处理24h，由获得的种子选育而成
3	2008DH004	H06121③（Dlane× D95029-12-5）	选不育多胚苗在始花期采用0.015%秋水仙碱溶液处理36h，由获得的种子选育而成
4	2008DH007（1）	D95029-8-3（从俄罗斯引进，系选获得）	选不育多胚苗在始花期采用0.015%秋水仙碱溶液处理36h，由获得的种子选育而成
5	2008DH006	H02147-12（D95029× D97018-6）	选不育多胚苗在始花期采用0.015%秋水仙碱溶液处理36h，由获得的种子选育而成
6	2008DH001	H06130（D95029-12-7 ×97175-58）	选不育多胚苗在始花期采用0.02%秋水仙碱溶液处理24h，由获得的种子选育而成
7	2008DH005	H06121②（Dlane× D95029-12-5）	选不育多胚苗在始花期采用0.02%秋水仙碱溶液处理24h，由获得的种子选育而成
8	NEW（CK）	引自荷兰	由黑龙江省农业科学院经济作物研究所提供

1.2 试验设计

本试验参试的8个材料，采用随机区组设计，每个材料3次重复，共种植24个小区，小区面积2.4m²（1.2m×2.0m），8行区机械播种。播种密度2 000粒/m²。组间道0.45m，区间道1m。

1.3 测产及纤维含量测定

工艺成熟期全区收获，脱粒，直接测定原茎产量和种子产量。每小区取50～100g茎秆（计量原茎重）采用温水法沤麻，沤后茎秆晒干，称量干茎重，计算干茎制成率=干茎重/原茎重×100%；压麻和梳麻，称量纤维重，计算纤维含量=纤维重/干茎重×100%；纤维产量=原茎产量×干茎制成率×全麻率。

1.4 数据处理方法

试验结果采用SPSS（Statistics17.0）数据处理软件进行方差分析。

1.5 株高、工艺长度及多胚性调查

工艺成熟期，每小区取10株亚麻单株，测量株高和工艺长度，计算平均值。收获后，从每份材料中随机抽取1 000粒种子培养皿内发芽，调查多胚率。

2 试验结果与分析

2.1 原茎产量结果分析

原茎产量差异显著性分析结果显示，参试的8个品系间原茎产量差异显著（表2），供试的7个多胚DH品系中有6个品系的原茎产量高于对照品种NEW。2008DH006原茎产量最高，为8 009.27kg/hm²，2008DH004、2008DH001、2008DH001次之，原茎产量分别为7 687.50kg/hm²、7 687.50kg/hm²、7 250.00kg/hm²，此3个品系原茎产量高于对照NEW达极显著和显著水平；2008DH002和2008DH008也高于对照，但与对照差异不显著；2008DH005低于对照，差异不显著。

表2 原茎产量差异显著性分析

代号	品系名称	原茎产量（kg/hm²）	显著水平 0.05	显著水平 0.01
5	2008DH006	8 009.27 ± 332.6	a	A
3	2008DH004	7 687.50 ± 118.5	ab	AB
6	2008DH001	7 583.33 ± 295.6	ab	AB
4	2008DH007（1）	7 250.00 ± 173.5	bc	ABC
1	2008DH002	6 981.47 ± 151.4	cd	BC
2	2008DH008	6 972.23 ± 97.2	cd	BC
8	NEW（CK）	6 555.57 ± 73.5	de	CD
7	2008DH005	6 069.47 ± 27.8	e	D

注：表中原茎产量为3次重复的平均值（加上标准误）。

2.2 纤维产量结果分析

各品系纤维产量测试及差异显著性分析结果显示，参试的7个亚麻多胚DH品系中纤维产量比对照NEW高的品系有5个，分别为2008DH007（1）、2008DH002、2008DH006、2008DH005、2008DH004。2008DH007（1）最高，为2 172.47kg/hm²，2008DH002、2008DH006分别为2 170.27kg/hm²、2 115.37kg/hm²，显著高于2008DH001，与对照比差异不显著；2008DH008为1 792.80kg/hm²，比对照低，但差异不显著（表3）。

表3 纤维产量差异显著性分析

代号	品系名称	纤维产量（kg/hm²）	显著水平 0.05	显著水平 0.01
4	2008DH007（1）	2 172.47 ± 93.9	a	A

（续表）

代号	品系名称	纤维产量（kg/hm²）	显著水平	
			0.05	0.01
1	2008DH002	2 170.27 ± 154.88	a	A
5	2008DH006	2 115.37 ± 89.8	ab	A
7	2008DH005	1 939.47 ± 78.7	abc	A
3	2008DH004	1 935.23 ± 109.2	abc	A
8	NEW（CK）	1 877.17 ± 122.7	abc	A
2	2008DH008	1 792.80 ± 58.4	bc	A
6	2008DH001	1 738.03 ± 62.7	c	A

注：表中纤维产量为3次重复的平均值（加上标准误）。

2.3 全麻率结果分析

全麻率分析结果显示，参试的7个多胚DH品系中全麻率高出对照NEW的品系有3个：2008DH005、2008DH002和2008DH007（1），全麻率分别为39.67%、38.43%和37.73%，比对照高2.70～3.94个百分点，差异不显著，比2、3、6号品系高达显著和极显著水平。纤维含量最低的仍为2008DH001，显著低于对照（表4）。

表4 全麻率差异显著性分析

代号	品系名称	全麻率（%）	显著水平	
			0.05	0.01
7	2008DH005	39.67 ± 1.5	a	A
1	2008DH002	38.43 ± 2.1	ab	AB
4	2008DH007（1）	37.73 ± 1.4	ab	AB
8	NEW（CK）	35.03 ± 2.0	abc	ABC
5	2008DH006	33.77 ± 0.3	bc	ABC
2	2008DH008	32.57 ± 1.0	cd	BC
3	2008DH004	31.97 ± 1.8	cd	BC
6	2008DH001	28.87 ± 0.1	d	C

注：表中全麻率为3次重复的平均值（加上标准误）。

2.4 种子产量结果分析

种子产量分析结果显示，参试的8个品系间差异显著性较高（表5），供试的7个多胚DH品系中有6个品系的种子产量高于对照品种NEW。2008DH001最高，为

1 736.27kg/hm²，其次为2008DH008、2008DH006、2008DH004、2008DH007（1），种子产量分别为1 569.33kg/hm²、1 346.13kg/hm²、1 344.73kg/hm²、1 233.37kg/hm²，均极显著高于对照。2008DH002低于对照，但与对照差异不显著。

表5　种子产量差异显著性分析

代号	品系名称	种子产量（kg/hm²）	显著水平	
			0.05	0.01
6	2008DH001	1 736.27 ± 15.2	a	A
2	2008DH008	1 569.33 ± 66.5	b	B
5	2008DH006	1 346.13 ± 29.9	c	C
3	2008DH004	1 344.73 ± 45.6	c	C
4	2008DH007（1）	1 233.37+194	d	CD
7	2008DH005	1 109.70 ± 0.6	e	DE
8	NEW（CK）	1 073.6712.2	e	E
1	2008DH002	1 053.13 ± 18.6	e	E

注：表中种子产量为3次重复的平均值（加上标准误）。

2.5　株高、工艺长度及多胚性检测结果

各品系株高、工艺长度及连续两年的多胚性检测结果见表6。株高、工艺长度超过对照的品系只有2个：2008DH004和2008DH006，说明本批所育成的多胚DH品系普遍偏矮。连续两年的多胚率测试结果显示，7个参试的多胚DH品系都表现出较高多胚性，而对照NEW连年皆未检测出多胚性。目前多胚率最高的品系为2008DH007（1），连续两年（2012年、2013年）多胚率检测结果达17.5%、11.0%，表现了极强的多胚特性；高多胚率品系还有2008DH008、2008DH002，多胚率分别为3.8%和1.4%。连续两年的多胚率试验结果表明，多胚DH品系的多胚性随着种植年限的增加而呈不同程度下降的趋势，但高多胚率的特性仍然保持。因此，要获得高多胚率的种质材料，采用加倍多胚单倍体苗的方法，效果更明显。

表6　供试品系多胚性检测结果

序号	品系名称	株高（cm）	工艺长度（cm）	2012年多胚率（%）	2013年多胚率（%）
1	2008DH002	72.0	57.8	4.5	1.4
2	2008DH008	74.7	62.7	5.5	3.8
3	2008DH004	87.2	67.3	3.0	0.8

（续表）

序号	品系名称	株高（cm）	工艺长度（cm）	2012年多胚率（%）	2013年多胚率（%）
4	2008DH007（1）	74.0	63.0	17.5	11.0
5	2008DH006	82.7	68.8	0.5	0.0
6	2008DH001	74.3	60.0	4.0	0.4
7	2008DH005	74.0	59.7	2.0	0.2
8	NEW（CK）	82.0	67.3	0.0	0.0

3 小结

本试验所选对照品种NEW由荷兰引进，在黑龙江省农业科学院经济作物研究所经多年试种，一直表现高产、高纤、抗倒等优良性状，所以供试品系在本试验中能达到或超出对照水平的可记为高纤或高产等特性，作为纤维亚麻新品种选育的后备品系。本试验及分析结果表明，品系2008DH007（1）的原茎产量、纤维产量、全麻率、种子产量4项指标均超过对照，且原茎产量和种子产量超出对照，达显著和极显著水平，多胚率在7个育成的多胚DH品系中最高，只有株高稍低于对照，田间调查记载具备较强的抗倒性，所以为参试品系中的综合性状最佳品系，可为多胚DH亚麻新品种选育的首选材料参试；品系2008DH002的原茎产量、纤维产量、全麻率3项指标均超过对照，仅种子产量低于对照，但均未达显著水平，其多胚率1.4%，结合田间长势、抗倒等综合表现，在参试品系中评为第二位；品系2008DH006、2008DH004原茎、纤维、种子产量3项指标均高于对照，且原茎产量和种子产量都超出对照达极显著水平，纤维含量均在31%以上，虽然低于对照，但不显著，所以为本试验中的高产品系；品系2008DH005虽然原茎产量最低，但全麻率最高，纤维产量和种子产量也高于对照，所以为7个多胚DH品系中的高纤品系；品系2008DH008原茎产量和种子产量高于对照，纤维产量和全麻率低于对照且差异皆不显著，多胚率较高达3.8%，所以可作较好的多胚材料应用于育种工作中。品系2008DH001种子产量高，但纤维含量和纤维产量最低，其他性状不突出，有待改造。

本试验高纤、高产多胚DH品系的选育与评价，不仅证实多胚DH育种方法的可行性，也证明了利用该方法创造新材料具有高效性和可利用性；同时，所创造的优良的多胚DH品系可作为亚麻新品种选育的优良后备，将在亚麻育种和科研中发挥重要作用。

参考文献（略）

本文原载 中国麻业科学，2014，36（6）：265-269

多胚亚麻利用获得的品系评价及其多胚性分析

马廷芬[1] 康庆华[1] 姚玉波[1] 吴建忠[1] 袁红梅[1] 于 莹[1] 黄文功[1] 赵东升[1]

姜卫东[1] 宋喜霞[1] 刘 岩[1] 程莉莉[1] 关凤芝[1] 吴广文[1] 孙中义[2]

（1.黑龙江省农业科学院经济作物研究所，哈尔滨 150086；

2.黑龙江省农业科学院畜牧研究所，哈尔滨 150086）

摘 要：为选育高产、高纤、多胚特征亚麻新品种，本试验对7个利用多胚亚麻获得的品系原茎产量、纤维产量、全麻率、多胚性4个指标进行了测试，并采用SPSS数据处理软件对测试结果进行了分析，综合评价出1-6Ha-3为参试品系中的最佳多胚亚麻品系；H06116为高纤多胚亚麻品系；H08014、H08015为高产多胚亚麻品系。

关键词：亚麻；多胚亚麻；评价

在亚麻新品种选育的过程中，对品系的筛选评价及特性的评估是育种工作重要的环节。一个亚麻品系的优劣是由多个性状共同作用的结果。一般纤维亚麻品种或品系的优劣主要决定于其原茎产量、纤维产量、出麻率、株高、工艺长度及其抗逆性等指标。只有对多个育种材料各性状指标作客观的综合评价，才能筛选出适应市场需求的亚麻新品种。亚麻的多胚性是指一个亚麻种子内具有两个或超过两个胚的特性，多胚亚麻对育种具有重要意义。所以，本文通过对黑龙江省农业科学院经济作物研究所利用多胚种质育成的几个品系的原茎产量、纤维产量、出麻率、多胚性等指标进行了分析与综合评价，以期为今后选育更多特征类型的亚麻新品种奠定基础，为国内各亚麻产区选择适宜的亚麻品种提供参考。

1 材料与方法

1.1 参试材料

供试材料8份：①H08015；②H06143；③H08014；④H06116；⑤1-6Ha-3；⑥07008-1；⑦H06117；⑧NEW（CK）。其中第1～7号品系均采用多胚亚麻种质与非多胚亚麻种质杂交选育获得，具备不同频率的多胚性；NEW为本试验对照材料，由黑龙江省农业科学院经济作物研究所提供。

1.2 试验方法

试验地点：黑龙江省农业科学院国家现代农业产业民主示范园区。

试验时间：2012年4—10月。

试验设计：本试验采用随机区组设计，3次重复，小区面积2.4m²（1.2m×2.0m），

8行区机械播种。

播种密度：2 000粒/m²。

田间管理：整个生育期施肥、除草等田间管理与生产田一致，统一管理。

收获测产：工艺成熟期全区收获脱粒后测量原茎产量，种子不进行测产。

沤麻：每小区取50~100g茎秆（计量原茎重）采用温水法进行沤制，茎秆沤熟后晒干，称量干茎重，干茎制成率＝干茎重/原茎重×100%；

压麻：采用自制打麻机进行压制，以麻屑全部脱落为准。

梳麻：采用人工梳理的方法，将梳理出的长纤维和短纤维合并称重。

全麻率＝纤维重/干茎重×100%；纤维产量＝原茎产量×干茎制成率×全麻率。试验结果采用SPSS（Statistics17.0）数据处理软件进行统计分析。

多胚性调查：每年收获后，在每份材料中随机抽取1 000粒种子培养皿内发芽，调查多胚率。

2　结果与分析

2.1　原茎产量

原茎产量、纤维产量、全麻率方差分析结果见表1，3项指标的$F>1$，说明品系间的差异大于品系内的变异，品系间差异存在显著性。原茎产量差异显著性分析结果显示参试的8个品系间原茎产量差异显著（表2），供试的7个多胚品系中有5个品系的原茎产量高于对照品种NEW。H08014原茎产量最高，为8 083.33kg/hm²，H08015、H06143次之，原茎产量分别为7 458.33kg/hm²、7 458.30kg/hm²，且此3个品系原茎产量高于对照达极显著水平；1-6Ha-3和H06117也高于对照，但与对照差异不显著；H06116低于对照，不显著；H07008-1最低，低于对照，达显著水平。

表1　原茎产量、纤维产量、全麻率方差分析

类别	误差	SS	DF	MS	F	Sig.
原茎产量	区组间	8 842 411.9	7	1 263 201.7	21.407	0
	区组内	944 132.42	16	59 008.276		
	总和	9 786 544.32	23			
纤维产量	区组间	481 491.113	7	68 784.445	1.676	0.185
	区组内	656 667.56	16	41 041.722		
	总和	1 138 158.673	23			
全麻率	区组间	331.23	7	47.319	3.985	0.01
	区组内	189.98	16	11.874		
	总和	521.2	23			

表2 原茎产量差异显著性分析

代号	品系名称	原茎产量（kg/hm²）	显著水平	
			0.05	0.01
3	H08014	8 083.33 ± 96.2	a	A
1	H08015	7 458.33 ± 24.0	b	B
2	H06143	7 458.30 ± 144.3	b	B
7	H06117	6 770.83 ± 228.5	c	C
5	1-6Ha-3	6 625.00 ± 192.4	cd	C
8	NEW（CK）	6 555.57 ± 73.5	cd	C
4	H06116	6 347.23 ± 174.0	cd	C
6	H07008-1	6 250.03 ± 41.7	d	C

注：表中原茎产量为3次重复的平均值（加上标准误）。

2.2 纤维产量

各品系纤维产量测试结果（表3）显示，参试的7个多胚亚麻品系中纤维产量比对照NEW高的品系有5个，分别为H06116、H08015、1-6Ha-3、H06143、H08014，差异不显著。H06116最高，为2 064.70kg/hm²，H08015和1-6Ha-3分别为2 000.70kg/hm²、1 951.77kg/hm²，显著高于品系H07008-1。H06117和H07008-1低于对照，不显著，H07008-1仍为最低。

表3 纤维产量差异显著性分析

代号	品系名称	纤维产量（kg/hm²）	显著水平	
			0.05	0.01
4	H06116	2 064.70 ± 32.3	a	A
1	H08015	2 000.70 ± 154.5	a	A
5	1-6Ha-3	1 951.77 ± 191.6	a	A
2	H06143	1 899.33 ± 148.0	ab	A
3	H08014	1 891.67 ± 75.4	ab	A
8	NEW（CK）	1 877.17 ± 122.7	ab	A
7	H06117	1 873.53 ± 22.0	ab	A
6	H07008-1	1 553.27 ± 68.6	b	A

注：表中纤维产量为3次重复的平均值（加上标准误）。

2.3 全麻率

全麻率数据分析结果（表4）显示，参试的7个多胚亚麻品系中全麻率高出对照NEW的品系有H06116和1-6Ha-3，全麻率分别为40.80%和35.73%。差异显著性方差分析结果显示，H06116比代号为3和6的品系高达极显著水平，比代号为1、2、3、6的品系高达显著水平，与对照比不显著；代号为7、1、2、3、6的5个品系的全麻率虽然低于对照，但除6（H07008-1）外，其他4个品系与对照差异均不显著。说明所育成的7个多胚亚麻品系中除H07008-1外，其他6个品系都达到或超过对照的高纤水平。

表4 全麻率差异显著性分析

代号	品系名称	全麻率（%）	显著水平	
			0.05	0.01
4	H06116	40.80+1.4	a	A
5	1-6Ha-3	35.73 ± 3.0	ab	AB
8	NEW（CK）	35.03 ± 2.0	ab	AB
7	H06117	34.63 ± 1.8	ab	AB
1	H08015	32.97 ± 2.3	bc	AB
2	H06143	31.93 ± 2.4	bc	AB
3	H08014	29.90 ± 0.9	bc	B
6	H07008-1	27.77+1.1	c	B

注：表中全麻率为3次重复的平均值（加上标准误）。

2.4 多胚性检测

各品系多胚性检测结果见表5。连续两年的测试结果显示，7个参试的多胚亚麻品系都表现出不同程度的多胚特性，对照NEW未检测出多胚性。目前多胚率最高的品系为1-6Ha-3，多胚率较高的品系有H08014、H08015、H06116、H06143，多胚率在2013年的测试结果分别为1.8%、1.2%、0.8%、0.8%。连续两年的试验结果表明这些品系的多胚性随着种植年限的增加而呈不同程度下降的趋势，但高多胚率的特性仍然保持。因此，要获得高多胚率的高纤品系，还应在现已检测出的高纤品系的基础上继续高多胚率种质材料的选择。

表5 供试品系多胚性检测结果

代号	品系名称	2012年多胚率（%）	2013年多胚率（%）
1	H08015	18.5	1.2
2	H06143	3.0	0.8

（续表）

代号	品系名称	2012年多胚率（%）	2013年多胚率（%）
3	H08014	11.5	1.8
4	H06116	1.5	0.8
5	1-6Ha-3	3.5	3.0
6	H07008-1	0.0	0.2
7	H06117	0.0	0.1
8	NEW（CK）	0.0	0.0

3　小结

　　本试验所选对照品种NEW是黑龙江省农业科学院经济作物研究所2008年由荷兰引进的高纤材料，经多年试种，一直表现高产、高纤、抗倒等优良性状，受到亚麻科研生产工作者们的青睐和好评。在本试验中，品系1-6Ha-3原茎产量、纤维产量、全麻率3项指标均高于对照，且多胚率最高，所以为参试品系中的最佳多胚亚麻品系；两项指标超过对照NEW的有H08014、H06116、H08015和H06143，其中品系H06116全麻率和纤维产量都高于对照，原茎产量稍低于对照但差异不显著，又具备较高的多胚特征，可评价为高纤多胚亚麻品系；H08014和H08015原茎产量和纤维产量高于对照达极显著和显著水平，同样具有1%以上的多胚特征，为本试验中的高产多胚亚麻品系。这些高纤、高产多胚亚麻品系的育成可为亚麻新品种选育提供优良后备和优异的中间育种材料，在特征品种选育和亚麻科研中将发挥作用。

参考文献（略）

本文原载　中国麻业科学，2014，36（5）：234-237

多胚亚麻的胚珠整体透明与解剖观察

康庆华[1]　徐　涵[2]　关凤芝[1]　吴广文[1]　孙中义[3]　黄文功[1]　程莉莉[1]
姜卫东[1]　赵东升[1]　刘　岩[1]　吴建忠[1]　宋喜霞[1]　于　莹

（1. 黑龙江省农业科学院经济作物研究所，哈尔滨　150086；
2. 法国图卢兹综合科学研究所，图卢兹　31300；
3. 黑龙江省农业科学院畜牧研究所，哈尔滨　150086）

摘　要：利用改进的整体透明技术，以观察多胚性的亚麻受精后的胚珠，同时对整体透明方法进行了讨论。利用60℃ 1mol/L氢氧化钠溶液处理植物材料，然后利用10%次氯酸钠溶液透明，于显微镜下进行解剖观察。在显微镜下，能观察到亚麻受精后胚珠内的幼胚，通过解剖还能清楚地观察到胚珠内双胚的排列方式；并确定供试材料双胚的发生率为8%。与传统的整体透明和切片方法相比，本改进的整体透明方法省时省力，并且能够完成整体透明和解剖的3D数据采集，适用于多胚亚麻幼胚的观察。缺点是用DAPI染色DNA效果不好。

关键词：多胚亚麻；胚珠；整体透明

栽培种亚麻（*Linum usitatissimum* L.），简称亚麻，属亚麻科、亚麻属（*Linum*），该种内极少部分种质存在多胚性，即在一个胚珠内存在两个或两个以上胚胎。在多胚中，附加胚大多由植物无融合生殖产生，从多胚苗中可能筛选获得单倍体，所以多胚亚麻的利用成为当今亚麻育种的一个新方向。多胚亚麻的胚胎学研究是多胚种质利用的基础，但至今其细胞学机制未能明确。因此进行亚麻多胚胚胎发生及发生方式的研究是十分必要的。

植物幼胚被多层胚珠组织包裹，通常采用切片、人工分离（酶法或手工分离）、整体透明等方法观察。其中整体透明技术是观察植物幼胚最快捷、最简单的方法。植物胚珠的整体透明技术最初由Herr（1971）提出，但Herr的方法需要使用相差和干涉显微镜。在此基础上，Crane（1978）使用冬青油（水杨酸甲酯，Methyl salicylate）作为透明剂对整体透明技术进行了改进，用于观察整体胚珠中的胚囊，效果良好。后来，杨弘远（1986）使用爱氏苏木精（Ehrlich's hematoxylin）染色—冬青油透明技术进一步完善了整体染色与透明技术，但该技术制片时间长（至少需要2d）而且所使用的透明剂冬青油具有毒性。由于本试验所要进行的是在大量胚珠筛选多胚并对双胚的发生及发生方式进行观察，需要达到量化的、3D数据采集目的，所以进行了改进，获得了快速、低毒、易于解剖和观察的较好效果。

1　材料与方法

1.1　试验材料

试验用的亚麻幼嫩果序于2010年7月上旬采自黑龙江省农业科学院经济作物研究所哈尔滨市试验区。该试验材料组合号H04052，为多胚诱导杂交组合的后代。采集后直接用于试验。

1.2　试验方法

固定：果序取回后，在卡诺固定液常温固定24h后放于75%的酒精中保存。

水合：用50%、25%、0%的酒精溶液冲洗。

解离：从果序上摘下蒴果，分3类：受精1~3d的为一类，受精4~6d的为一类，受精7d以上的为一类，放入同一三角瓶内。加入1mol/L氢氧化钠溶液60℃下处理10~30min。冷却后用清水冲洗。

透明：剖开蒴果取出受精后的胚珠放入10%次氯酸钠溶液中浸透（真空）2h。

解剖观察：取已透明的胚珠用水冲洗后，放在培养皿或载玻片上，在Leica倒置荧光显微镜下观察、解剖并显微摄像。

2　结果与分析

2.1　亚麻的子房结构观察

将亚麻受精后的子房剖开后，可见5个子房室（幼嫩果室），每个子房室内有2个胚珠。一般1个胚珠发育成1个正常的幼嫩种子。

2.2　亚麻受精胚珠的透明效果

已透明的胚珠用清水冲洗后，胚珠内的幼胚轮廓已明显可见（图1）。

2.3　胚珠内幼胚的观察与解剖

压片后在显微镜下可观察到幼胚。受精4~6d的胚珠透明效果最好，容易完整解剖出幼胚（图2）。

2.4　多胚发生率

整体解剖50个胚珠，其中有20个没有胚胎（原因可能是授粉不良所致），26个具有正常的单个合子胚，4个具有双胚。双胚发生率为8%。

2.5　多胚排列方式

所观察到的4个多胚胚珠都是双胚（图3），胚胎在胚乳中生长。其中，有1个着生位置不能确定，1对双胚疑似2个胚纵向罗列，另外2个胚珠的双胚都是纵向罗列。这些双胚都是小的胚靠近珠孔端生长，而较大的胚在合点端生长。

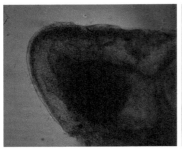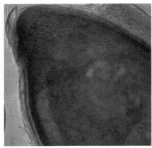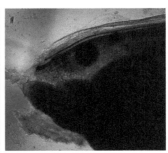

图1　已透明的部分胚珠

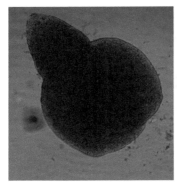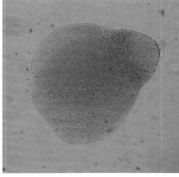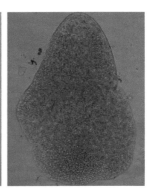

图2　剥离出的亚麻幼胚

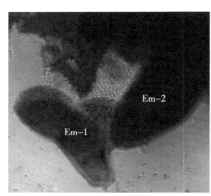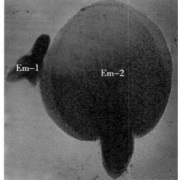

图3　剥离出的多胚亚麻双胚显微镜下观察到的多胚性亚麻种质的幼胚

3　问题与讨论

利用该技术对多胚受精后的胚珠进行整体透明并解剖，方法简单，可节省染色和透明时间，并且能取得较好的观察和采集3D数据的效果。通常10%的次氯酸钠溶液应用为漂洗液或消毒液，本试验作为透明剂使用，与冬青油、丁香油、油镜油等透明剂相比具有价格便宜、容易购买等优点，并具有良好改变材料的透光性能。

在本试验中，利用10%的次氯酸钠溶液透明时，应将浸透种子的容器抽成真空，才能完全除去胚珠内的气泡，否则胚珠内层的气泡将使透明剂无法快速对胚珠进行浸润、透明，在显微镜下出现不透明的黑色斑点，不能获得较好的透明和观察效果。本试验利用该技术虽然对观察和解剖多胚亚麻的胚珠取得了较好的效果，但也存在一定的缺点，当对试验中所剥离到的双胚进行DAPI以观察染色体时，没有获得理想的染色效果，原因可能是DNA被强碱等水解。

多胚亚麻的幼胚显微镜下观察的结果表明，受精7d以内的胚珠透明效果较好，受精8d以上的胚珠应增加碱解时间和透明时间；受精1～3d的胚珠很难剥离到幼胚；受精4～6d的胚珠是观察和剥离幼胚最佳时期。

在以往的多胚材料发芽试验中发现双胚种子的两条胚根可以从种子的不同部位发生，认为双胚在胚珠中可能存在多种排列方式。但本试验在同一胚囊内所观察和解剖到的双胚都呈纵向罗列方式，小胚靠近珠孔端生长，较大的胚在合点端生长。至于是否存在横向或纵向并列等方式排列有待进一步探讨。本试验未观察到三胚、四胚胚珠。

参考文献（略）

本文原载　中国麻业科学，2011，23（5）：232-234，239

多胚亚麻种质的研究与利用

康庆华[1]　关凤芝[1]　吴广文[1]　徐　涵[2]　黄文功[1]　刘　岩[1]　孙中义[3]

张利国[1]　吴建忠[1]　姜卫东[1]　赵东升[1]　程丽丽[1]　宋喜霞[1]

（1.黑龙江省农业科学院经济作物研究所，哈尔滨　150086；2.法国图卢兹综合科学研究所，图卢兹　31300；3.黑龙江省农业科学院畜牧研究所，哈尔滨　150086）

摘　要：本文对多胚亚麻种质资源的引进、保存、遗传、诱导及多胚苗的形态学、细胞学、分子生物学和种质创新利用等进行了深入的研究与探讨。选出株高、纤维含量及多胚率等表现不同的株系19个，创制多胚种质115份，本研究对亚麻种质多胚性保持、提高及利用具有一定意义，同时，还对多胚亚麻育种存在问题提出了建议。

关键词：多胚亚麻；种质资源；利用

亚麻科有22个属200多个种，生产上应用的为栽培种亚麻（*Linum usitatissimum* L.），该种内有极少部分种质资源存在多胚性，称为多胚亚麻，即在亚麻种子的一个胚珠中包含两个或多个胚。早在1933年Kappert就对多胚亚麻进行了研究，以后的大量文献认为单倍体植株的出现频率在双胞胎中显著高于非双生植株，并且在种子发芽后3～5d很容易鉴定，所以，利用多胚亚麻种质资源作为单倍体的来源，成为亚麻育种的一个新方法。

1　多胚亚麻种质的引进与系选

1.1　多胚种质引进

俄罗斯是世界上开展亚麻多胚种质资源研究和利用最早的国家。自20世纪70年代起，全俄亚麻研究所的Poliakov和他的同事（2010）对亚麻纤维型、中间型和油用型3个类别的125（个样本）份种质的600 000个种子进行了海选和分析，筛选到208个（0.034%）能获得双生植株的种子，4个（0.000 6%）获得3株植株的种子，多胚率0.034%，且中间型和油用型概率更高。还认为多胚种子的形成在一定程度上取决于基因型。筛选出Садко、1288-12（俄罗斯），Lintekx（加拿大），Ninke（荷兰），Minerva、Cristal（美国）等具多胚的特征、双生幼苗率0.05%～0.6%的种质材料，而Светоч、Лазурный、Торжокский4（俄罗斯），к-7222、Тайга（法国）等材料的样本数达到10 000～16 000，才能发现双生植物。后来育种者们利用这些材料通过杂交、物理化学等方法进行了研究和利用，创造出一系列高多胚率的种质材料和加倍单倍体品系。1993年，黑龙江省农业科学院经济作物研究所从俄罗斯农业科学院全俄亚麻研究所引入了3份多胚资源（D95029、D95030和D95031），开始了中国多胚亚麻种质资源和育种的研究。

1.2 多胚种质系选与多胚性保持

1994年，黑龙江省农业科学院经济作物研究所对3份引进资源进行了繁殖和多胚性鉴定。在起初的繁殖阶段采用种子混收，由于这3份资源不是纯系，多胚水平明显下降，迄今在D95030和D95031中每10 000粒种子中，尚未发现多胚种子。为了保持和提高D95029的多胚水平，自2002年开始对其进行了连续的多胚单株的系统选择，目前已选出在株高、纤维含量及多胚水平等性状表现不同的株系19个。品系选择对该资源多胚水平的保持和提高以及今后的利用具有重要意义。

2 多胚亚麻种质的创新

杂交可以促进多胚现象在不同基因型间联合、集中和扩展。刘燕（1999）利用3份引进的资源与具有不同遗传基础的资源杂交，H_0代多胚检测结果显示，以D95029为母本的4个组合后代双胚率为19.2%，以D95030为母本的3个组合后代的双胚率为5.3%，以D95031为母本的3个组合后代的双胚率为1.3%。随后黑龙江省农业科学院经济作物研究所利用已系选的多胚资源，采用与几乎不具有多胚性的材料以广泛杂交的方式对引进的多胚资源进行改良和推广，发现多胚率最高的一个组合H09052，F_1代多胚率达50%。表1为2002—2009年利用引进的多胚资源所创造的亚麻育种材料的多胚情况。在多胚资源利用期间，还进行了其双生植株的形态学、细胞学和分子生物学上的研究。

表1　2002—2009年亚麻创新资源的多胚率

年份	获得多胚性种质份数	多胚概率（%）	多胚率最高的材料
2002	20	0.5~4	H02147-22
2003	5	0.5~1.5	H03146
2004	5	0.5~9	H04052
2005	1	1.00	H05103
2006	32	0.35~2.33	H06118
2007	34	0.5~1.5	H07023-1
2008	13	0.5~1.5	H08007
2009	5	5.56	H09052
合计	115	1.18~4.92	

2.1 双生亚麻植株的形态观察

据俄罗斯的大量研究报道，多胚种子中形成的双生植物，具有下列的组合，即单倍体—单倍体（*n-n*）、2*n-n*、2*n*-2*n*型双胚，三胚、四胚很少见。2008年黑龙江省农业科学院经济作物研究所对15个样本110个多胚种子的31对未死亡的多胚植株进行了形态观察，发现大多双生苗中的大苗为二倍体可育，小苗为单倍体苗不能结实；有的双生苗大小株型完全相同，但育性不同，有的大株不育小株可育；有的孪生株株高相同茎粗不同育性也不同，且都为2*n-n*型。有的双株都可育，为2*n*-2*n*型。也有上述多种情况出现在同一组合内的。既有二倍体—单倍体组合，也有二倍体—二倍体组合。在这31对双生植株中未发现单倍体—单倍体组合。这31对双生苗中出现26株单倍体苗，单倍体苗在双生苗中出现的频率为41.9%。

2.2 双胚亚麻的细胞学和分子生物学研究

目前，多胚亚麻的细胞学研究很少。黑龙江省农业科学院经济作物研究所以多胚亚麻材料D95029-18-3、D95029-8-3、D95029-8-1、1-6Ha的8粒双胚种子形成的16株苗（以大、小区分每粒种子的2株苗）的根尖为检测部位，采用醋酸洋红和DAPI进行染色体倍性观察，发现D95029-18-3的第12号种子形成的小苗、1-6Ha的第23号种子形成的小苗的染色体为16条，为单倍体；观察到D95029-8-1的21号种子形成的小苗、D95029-8-3的1号种子形成的大苗染色体为32条，鉴定为二倍体；其余苗没有查到能鉴定出倍性的分裂相。通过对染色体的数目的检测进一步证明双生苗中单倍体苗的存在。

目前有关亚麻多胚的分子生物学研究很少。本研究从随机选择的70条RAPD引物和21条ISSR引物中筛选出的10条引物对品系1-6Ha-3中的多胚种质材料和其他23个不具多胚性的亚麻材料进行聚类分析，试验结果显示24份亚麻材料（表2）在阈值为0.73处能被分为四大类，多胚材料1-6Ha-3独为第二类群，且与其他23个亚麻品种的遗传相似系数分布在0.652 2～0.773 9（图1），表明这份种质材料与其他材料间都存在着较大的遗传差异，为亚麻多胚性分子标记的研究奠定了基础。

表2　供试的24份亚麻材料

序号	品种名	序号	品种名	序号	品种名
V1	98-338	V9	1-6Ha-3	V17	原2005-15
V2	98-338CK	V10	ELISE	V18	Ariane
V3	原2006-11	V11	阿卡塔	V19	黑亚11号
V4	原2006-8	V12	Coli	V20	Jikta
V5	原2005-21	V13	r8744	V21	原2006-13
V6	TYY29	V14	贝林卡	V22	Tyy13
V7	SXY20	V15	原2006-267	V23	D97009-12
V8	原2003-15	V16	D95027-16	V24	黑亚10号

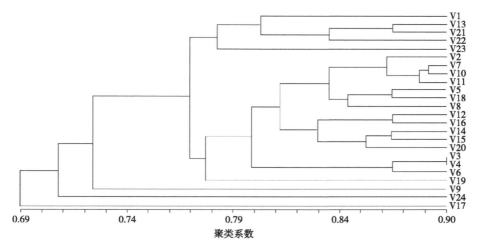

图1　24个亚麻栽培品种的聚类分析

3　多胚亚麻遗传、诱导和利用

3.1　亚麻多胚性的遗传研究

多胚性是受基因控制的，因此可以遗传。以往的研究资料表明多胚性是受多基因控制，因此俄罗斯进行多胚遗传研究时在杂交后代中发现了多胚遗传的中间型。也有一些试验还发现基因的加性效应影响着多胚现象的显现。还有资料研究认为多胚的遗传同时受细胞质和细胞核的密切作用影响（Poliakov，2010）。因此多胚性的遗传比较复杂，有待进一步研究。

在本试验中，对2006年的21个诱导多胚的杂交组合的F_1代和F_2代进行了多胚检测，发现16个组合F_2代多胚率高于F_1代，5个组合F_1代高于F_2代。该试验关于多胚出现的概率在F_1代和F_2代的变化情况与俄罗斯的研究结果不一致。

在被研究的21个杂交组合中，在H06127、H06140等的8个杂交组合F_1代和F_2代中多胚出现率比其父母本具有明显的优势，其他组合则出现中间性遗传。导致第一代中多胚增加的原因目前还未能明确。但值得一提的是在种内杂交的F_1代种子双生植物出现的频率增加和伴随着单倍体—二倍体植株形成的多胚种子明显增加的现象，对在育种实践中的应用具有重要意义。如在H06128的杂交组合的F_1代杂交种中发现了4对双生植株，其中3对由二倍体—单倍体组合组成；H06127的杂交组合的F_1代杂交种中发现了14对双生植株，其中10对由二倍体—单倍体组合组成。所以在选择这样的杂交组合过程中在F_1代种子中即可得到大量的单倍体植株。

3.2　多胚的诱导研究

目前关于多胚诱导方面的国内研究资料极其有限。在亚麻方面试验主要是开展了选定的特定基因型间的杂交研究。

3.2.1 杂交诱导多胚

根据上面的研究，不难发现采用多胚率高的材料与无多胚性和多胚性极低的材料杂交，其后代在多胚性上很可能出现超亲优势或出现多胚中间型。因此利用杂交是诱导多胚提高多胚率的有效方法。在研究中配置了能够诱导出多胚的杂交组合500个，既这些杂交组合的亲本至少有一个是具有多胚特性的材料。试验中得到了500多个杂交材料。通过分析杂交后代材料的多胚水平可知，以高多胚率的材料无论作父本还是母本，杂交后代都可能出现多胚现象，且亲本的多胚水平越高，杂交后代的多胚出现的概率越大；杂交双亲都是具有高多胚率的材料，其杂交后代的多胚水平将明显增加（表3至表5）。从多胚性高的杂交后代中分离出一系列品系如H99007、H04052等，以组合的亲本（母本或父本）形式与非多胚种子进行杂交试验发现，利用这些品系中的无论非多胚种子还是多胚种子作亲本（父本或母本）的杂交后代也都有多胚现象发生，但以多胚种子作亲本的组合后代多胚发生频率高，这与俄罗斯的研究结果一致。

表3 母本属于多胚种质的杂交组合后代中的多胚现象

杂交组合	种子粒数	双胚种子数	
		个	%
D95029-18-3 × 92199-6-5	200	29	14.5
D95029-12-4 × 97192-79	200	23	11.5
D95029-18-1 × 97192-79-8	200	2	9
D95029-8-1 × 97192-16	200	22	11

表4 父本属于多胚种质的杂交组合后代中的多胚现象

杂交组合	种子粒数	双胚种子数	
		个	%
JITKA × D95029-8-3	200	10	5
97192-79-8 × D95029-8-1	200	4	2
原2000-4 × D95029-8-3	200	4	2
Agthar × D95029-5-2	200	2	1

表5 双亲都属于多胚种质的杂交组合后代中的多胚现象

杂交组合	种子粒数	双胚种子数	
		个	%
1-6Ha自交	200	3.78	1.89
D95029-18-1 × 1-6Ha	100	23	23
D95029-19-2 × 1-6Ha	100	9	9

3.2.2　外在因素诱导多胚

由于个别基因型的多胚发生情况在年际间表现相对不稳定，所以外部条件对多胚诱导具有一定的影响。在研究中，采用NAA喷施多胚材料，结果发现有使多胚现象增加的趋势，该研究还有待进一步探索。

4　多胚亚麻育种存在的问题及建议

4.1　多胚性的保持

由前所述，多胚种质资源在连续繁殖过程中，如果不注重保持和选择，多胚水平将急速下降，多胚性将丢失，所以在多胚资源利用的同时，应加强多胚性的保持。在保持多胚方面应做好以下3个方面的工作：一是不断地进行筛选；二是不断地进行杂交诱导；三是探索提高多胚率的外界因素。

4.2　多胚的基础性研究

目前，有关多胚资源的基础研究工作还相当薄弱。多胚的基础研究是多胚资源利用的关键，所以有待进一步加强。一是要深入开展多胚胚胎发生学研究，为更好利用多胚提供理论基础；二是要加深多胚的遗传学和分子生物学研究，以明确多胚遗传规律和形成机理，为高效利用多胚资源提供保障。

4.3　多胚亚麻的创新利用

目前虽然已经创建了一定的多胚亚麻资源基础，但应加快多胚资源的创新利用步伐。尤其是利用多胚双生植株中的单倍体获得的双单倍体品系技术应常规化应用于亚麻育种，以达到快速固定杂种优势的目的，提高资源创新和育种效率。

参考文献（略）

本文原载　中国麻业科学，2011，33（4）：179-182，201

应用分子标记探讨多胚亚麻的分类地位

康庆华[1]　黄文功[1]　刘　岩[1]　姜卫东[1]　赵东升[1]

宋喜霞[1]　孙中义[2]　吴广文[1]　关凤芝[1]

（1. 黑龙江省农业科学院经济作物研究所，哈尔滨　150086；
2. 黑龙江省农业科学院畜牧研究中心，哈尔滨　150086）

摘　要：为了探讨一种多胚亚麻种质的分类地位，应用RAPD（随机扩增多态性）与ISSR（简单序列重复区间扩增多态性）分子标记相结合的方法对包括多胚亚麻在内的24个亚麻栽培种质进行了分类和亲缘关系分析。结果从70条RAPD引物和21条ISSR引物中筛选出对亚麻有效引物10条。利用NTSYSpc2.10e软件计算24个亚麻品种间的遗传相似系数（GS）和遗传距离（GD），在GS = 0.73处，将24份材料明显分为4个类群：多胚品系1-6Ha-3单独聚到第二类群，1-6Ha-3与其他23个材料间遗传相似系数分布在0.652 2～0.773 9，其中与原2005-21、98-338遗传距离最近，为0.226 1；而与黑亚10号、原2006-13、黑亚11号的遗传距离最大，为0.3478。

关键词：多胚亚麻；分子标记；聚类分析；分类地位

多胚亚麻品系1-6Ha-3是从俄罗斯引进的多胚种质D95029（形态特征接近油用亚麻）与纤维亚麻抗6的杂交后代中多胚种子产生的单倍体苗加倍后获得的双单倍体（DH）品系。该品系形态特征明显区别于油用亚麻，更接近纤维亚麻，而且株高、工艺长度等农艺性状都优于亲本。经两年的黑龙江省农业科学院经济作物研究所内鉴定，其原茎产量、纤维产量、全麻率都高于对照品种黑亚11号和黑亚14号，同时具有高频率的多胚特性，为直接用于生产或作为优良育种亲本更好地利用，明确其在栽培亚麻品种中的地位及与各品种间的遗传差异非常必要。

目前，国内外已经有很多成功应用RAPD（随机扩增多态性）技术和SSR（简单序列重复，又称微卫星标记）等分子标记技术探讨物种的分类及亲缘关系的研究报道。随后，基于微卫星序列发展起来的ISSR（Inter-simple sequence repeat，即简单序列重复区间扩增多态性）技术，因其具有重复性好、多态性高等优点，也被广泛用于作物遗传多样性研究、种质资源的分类和鉴定、重要农艺基因的定位与遗传作图上。本研究以RAPD技术和ISSR技术相结合的方法对所获得的多胚DH品系1-6Ha-3与其他23个亚麻品种的亲缘关系进行了分析，旨在为多胚亚麻品种的鉴定、保护和分子标记辅助育种提供理论依据。同时也为筛选亚麻多胚性分子标记的研究工作奠定基础。

1　材料与方法

1.1　材料

试验于2008年6月至2009年1月在东北农业大学分子生物实验室进行。供试24个亚麻品种（系）均由黑龙江省农业科学院经济作物研究所提供，见表1。

表1　供试的24份亚麻材料

序号	品种名	序号	品种名	序号	品种名
V1	98-338	V9	1-6Ha-3	V17	原2005-15
V2	98-338CK	V10	ELISE	V18	Ariane
V3	原2006-11	V11	阿卡塔	V19	黑亚11号
V4	原2006-8	V12	Coli	V20	Jikta
V5	原2005-21	V13	r8744	V21	原2006-13
V6	TYY29	V14	贝林卡	V22	Tyy13
V7	SXY20	V15	原2006-267	V23	D97009-12
V8	原2003-15	V16	D95027-16	V24	黑亚10号

1.2　方法

1.2.1　总DNA的提取

亚麻总DNA的提取试验参考王关林、方宏筠的方法，取0.2g亚麻幼嫩叶片，加500μL CTAB（内含0.4%巯基乙醇和1%PVP），用液氮研磨，利用购自天根生化科技（北京）有限公司的DNA提取试剂盒提取。

1.2.2　PCR扩增体系及程序

按黄文功（2009）的方法进行。

1.2.2.1　引物

供试引物包括RAPD随机引物70条：A1～A16，S1～S50，S61～S64；ISSR引物21条，选自丁明忠等（2009）在苎麻分子标记中筛选到的U系列引物。以上引物均购自上海生工。

1.2.2.2　PCR反应体系

总体积25μL：10×Buffer 2.5μL，25mmol/LMgCl$_2$ 1.0μL，2.5mmol/L dNTP 2.5μL，Primer（25μmol/L）1.5μL，Genome DNA 2μL（50ng），5U/μLTaq 酶0.2μL，加ddH$_2$O至总体积25μL。Marker：100bp ladder。以上常规试剂均购自天根生化科技（北京）有限公司。

1.2.2.3 反应程序

94℃预变性4min；然后94℃变性40s，37℃退火1min，72℃延伸90s，共40个循环；72℃延伸10min。扩增产物采用0.8%琼脂糖凝胶，80V电压下电泳。EB（溴化乙锭）染色，紫外分析仪上检测并照相。

1.2.3 数据处理与统计

综合各引物的扩增图谱，筛选在这24份材料中扩增丰富且多态性好的引物。各扩增产物的记录以所用引物加上其相对分子量大小表示，每一条带在某一个样品存在赋值"1"，缺乏赋值"0"，强带和可重复的弱带赋值均为"1"。数据录入NTSYSpc2.10e软件，计算各个样品间的遗传相似性系数（GS），对得到的遗传相似性矩阵进行非加权组法（UPGMA）聚类分析，建立该多胚亚麻品系与其他供试品种（系）间的亲缘关系图。根据遗传相似系数计算出遗传距离GD（遗传距离=1-遗传相似度）。

2 结果与分析

2.1 引物的筛选

选择一定数量的引物对供试材料进行扩增是获得客观结果的前提。本试验在随机选择的70条RAPD引物和21条ISSR引物中筛选出对供试亚麻材料能扩增出清晰的谱带、重复性好、多态性丰富的引物10条，其中RAPD引物5条，ISSR引物5条（表2）。

表2　10条引物的RAPD和ISSR扩增结果

引物	序列（5′→3′）	扩增带数	多态带数	多态比例（%）
A2	GAGTAAGCGC	13	11	84.6
A5	GCCACGGAGA	9	7	77.8
A8	GAATGCGAGG	10	8	80.0
A12	CGGTTCCAG	11	10	90.9
S24	ATCGGGCTG	10	8	80.0
U824	TCTCTCTCTCTCTCC	14	13	92.9
U835	AGAGAGAGAGAGAGAGYC	15	10	66.7
U836	AGAGAGAGAGAGAGAGYC	10	6	60.0
U853	TCTCTCTCTCTCTCTCRT	9	6	66.7
U886	VDVGTCTCTCTCTCTCT	14	8	57.1
总计		115	87	757
平均		11.5	8.7	75.7

2.2 亚麻DNA的PCR扩增结果

2.2.1 24个亚麻品种的DNA多态性

　　筛选出的10条引物扩增的带型较理想，多态性较好，3次重复扩增的结果一致。这10个引物共扩增出115条带，其中同源片段28条，多态性条带87条，多态性比例为75.7%。平均每条引物扩增出11.5条带，谱带大小一般在200～2 000bp，也有极少数在100～200bp或超过2 000bp。其中扩增谱带最多的引物是U835（15条），扩增出的谱带最少的引物有A5和U853，各为9条。表2为10条引物在24个亚麻品种中的扩增结果。图1、图2和图3为选用3个引物A12、A5和U853的基因组DNA的指纹图谱。

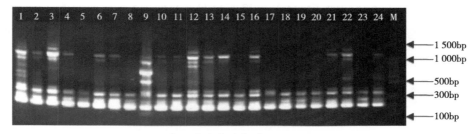

1～24：亚麻品种编号（表1）；M：100bp ladder

图1　引物A12在24个亚麻品种中的PCR扩增结果

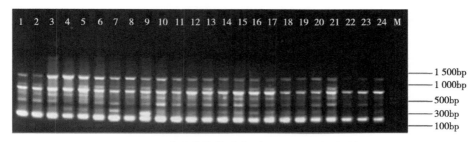

1～24：亚麻品种编号（表1）；M：100bp ladder

图2　引物A5在24个亚麻品种中的PCR扩增结果

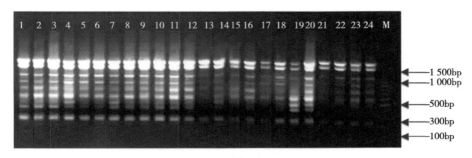

1～24：亚麻品种编号（表1）；M：100bp ladder

图3　引物U853在24个亚麻品种中的PCR扩增结果

2.2.2 聚类分析结果

根据10个引物的扩增条带的统计结果进行聚类分析，得到24个亚麻品种（系）的遗传聚类树状图（图4）和遗传相似度值（表3）。24份亚麻种质在阈值（遗传相似系数）为0.73处分为四大类，V19（黑亚11号）、V18（Ariane）、V23（D97009-12）等21个品种聚为第一大类，1-6Ha-3、黑亚10号、原05-15分别为第二、三、四类群。1-6Ha-3与其他23个亚麻品种的遗传相似系数范围分布0.652 2 ~ 0.773 9，遗传距离由大到小为V24/V21/V19>V23>V17>V15/V4>V16>V20>V13>V3>V22>V14>V6>V18>V12>V2>V8>V10>V11>V7>V1/V5。遗传距离计算公式得出，1-6Ha-3与黑亚10号（V24）、原2006-13（V21）、黑亚11号（V19）3个品种的遗传距离最远，都为0.3478，与品种原2005-21白（V5）、98-338（V1）的遗传距离相对最近，为0.226 1。

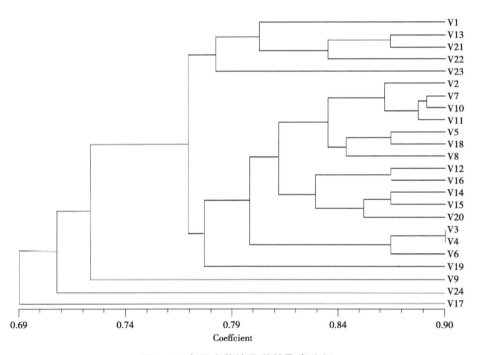

图4　24个亚麻栽培品种的聚类分析

表3　24个亚麻基因型相似性系数矩阵

基因型	V1	V2	V3	V4	V5	V6	V7	V8	V9	V10	V11	V12	V13	V14	V15	V16	V17	V18	V19	V20	V21	V22	V23	V24
V1	1.0000																							
V2	0.8174	1.0000																						
V3	0.8000	0.7391	1.0000																					
V4	0.7826	0.7913	0.8957	1.0000																				
V5	0.7739	0.8000	0.7826	0.8174	1.0000																			
V6	0.7739	0.8000	0.8522	0.8870	0.8435	1.0000																		
V7	0.7826	0.8783	0.7739	0.8609	0.8348	0.8348	1.0000																	
V8	0.7565	0.8348	0.7652	0.8000	0.8348	0.7913	0.8348	1.0000																
V9	0.7739	0.7478	0.7130	0.6957	0.8609	0.7391	0.7652	0.7565	1.0000															
V10	0.8087	0.8522	0.8000	0.8522	0.8609	0.8261	0.8870	0.7913	0.7565	1.0000														
V11	0.7739	0.8696	0.7478	0.8174	0.8435	0.8435	0.8870	0.8783	0.7565	0.8783	1.0000													
V12	0.8087	0.8348	0.8000	0.7826	0.7913	0.8087	0.8696	0.7739	0.7391	0.8261	0.8783	1.0000												
V13	0.8000	0.8261	0.7565	0.7391	0.7652	0.7652	0.7739	0.7130	0.7130	0.8261	0.7652	0.8435	1.0000											
V14	0.7565	0.8522	0.7652	0.7826	0.7913	0.7913	0.8870	0.7739	0.7217	0.8348	0.8261	0.8435	0.8000	1.0000										
V15	0.8174	0.8435	0.7217	0.7391	0.7826	0.7304	0.8261	0.7652	0.6957	0.8174	0.8000	0.8348	0.8087	0.8696	1.0000									
V16	0.8348	0.7739	0.8435	0.5087	0.7826	0.8174	0.7903	0.7304	0.6957	0.8000	0.8000	0.8696	0.7913	0.8134	0.8261	1.0000								
V17	0.6696	0.7652	0.6087	0.6261	0.7391	0.6870	0.6783	0.6870	0.6957	0.6696	0.6870	0.6870	0.7304	0.6870	0.7478	0.6609	1.0000							
V18	0.7826	0.8261	0.8087	0.8261	0.8696	0.8174	0.8609	0.8348	0.7478	0.8870	0.8174	0.7826	0.7739	0.8522	0.8609	0.8087	0.6783	1.0000						
V19	0.7391	0.8000	0.7304	0.7826	0.7391	0.7565	0.8174	0.7739	0.6522	0.7913	0.7913	0.7739	0.7652	0.7739	0.7652	0.7304	0.7043	0.8174	1.00					
V20	0.8261	0.8174	0.8348	0.8696	0.7913	0.8087	0.8522	0.7739	0.7043	0.8609	0.8087	0.8435	0.8174	0.8609	0.8522	0.8348	0.6696	0.8696	0.8435	1.0000				
V21	0.8087	0.7478	0.7478	0.7304	0.7043	0.7391	0.7304	0.7043	0.6522	0.7391	0.7217	0.7913	0.8696	0.7565	0.7826	0.8174	0.7043	0.7304	0.7565	0.8087	1.0000			
V22	0.8087	0.8000	0.8000	0.7652	0.7217	0.7913	0.7652	0.7217	0.7217	0.7739	0.7739	0.8261	0.8348	0.7739	0.7826	0.8174	0.7217	0.7652	0.7913	0.8435	0.8435	1.0000		
V23	0.7826	0.7565	0.7565	0.7565	0.7478	0.7304	0.7217	0.6957	0.6783	0.7478	0.7130	0.7304	0.7565	0.7652	0.8261	0.8087	0.7478	0.7913	0.6957	0.8000	0.7426	0.8174	1.0000	
V24	0.7391	0.6783	0.6957	0.6783	0.7043	0.6348	0.6957	0.6696	0.6522	0.7043	0.6522	0.7043	0.7478	0.7043	0.7826	0.7478	0.6348	0.7130	0.6870	0.7217	0.7391	0.7391	0.7826	1.0000

3 结论与讨论

在应用分子标记进行植物品种分类及亲缘关系鉴定过程中，引物的筛选是试验的关键，直接影响聚类结果。本试验中筛选出的10个（5个RAPD和5个ISSR）引物扩增稳定、条带多、多态性丰富。利用这10个引物对包括多胚亚麻1-6Ha-3在内的24份材料（系）的基因组进行扩增，得到了115条清晰谱带，其中87条属于多态性标记，多态性位点的比例达75.7%。该结果很好地揭示了这24份资源的遗传多样性，由此鉴定出各材料间存在着遗传差异。根据这10个引物对每份材料的扩增结果，将供试的24份亚麻种质在阈值（相似系数）为0.73处分为四大类群，多胚品系1-6Ha-3独为第二类群，且与其他23个亚麻品种的遗传相似系数分布在0.652 2～0.773 9，说明该品系与其他材料间都存在着较大的遗传差异，并且从分子水平上鉴定出该多胚品系与黑亚10号（V24）、原2006-13（V21）、黑亚11号（V19）、原2005-15（V17）等品种的遗传距离较大，与原2005-21（V5）、98-338、SXY20等品种的遗传距离相对较近。一般地，遗传距离较远或不同类型的材料间杂交时杂交优势较高。根据本试验结果，可在1-6Ha-3和与其遗传距离远的黑亚10号、原2006-13等品种间配制杂交组合，有可能从其杂交后代的多胚种子中获得杂交优势高的单倍体植株，采用化学加倍或自然加倍方法达到快速固定杂交优势的目的。因此，本试验结果可为利用多胚亚麻固定杂种优势的研究提供理论依据和指导。

本研究通过RAPD和ISSR两种分子标记技术相结合的方法对认定多胚亚麻与其他栽培亚麻品种之间的关系的分析结果表明，该方法能较好地用于分析亚麻属种下样品的遗传距离，更能灵敏地揭示两个关系相近的个体之间的遗传差异，适合解决种下分类鉴定的问题，并能为扩大资源利用和研究提供新的线索。

由于在试验中发现一些品种（系）间虽然植物学形态特征存在着较大差异，但分子标记结果相似系数较高而聚为一类；也有部分品种（系）虽然形态表现出相似特征，但因分子标记结果相似系数小却未聚到一类。这可能是由于品种在长期种植、选择或杂交过程中，使其在地理分布、形态特征、生态类型等方面发生了较大的变异。因此，只有采用形态标记、细胞学标记及多种分子标记技术结合的方法，以更多不同基因型种质为试验样本群体，才能更全面准确地揭示遗传变异，为新品种选育制定策略，为亲本选配、后代遗传变异及杂种优势水平的预测提供预见性指导，为种质资源的利用、新品种（系）的选育提供科学依据。

参考文献（略）

本文原载 中国麻业科学，2010，32（2）：84-88，98

参考文献

薄天岳，杨建春，任云英，等，2006.亚麻品种资源对枯萎病的抗性评价[J].中国油料作物学报（4）：470-475.

曹秀霞，张炜，2009.宁夏胡麻生产现状及发展趋势[J].安徽农学通报（上半月刊）（23）：87-88，104.

陈昀昀，王进英，王兴瑞，等，2021.青海亚麻籽中木脂素含量测定及抗氧化活性分析[J].食品与机械，37（7）：177-182.

邓乾春，禹晓，黄庆德，等，2010.亚麻籽油的营养特性研究进展[J].天然产物研究与开发（4）：715-721.

丁常宏，申家恒，郭德栋，等，2009.甜菜无融合生殖单体附加系M14大孢子发生的超微结构[J].作物学报，35（8）：1516-1524.

范铁明，李文娟，2010.基于文化特色的亚麻服饰品牌建设[J].纺织导报（2）：26-27.

冯辉，翟玉莹，2007.韭菜多胚苗及其与无融合生殖关系的研究[J].园艺学报，34（1）：225-226.

冯辉，赵钟志，2010.韭菜无融合生殖的遗传特性及其与多胚性关系的研究[J].沈阳农业大学学报，41（3）：270-274.

高凤云，张辉，贾霄云，等，2017.丰产、优质、抗病亚麻新品种"内亚九号"的选育[J].中国麻业科学，39（6）：283-287.

高俊山，陈强，郭宝庆，等，2010.内蒙古中西部地区胡麻生产发展状况[J].内蒙古农业科技（5）：105-106.

桂明珠，1994.亚麻大小孢子与雌雄配子体发育[J].中国麻作（2）：1-2.

郭永利，范丽娟，2007.亚麻籽的保健功效和药用价值[J].中国麻业科学，29（3）：147-149.

郝冬梅，邱财生，王世发，等，2017.亚麻新品种中亚麻5号的选育[J].中国麻业科学，39（6）：273-277.

郝建华，强胜，2009.无融合生殖——无性种子的形成过程[J].中国农业科学（2）：8-18.

郝建华，沈宗根，2009.植物无融合生殖的筛选和鉴定研究进展[J].西北植物学报，29

（10）：2128-2136.

胡龙兴，王兆龙，2008. 植物无融合生殖相关基因研究进展[J]. 遗传，30（2）：155-163.

胡晓军，2010. 亚麻产业技术发展现状与对策[J]. 山西农业科学（7）：8-10.

胡晓军，刘超，李群，等，2014. 我国胡麻籽油加工业现状及对策研究[J]. 农产品加工（学刊）（4）：63-64.

黄群策，1997. 被子植物无融合生殖研究的进展[J]. 湘潭师范学院学报，18（3）：60-64.

黄群策，1999. 禾本科植物无融合生殖的研究进展[J]. 武汉植物学报，17（增刊）：39-44.

黄群策，孙敬三，百素兰，1998. 被子植物多胚苗的研究进展[J]. 植物学通报（2）：2-8.

贾宁，唐研耀，曾燕如，等，2015. 植物无融合生殖研究进展[J]. 生物技术通报，31（12）：15-24.

姜卫东，康庆华，黄文功，等，2021. 亚麻品种华亚7号的选育[J]. 中国种业（9）：83-85.

解成华，2001. 浅谈我国亚麻纺织工业的发展[J]. 黑龙江纺织（3）：1-2.

阚莹莹，2008. 黑龙江省亚麻纺织行业发展战略研究[D]. 哈尔滨：黑龙江大学.

康庆华，宋喜霞，姜卫东，2017. 亚麻种植实用技术[M]. 北京：中国农业科学技术出版社.

康庆华，2001. 北方立体种植技术及效益[J]. 黑龙江农业科学（6）：42-44.

康庆华，2005. 亚麻转基因中抗生素应用效果的研究[J]. 中国麻业，27（2）：94-97.

康庆华，2006. 我国麻类生物技术的研究概况及发展[J]. 中国麻业，28（3）：113-116.

康庆华，2011. 植物遗传转化及其在亚麻中的应用[J]. 中国麻业科学，33（6）：298-301.

康庆华，2012. 亚麻外源DNA导入的技术与实践[J]. 中国麻业科学，34（4）：165-168，189.

康庆华，2013. 生长调节剂对亚麻无融合生殖诱导的初步研究[J]. 中国麻业科学，35（6）：292-295，306.

康庆华，关凤芝，王玉富，等，2005. 我国亚麻分子育种[C]. 植物分子育种国际学术研讨会论文集：90-95.

康庆华，关凤芝，王玉富，等，2006. 中国亚麻分子育种研究进展[J]. 中国农业科学（12）：2428-2434.

康庆华，关凤芝，吴广文，等，2011. 多胚亚麻种质的研究与利用[J]. 中国麻业科学，33（4）：179-182，201.

康庆华，姜卫东，宋喜霞，2021. 亚麻新品种华亚4号的选育[J]. 中国麻业科学，43（4）：161-164，204.

康庆华，马廷芬，关凤芝，等，2014. 多胚亚麻DH种质筛选与评价[J]. 中国麻业科学，36（6）：265-269.

康庆华，孙庆德，2001. 经济作物立体栽培模式设计及效益分析研究[J]. 黑龙江八一农垦大学学报（3）：30-34.

康庆华，王玉富，关凤芝，等，2002. 除草剂对亚麻幼苗生化指标影响[J]. 中国麻业
（3）：15-19.

康庆华，王玉富，路颖，等，2002. 除草剂对亚麻幼苗及其生理影响的研究[J]. 黑龙江农
业科学（4）：10-13.

康庆华，王玉富，张举梅，2002. 赴捷克亚麻科研及生产考察报告[J]. 中国麻业（4）：
43-45.

康庆华，吴广文，黄文功，等，2010. 俄罗斯亚麻特异资源引进及考察报告[J]. 中国麻业
科学，32（4）：221-224.

黎蓉，姚家玲，2013. 用分子标记分析无融合生殖龙须草的遗传多样性[J]. 华中农业大学
学报，32（6）：1-7.

李桂琴，1997. 亚麻种子发育的解剖学研究[J]. 东北农业大学学报，28（4）：372-377.

李敏，杨学，金慧，等，2021. 科合油亚6号胡麻新品种选育[J]. 中国麻业科学，43
（4）：165-167，216.

李秋芝，姜颖，夏尊民，等，2017. 双亚系列亚麻品种特征特性的综合评价[J]. 农业与技
术，37（17）：22-23，32.

李淑华，黄晶，高洪清，1997. 浅谈我国亚麻纺织工业的基本现状与发展趋势[J]. 纺织科
学研究（4）：1-5.

李文，1997. 甜菜无融合生殖的化学诱导研究[J]. 甜菜糖业通报（2）：22-25.

刘方，程乃春，魏麟学，1992. 亚麻栽培育种与系列产品开发[M]. 北京：气象出版社.

刘丽，张金智，梅丽，等，2008. 兼性无融合生殖龙须草 SSR 引物开发及杂交后代的检
测[J]. 西北植物学报，28（10）：1947-1953.

刘丽萍，王艳，2013. 去壁低渗法制备无融合生殖甜菜 M14 染色体标本[J]. 实验室研究与
探索，32（1）：12-14.

刘向东，陈启锋，郑伸坤，1990. 水稻多胚苗的初步研究 Ⅰ. 胚胎学的观察[J]. 福建农学
院学报（2）：131-137.

刘燕，1999. 多胚性亚麻种子的单倍体育种技术[J]. 中国麻业，21（3）：19-21.

刘晔，于先宝，1979. 亚麻对氮磷钾营养元素吸收规律的研究[J]. 中国麻作（3）：33-35.

刘永胜，孙敬三，王伏雄，等，1994. 多胚水稻品系SB-1的细胞胚胎学研究：多胚及其
起源[J]. 植物学报，36（11）：821-827，905-906.

陆美光，段海燕，姜恭好，2021. 亚麻全基因组关联分析的研究进展[J]. 中国农学通报，
37（21）：111-118.

马三梅，王永飞，叶秀粦，等，2002. 植物无融合生殖鉴定方法的研究进展[J]. 西北植物
学报，22（4）：985-993.

马三梅，王永飞，叶秀粼，等，2002. 单子叶植物无融合生殖的研究进展[J]. 植物学通报
　　19（5）：530-537.

马三梅，王永飞，叶秀粼，等，2002. 植物无融合生殖遗传机理和分子机理的研究进
　　展[J]. 遗传，24（2）：197-199.

马三梅，王永飞，叶秀粼，等，2004. 植物无融合生殖研究的新进展[J]. 热带亚热带植物
　　学报，12（5）：477-481.

马三梅，叶秀麟，赵南先，等，2002. 水蔗草兼性无融合生殖的胚胎学研究[J]. 植物学
　　报，44（3）：259-263.

米君，钱合顺，杨素梅，等，2003. 亚麻野生种——宿根亚麻的特征特性及评价[J]. 河北
　　农业科学（2）：72-73.

莫尧，郑成木，朱稳，等，2004. 咖啡多胚现象与多胚苗形态发育的研究[J]. 植物学通
　　报，21（2）：189-194.

牛海龙，徐驰，潘亚丽，等，2017. 纤维用亚麻新品种吉亚7号选育经过及栽培技术[J]. 现
　　代农业科技（20）：26-27.

邱财生，程超华，赵立宁，等，2013. 无融合生殖悬铃叶苎麻（*boehmeria tricuspis*）多倍
　　性发生的染色体行为研究[J]. 植物遗传资源学报，14（3）：577-580.

仇松英，许钢亘，2002. 小麦无融合生殖育种方法初探[J]. 华北农学报（4）：10-14.

仇松英，许钢亘，2003. 冬小麦无融合生殖系的研究初报[J]. 山西农业科学（1）：3-6.

仇松英，许钢亘，2005. 小麦无融合生殖及杂种优势固定研究初报[J]. 陕西农业科学
　　（5）：5-6.

萨如拉，王启，王登奎，等，2018. 亚麻籽保健食品及药用价值研究进展[J]. 黑龙江农业
　　科学（4）：145-149.

尚娅佳，申家恒，郭德栋，等，2009. 甜菜无融合生殖单体附加系M14 成熟胚囊的超微
　　结构特征[J]. 植物学报，44（6）：682-693.

尚娅佳，申家恒，郭德栋，等，2010. 甜菜无融合生殖单体附加系M14 雌配子体发育的
　　超微结构观察[J]. 中国农业科学，43（1）：29-38.

申业，申家恒，郭德栋，等，2006. 甜菜无融合生殖单体附加系M14 大孢子发生期间细
　　胞壁胼胝质的变化[J]. 作物学报，32（6）：894-898.

石云涛，2016. 论胡麻的引种与文化意蕴[J]. 中国高效社会科学（2）：122-134，159.

孙洪涛，傅卫东，柳新，1986. 在温室条件下人工光照与温度对亚麻生长发育的影响[J].
　　中国麻作（3）：35-36.

谭燕群，王铃林，严奕，等，2014. 全雌性苎麻胚胎学研究[J]. 作物研究，28（1）：31-33.

潭薇，郭学兴，孔繁伦，1994. 遗传背景对水稻无融合生殖材料C1001双胚苗频率影响的

研究[J]. 西南农业大学学报，16（4）：369-372.

王巨媛，翟胜，冯辉，2005. 韭菜无融合生殖的化学诱导研究[J]. 江苏农业科学（4）：
77-80.

王丽艳，王鑫森，荆瑞勇，等，2021. 不同品种亚麻籽营养成分分析与品质综合评价[J].
食品与机械，37（7）：26-32.

王玉富，邱财生，SZOPA J，等，2016. 纤维亚麻新品种中亚麻4号选育过程及栽培技
术[J]. 现代农业科技（24）：40-41，45.

王玉富，2006. 亚麻转基因技术研究进展[J]. 中国麻业，28（1）：1-5.

王玉富，邱财生，龙松华，等，2013. 中国纤维亚麻生产现状与研究进展及建议[J]. 中国
麻业科学，35（4）：214-218.

王玉婷，曹洪祥，马春泉，等，2009. 甜菜 M14品系特异表达基因*BvM14-MADSbox*启动
子的克隆及序列分析[J]. 黑龙江大学自然科学学报，26（3）：375-379.

王志伟，李荣田，郭德栋，2004. 植物无融合生殖研究进展[J]. 中国生物工程杂志，24
（6）：34-37.

吴曼，王蓓，董彦，等，2010. 苹果属植物无融合生殖研究进展[J]. 山东农业科学（7）：
30-34.

吴瑞香，杨建春，王利琴，等，2021. 胡麻新品种晋亚14号选育及栽培技术[J]. 农业科技
通讯（10）：281-282，288.

吴志刚，2013. 蒲公英遗传多样性与无融合生殖机理研究[D]. 沈阳：沈阳农业大学.

肖青梅，郭媛，2021. 亚麻纤维合成关键酶*CesA*基因和*Csl*基因的研究进展[J]. 中国麻业科
学，43（3）：148-154.

谢文忠，萧运峰，1980. 宿根亚麻开花生物学特性的研究[J]. 作物学报（1）：51-56.

熊和平，2008. 麻类作物育种学[M]. 北京：中国农业科学技术出版社.

徐国庆，1997. 新型化学诱导剂ATM在水稻育种上的应用[J]. 湖南农业大学学报（5）：
66-69.

杨晓红，周志钦，2009. 小金海棠雌蕊无融合生殖发育的解剖学结构观察[J]. 果树学报，
26（1）：1-5.

殷朝珍，2006. 草地早熟禾无融合生殖激素调控机理的研究[D]. 扬州：扬州大学.

殷朝珍，王兆龙，葛才林，2006. 草地早熟禾无融合生殖及其育种利用研究进展[J]. 草原
与草坪，114（1）：18-23.

元新娣，2012. 山西胡麻产业现状及发展对策[J]. 中国农技推广（5）：7-8.

张波，吴志刚，刘文毅，2012. 蒲公英无融合生殖特性初探[J]. 沈阳农业大学学报，42
（4）：475-478.

张辉，贾霄云，张立华，等，2009. 我国油用亚麻产业现状及发展对策[J]. 内蒙古农业科技（4）：6-8，115.

张丽杰，董文轩，2013. 苹果属无融合生殖相关 *SERK4* 基因表达载体的构建[J]. 经济林研究，31（4）：78-81.

张丽丽，乔海明，曲志华，等，2017. 油用亚麻新品种坝选三号的选育[J]. 中国麻业科学，39（4）：180-182.

赵德宝，关凤芝，路颖，等，2012. "十五" "十一五" 黑亚系列优异创新种质简介[J]. 中国麻业科学，34（4）：196-198.

赵利，党占海，张建平，2006. 甘肃胡麻地方品种种质资源品质分析[J]. 中国油料作物学报（3）：282-286.

赵利，党占海，李毅，等，2006. 亚麻籽的保健功能和开发利用[J]. 中国油脂（3）：71-74.

智广俊，高亮，沈凤玲，2004. 野生胡麻生物学特征特性[J]. 内蒙古农业科技（6）：47.

周攀，张景娥，王颖，等，2009. 平邑甜茶与扎矮山定子杂交后代的倍性鉴定及核型分析[J]. 中国农学通报，25（22）：186-193.

周亚东，李明，2010. 世界油用亚麻生产发展回顾与展望[J]. 中国农学通报，26（9）：151-155.

朱艳，余素芹，梁前进，等，2012. 核桃无融合生殖诱导及鉴定研究进展[J]. 广东农业科学，39（13）：47-50.

左振兴，纪军建，付国庆，等，2021. 基于DUS测试性状的亚麻测试品种遗传多样性分析[J]. 中国农学通报，37（24）：48-53.

ADAMS P B, LAWSON S, SANIGORSKI A, et al., 1996. Arachadonic acid to eisosapentaneoic acid ratio in blood correlates positively with clinical symptoms of depression[J]. Lipid, 31（suppl）：157-161.

AKIYAMA Y, CONNER J A. GOEL S, 2004. High-resolution physical mapping in *Pennisetum squamulatum* reveals extensive chromosomal heteromorphism of the genomic region associated with apomixis[J]. Plant Physiology, 134（4）：1733-1741.

ALLABY R G, PETERSON G W, MERRIWETHER D A, et al., 2005. Evidence of the domestication history of flax（*Linum usitatissimum* L.）from genetic diversity of the *sad2* locus [J]. Theoretical and Applied Genetics, 112：58-65.

ANDERSON S O, WOLK A, BERGSTRÖM R, et al., 1996. Energy, nutrient intake and prostate cancer risk：a population-based case-control study in Sweden[J]. International Journal of Cancer, 68（6）：716-722.

ANDRADE-RODRIGUEZ M, VILLEGAS-MONTER A, GUTIERREZ-ESPINOSA M A, et al., 2005. Polyembryony and RAPD markers for identification of zygotic and nucellar seedlings in Citrus[J]. Agrociencia, 39（4）: 371-383.

APPEL L J, MILLER E R, SEIDLER A J, et al., 1993. Does supplementation of diet with "fish oil" reduce blood pressure? A meta-analysis of controlled clinical trials[J]. Archives of Internal Medicine, 153（12）: 1429-1438.

ASSIENAN B, NOIROT M, GNAGNE Y, 1993. Inheritance and genetic diversity of some enzymes in the sexual and diploid pool of the agamic complex of Maximue（*Panicum maximum* Jacq., *P. infestum* Anders. and *P.trichocladum* K. Schum.）[J]. Euphytica, 68: 231-239.

ATTAR-BASHI N M, FRAUMAN A G, SINCLAIR A J, et al., 2004. Alpha-linolenic acid and the risk of prostate cancer. What is the evidence?[J]. The Journal of Urology, 171（4）: 1402-1407.

BAYLIN A, KABAGAMBE E K, ASCHERIO A, et al., 2003. Adipose tissue alpha-linolenic acid and nonfatal acute myocardial infarction in Costa Rica[J]. Circulation, 107（12）: 1586-1591.

BEKAROĞLU M, ASLAN Y, GEDIK Y, et al., 1996. Relationships between serum free fatty acids and zinc, and attention deficit hyperactivity disorder: a research note[J]. The Journal of Child Psychology and Psychiatry, 37（2）: 225-227.

BERRY E M, HIRSCH J, 1986. Does dietary linolenic acid influence blood pressure?[J]. American Journal of Clinical Nutrition, 44: 336-340.

BILLMAN G E, KANG J X, LEAF A, 1999. Prevention of sudden cardiac death by dietary pure omega-3 polyunsaturated fatty acids in dogs[J]. Circulation, 99（18）: 2452-2457.

BOUGNOUX P, KOSCIELNY S, CHAJÈS V, et al., 1994. Alpha-linolenic acid content of adipose breast tissue: a host determinant of the risk of early metastasis in breast cancer[J]. British Journal of Cancer, 70（2）: 330-334.

BROUGHTON K S, JOHNSON C S, PACE B K, et al., 1997. Reduced asthma symptoms with n-3 fatty acid ingestion are related to 5-series leukotriene production[J]. American Journal of Clinical Nutrition, 65: 1011-1017.

BUAJORDET I, MADSEN S, OLSEN H, 1997. Stains-the pattern of adverse effects with emphasis on mental reactions data from a national and an international database[J]. Tidsskr Nor Laegeforen, 117（22）: 3210-3213.

CAMERON J S, 1999. Lupus nephritis: an historical perpective 1968-1998[J]. Journal of Nephrology, 12（Suppl 2）: 29-41.

CHAN J K, BRUCE V M, MCDONALD B E, 1991. Dietary-alpha-linolenic acid is an effective as oletic acid and linoleic acid in lowering blood cholesterol in normolipidemic men[J]. American Journal of Clinical Nutrition, 53（5）: 1230-1234.

CHEN J, STAVRO P M, THOMPSON L U, 2002. Dietary flaxseed inhibits human breast cancer growth and metastasis and downregulates expression of insulin-like growth factor and epidermal growth factor receptor[J]. Nutrition and Cancer, 43（2）: 187-192.

CHEN J, THOMPSON L U, 2003. Lignans and tamoxifen, alone or in combination, reduce human breast cancer cell adhesion, invasion and migration *in vitro*[J]. Breast Cancer Research Treatment, 80（2）: 163-170.

CLARK N M, BROWN R W, PARKER E, et al., 1999. Childhood asthma[J]. Environment Health Perspectives, 107（Suppl 3）: 421-429.

CLARK W F, KORTAS C, HEIDENHEIM A P, et al., 2001. Flaxseed in lupus nephritis: a two-year nonplacebo-controlled crossover study[J]. Journal of the American College of Nutrition, 20（Suppl 2）: 143-148.

CLARK W F, MUIR A D, WESTCOTT N D, et al., 2000. A novel treatment for lupus nephritis: ligan precursor derived from flax[J]. Lupus, 9（6）: 429-436.

COLQUHOUN I, BUNDAY S, 1981. A lack of essential fatty acids as a possible cause of hyperactivity in children[J]. Medical Hypotheses, 7（5）: 673-679.

CONNER J A, GOEL S, GUNAWAN G, 2008. Sequence analysis of bacterial artificial chromosome clones from the apospory-specific genomic region of *Pennisetum* and *Cenchrus*[J]. Plant Physiology, 147（3）: 1396-1411.

CORDEIRO M C R, PINTO A C Q, RAMOS V H V, et al., 2006. Identification of plantlet genetic origin in polyembryonic mango（*Mangifera indica* L.）cv. *Rosinha* seeds using RAPD markers[J]. Revista Brasiliera de Fruticultura Brazil, 28（3）: 454-457.

DE DECKERE E A, KORVER O, VERSCHUREN P M, et al., 1998. Health aspects of fish and n-3 polyunsaturated fatty acids from plant and marine origin[J]. European Journal of Clinical Nutrition, 52（10）: 749-753.

DE LEO V, MUSACCHIO M C, MORGANTE G, et al., 2004. Polycystic ovary syndrome and type 2 diabetes mellitus[J]. Minerva Ginecologica, 56（1）: 53-62.

DE LORGERIL M, RENAUD S, SALEN P, et al., 1994. Mediterranean alpha-linolenic acid-rich diet in secondary prevention of coronary heart disease[J]. The Lancet, 343: 1454-1459.

DE LORGERIL M, SALEN P, MARTIN J L, et al., 1999. Mediterranean diet, traditional risk factor, and the rate of cardiovascular complications after myocardial infarction: final report of the Lyon Diet Heart Study[J]. Circulation, 99: 779-785.

DEMARK-WAHNEFRIED W, PRICE D T, POLASCIK T J, et al., 2001. Pilot study of dietary fat restriction and flaxseed supplementation in men with prostate cancer before surgery: exploring the effects on hormonal levels, prostate-specific antigen, and histopathologic features[J]. Urology, 58 (1): 47-52.

DEMISSEW S, YOU F M, RAVICHANDRAN S, et al., 2021. Loci harboring genes with important role in drought and related abiotic stress responses in flax revealed by multiple GWAS models[J]. Theoretical and Applied Genetics, 134 (1): 191-212.

DENIS L, MORTON M S, GRIFFITHS K, 1999. Diet and its preventive role in prostatic disease[J]. European Urology, 35 (5-6): 377-387.

DMITRIEVA A, KEZIMANA P, ROZHMINA T A, et al., 2020. Genetic diversity of SAD and FAD genes responsible for the fatty acid composition in flax cultivars and lines[J]. BMC Plant Biology, 20 (1): 1-12.

EDWARDS R, PEET M, SHAY J, et al., 1998. Omega-3 polyunsaturated fatty acids in the diet and in the red blood cell membranes of depressed patients[J]. Journal of Affective Disorders, 48: 149-155.

ENSLEN M, MILON H, MALNOË A, 1991. Effect of low intake of n-3 fatty acids during the development of brain phospholipid fatty acids composition and exploratory behavior in rats[J]. Lipids, 26: 203-208.

FALCONER J S, ROSS J A, FEARON K C, et al., 1994. Effect of eicosapentaenoic acid and other fatty acids on the growth in vitro of human pancreatic cancer cell lines[J]. British Journal of Cancer, 69: 826-832.

FERRETTI A, FLANAGAN V P, 1996. Antithromboxane activity of dietary alpha-linolenic acid a pilot study[J]. Prostaglandins Leukot Essent Fatty Acids, 54: 451-455.

FU Y B, PETERSON G, DIEDERICHSEN A, et al., 2002. RAPD analysis of genetic relationships of seven flax species in the genus *Linum* L. [J]. Genetic Resources and Crop Evolution, 49: 253-259.

GANN P, HENNEKENS C, SACKS F, et al., 1994. Prospective study of plasma fatty acid and risk of prostate cancer[J]. Journal of the National Cancer Institute, 86 (4): 281-286.

GIOVANNUCCI E, RIMMBE B, COLDITZ G A, et al., 1993. A prospective study of dietary fat and risk of prostate cancer[J]. Journal of the National Cancer Institute, 85 (19): 1571-1579.

GITLIN M J, PASNAU R O, 1989. Psychiatric syndromes linked to reproductive function in women: a review of current knowledge[J]. American Journal of Psychiatry, 146 (11): 1413-1422.

GODLEY P A, CAMPBELL M K, GALLAGHER P, et al., 1996. Biomarkers of essential fatty acid consumption and risk of prostatic carcinoma[J]. Cancer Epidemiology Biomarkers & Prevention, 5 (11): 889-895.

GROSSNIKLAUS U, NOGLER G A, VANDIJK P J, 2001. How to avoid sex the genetic control of gametophytic apomixis[J]. The Plant Cell Online, 13 (7): 1491-1498.

HALL A V, PARBTANI A, CLARK W F, et al., 1993. Abrogation of MRL/1pr lupus nephritis by dietary flaxseed[J]. American Journal of Kidney Diseases, 22 (2): 326-332.

HAMAZAKI T, SAWAZAKI S, ITOMURA M, et al., 1996. The effect of docosahexaenoic acid on aggression in young adults[J]. Journal of Clinical Investigation, 97 (4): 1129-1133.

HAND M L, VIT P, KRAHULCOVÁ A, et al., 2015. Evolution of apomixis loci in *Pilosella* and *Hieracium* (*Asteraceae*) inferred from the conservation of apomixis-linked markers in natural and experimental populations[J]. Heredity, 114: 17-26.

HARPER C R, JACOBSON T A, 2001. The fats of life: the role of omega-3 fatty acids in the prevention of coronary heart disease[J]. Archives of Internal Medicine, 161 (18): 2185-2192.

HARVEI S, BJERVE K S, TRETLI S, et al., 1997. Prediagnostic level of fatty acids in serum phospholipids: omega-3 and omega-6 fatty acids and the risk of prostate cancer[J]. International Journal of Cancer, 71 (4): 545-551.

HIBBELN J R, SALEM N, 1995. Dietary polyunsaturated fatty acids and depression: when cholesterol does not satisfy[J]. American Journal of Clinical Nutrition, 62 (1): 1-9.

HIBBELN J R, UMHAU J C, LINNOILA M, et al., 1998. A replication study of violent and non-violent subjects: CSF metabolites of serotonin and dopamine are predicted by plasma essential fatty acids[J]. Biological Psychiatry, 44: 243-249.

HIBBLN J R, LINNOILA M, UMHAU J C, et al., 1998. Essential fatty acids predict metabolites of serotonin and dopamine in CSF among healthy controls, early and late onset alcoholics[J]. Biological Psychiatry, 44 (4): 235-242.

HOLMAN R T, JOHNSON S B, OGBURN P L, et al., 1991. Deficiency of essential fatty acids and membrane fluidity during pregnancy and lactation[J]. Proceedings of the National Academy of Sciences, 88 (11): 4835-4839.

HORN-ROSS P L, JOHN E M, CANCHOLA A J, et al., 2003. Phytoestrogen intake and endometrial cancer risk[J]. Journal of the National Cancer Institute, 95 (15): 1158–1164.

HU F B, STAMPFER M J, MANSON J E, et al., 1999. Dietary intake of alpha-linolenic acid and risk of fatal ischemic heart disease among women[J]. American Journal of Clinical Nutrition, 69 (5): 890–897.

HUCHINS A M, MARTINI M C, AMY OLSON B, et al., 2001. Flaxseed consumption influences endogenous hormone concentrations in postmenopausal women[J]. Nutrition and Cancer, 39 (1): 58–65.

IKEMOTO S, TAKAHASHI M, TSUNODA N, et al., 1996. High-fat diet-induced hyperglycemia and obesity in mice: differential effects of dietary oils[J]. Metabolism, 45 (12): 1539–1546.

JENAB M, THOMPSON L U, 1996. The influence of flaxseed and lignans on colon carcinogenesis and beta-glucuronidase activity[J]. Carcinogenesis, 17 (6): 1343–1348.

JEPPESEN J, HEIN H O, SUADICANI P, et al., 1998. Triglyceride concentration and ischemic heart disease: an eight-year follow up in the Copenhagen Male Study[J]. Circulation, 97 (11): 1029–1036.

KAGAWA Y, NISHIZAWA M, SUZUKI M, et al., 1982. Eicosapolyenlic acids of serum lipids of Japanese Islands with low incidence of cardiovascular diseases[J]. Journal of Nutritional Science and Vitaminology, 28 (4): 441–453.

KANG J X, LEAF A, 1996. Antiarrhythmic effects of polyunsaturated fatty acids: recent studies[J]. Circulation, 94: 1774–1780.

KANG J X, LEAF A, 1996. Protective effects of free polyunsaturated fatty acids on arrhythmias induced by lysophosphatidylcholine or palmitoylcarnitine in neonatal rat cardiac myocytes[J]. European Journal Pharmacology, 297 (1-2): 97–106.

KARJCOVICOVA-KUDLACKOVA M, SIMONCIC R, BÉDEROVÁ A, et al., 1997. Plasma fatty acid profile and alternative nutrition[J]. Annals of Nutrition Metabolism, 41 (6): 365–370.

KELSO K A, CEROLINI S, SPEAKE B K, et al., 1997. Effects of dietary supplementation with alpha-linolenic acid on the phospholipid fatty acid composition and quality of apermatozoa in cockerel from 24 to 72 weeks of age[J]. Journal of Reproduction and Fertility, 110 (1): 53–59.

KLEIN V, CHAJÈS V, GERMAIN E, et al., 2000. Low alpha-linolenic acid content of adipose breast tissue is associated with an increased risk of breast cancer[J]. European Journal of Cancer, 36（3）: 335-340.

KOLONEL L N, NOMURA A M Y, COONEY R V, 1999. Dietary fat and prostate cancer: current status[J]. Journal of the National Cancer Institute, 91（5）: 414-428.

KOLTUNOW A M G, JOHNSON S D, OKADA T, 2011. Apomixis in hawkweed: Mendel's experimental nemesis[J]. Journal of Experimental Botany, 62（5）: 1699-1707.

KOLTUNOW A M G, JOHNSON S D, RODRIGUES J C M, et al., 2011. Sexual reproduction is the default mode in apomictic *Hieracium* subgenus *Pilosella*, in which two dominant loci function to enable apomixes[J]. The Plant Journal, 66（5）: 890-902.

KOLTUNOW A M, GROSSNIKLAUS U, 2003. Apomixis: a developmental perspective[J]. Annual Review of Plant Biology, 54（1）: 547-574.

KOSHCHEEVAA N S, BATALOVAB G A, LYSKOVAA I V, et al., 2020. Evaluation of the modern gene pool of long-fiber flax on the faineconomies and valuable characteristics in the conditions of Kirov Oblast[J]. Russian Agricultural Sciences, 46（5）: 437-441.

KRUGER M C, COETZER H, DE WINTER R, et al., 1998. Calcium, gamma-linolenic acid and eicosapentaenoic acid supplementation in senile osteoporosis[J]. Aging（Milano）, 10（5）: 385-394.

KRUGER M C, HORROBIN D F, 1997. Calcium metabolism, osteoporosis and essential fatty acids: a review[J]. Progress in Lipid Research, 36（2-3）: 131-151.

LEMAY A, DODIN S, KADRI N, et al., 2002. Flaxseed dietary supplement versus hormone replacement therapy in hypercholesterolemic menopausal women[J]. Obstetrics and Gynecology, 100（3）: 495-504.

LI D, SINCLAIR A, WILSON A, et al., 1999. Effect of dietary alpha-linolenic acid on thrombotic risk factors in vegetarian men[J]. American Journal of Clinical Nutrition, 69（5）: 872-882.

MAES M, SMITH R, CHRISTOPHE A, et al., 1996. Fatty acid composition in major depression: Decreased omega-3 fractions in cholesteryl esters and increased C20:4 omega 6/C20:5 omega 3 ratio in cholesteryl esters and phospholipids[J]. Journal of Affective Disorders, 38（1）: 35-46.

MATZK F, PRODANOVIC S, BÄUMLEIN H, et al., 2005. The inheritance of apomixis in *Poa pratensis* confirms a five locus model with differences in gene expressivity and penetrance[J]. The Plant Cell, 17（1）: 13-24.

MITCHELL E A, AMAN M G, TURBOTT S H, et al., 1987. Clinical characteristics and serum essential fatty acid levels in hyperactive children[J]. Clinical Pediatrics, 26（8）:

406-411.

MITCHELL E A, LEWIS S, CUTLER D R, et al., 1983. Essential fatty acids and maladjusted behavior in children[J]. Prostaglandins Leukotrienes & Medicine, 12 (3): 281-287.

MORELLO L, PYDIURA N, GALINOUSKY D, et al., 2020. Flax tubulin and *CesA* superfamilies represent attractive and challenging targets for a variety of genome-and base-editing applications[J]. Functional & Integrative Genomics, 20 (1): 163-176.

MULDOON M F, MANUCK S B, MATTHEWS K A, et al., 1990. Lowering cholesterol concentrations and mortality: a quantitative review of primary prention trials[J]. British Medical Journal, 301: 309-314.

NEURINGER M, CONNER W E, 1986. n-3 fatty acids in the brain and retina: evidence for their essentiality[J]. Nutrition Reviews, 44 (9): 285-294.

NOGLER G A, 1984. Genetics of apospory in apomictic *Ranunculus auricomus* V. conclusion[J]. Botanica Helvetica, 94 (2): 411-422.

OGBORN M R, NITSCHMANN E, WEILER H, et al., 1999. Flaxseed ameliorates interstitial nephritis in rat polycystic kidney disease[J]. Kidney International, 55 (2): 417-423.

OKADA T, ITO K, JOHNSON S D, 2011. Chromosomes carrying meiotic avoidance loci in three apomictic eudicot *Hieracium* subgenus *Pilosella* species share structural features with two monocot apomicts[J]. Plant Physiology, 157 (3): 1327-1341.

OKAMOTO M, MITSUNOBU F, ASHIDA K, et al., 2000. Effects of perilla seed oil supplementation on leukotriene generation by leucocytes in patients with asthma associated with lipometabolism[J]. International Archives of Allergy and Immunology, 122 (2): 137-142.

OKAMOTO M, MITSUNOBU F, ASHIDA K, et al., 2000. Effects of dietary supplementation with n-3 fatty acids compared with n-6 fatty acids on bronchial asthma[J]. Internal Medicine, 39 (2): 107-111.

OKUYAMA H, KOBAYASHI T, WATANABE S, et al., 1996. Dietary fatty acids-the N-6/N-3 balance and chronic elderly diseases. Excess linoleic acid and relative N-3 deficiency syndrome seen in Japan[J]. Progress in Lipid Research, 35 (4): 409-457.

ORCHESON L J, RICKARD S E, MSEIDL M, et al., 1998. Flaxseed and its mammalian lignin precursor cause a lengthening or cessation of estrous cycling in rats[J]. Cancer Letters, 125 (1-2): 69-76.

OZIAS-AKINS P, ROCHE D, HANNA W W, 1998. Tight clustering and hemizygosity of apomixis-linked molecular markers in *Pennisetum squamulatum* implies genetic control of apospory by a divergent locus that may have no allelic form in sexual genotyp[J]. Proceedings of the National Academy of Sciences, 95（9）: 5127-5132.

PHIPPS W R, MARTINI M C, LAMPE J W, et al., 1993. Effect of flax seed ingestion on the cycle[J]. The Journal of Clinical Endorcrinology & Metabolism, 77（5）: 1215-1219.

PRASAD K, 1997. Dietary flaxseed in prevention of hypercholesterolemic atherosclerosis[J]. Atherosclerosis, 132（1）: 69-76.

PRASAD K, MANTHA S V, MUIR A D, et al., 1998. Redution of hypercholesterolemic atherosclerosis by CDC-flaxseed with very low alpha-linolenic acid[J]. Atherosclerosis, 136（2）: 367-375.

RALLIDIS L S, PASCHOS G, LIAKOS G K, et al., 2003. Dietary alpha-linolenic acid decreases C-reactive protein, serum amyloid A and interleukin-6 in dyslipidaemic patients[J]. Atherosclerosis, 167（2）: 237-242.

REISBICK S, NEURINGER M, HASNAIN R, et al., 1994. Home cage behavior of rhesus monkeys with long-term deficiency of omega-3 fatty acids[J]. Physiology & Behavior, 55（2）: 231-239.

RENAUD S, NORDY A, 1983. "Small is beautiful": α-linolenic acid and eicosapentaenoic acid in man[J]. The Lancet, 321: 1169.

RICKARD S E, YUAN Y V, THOMPSON L U, et al., 2000. Plasma insulin-like growth factor I levels in rats are reduced by dietary supplementation of flaxseed or its lignan secoisolariciresinol diglycoside[J]. Cancer Letters, 161（1）: 47-55.

RICKARD S E, YUAN Y V, CHEN J, et al., 1999. Dose effects of flaxseed and its lignan on N-methyl-N-nitrosourea-induced mammary tumorigenesis in rats[J]. Nutrition and Cancer, 35（1）: 50-57.

ROCHE D, CHEN Z, HANNA W W, et al., 2001. Non-Mendelian transmission of an apospory-specific genomic region in a reciprocal cross between sexual pearl millet（*Pennisetum glaucum*）and an apomictic F_1（*P. glaucum* × *P. Squamulatum*）[J]. Sexual Plant Reproduction, 13（4）: 217-223.

SANDERS T A, 1999. Essential fatty acid requirements of vegetarians in pregnancy lactation, and infancy[J]. American Journal of Clinical Nutrition, 70（Suppl 3）: 555-559.

SCHLEMMER C K, COETZER H, et al., 1998. Ectopic calcification of rat aortas and

kidneys is reduced with n-3 fatty acid supplementation[J]. Prostaglandins Leukot Essent Fatty
  Acids, 59（3）: 221-227.

SCHMIDT E B, DYERBERG J, 1994. Omega-3 fatty acids: current status in cardiovascular
  medicine[J]. Drugs, 47（3）: 405-424.

SECTOR D, RUSSELL S, 1988. Megagametophyte organization on polyembryonic line of
  Linum usitatissimum[J]. American Journal of Botany, 75（1）: 114-122.

SHIMOKAWA T, MORIUCHI A, HORI T, et al., 1988. Effect of dietary alpha-linolenate/
  linoleate balance on mean survival time, incidence of stroke and blood pressure of
  spontaneously hypertensive rats[J]. Life Sciences, 43（25）: 2067-2075.

SINCLAIR A J, ATTAR-BASHI N M, LI D, et al., 2002. What is the role of alpha-linolenic
  acid for mammals?[J] Lipids, 37（12）: 1113-1123.

SINGER P, 1992. Alpha-linolenic acid vs long-chain fatty acids in hypertension and
  hyperlipidemia[J]. Nutrition, 8（2）: 133-135.

STEVENS L J, ZENTALL S S, ABATE M L, et al., 1996. Omega-3 fatty acids in boys
  with behavior, learning, and health problems[J]. Physiology and Behavior, 59（4-5）:
  915-920.

STEVENS L J, ZENTALL S S, DECK J L, et al., 1995. Essential fatty acid metabolism in
  boys with attention-deficit hyperactivity disorder[J]. American Journal of Clinical Nutrition,
  62（4）: 761-768.

STOLL A L, SEVERUS W E, FREEMAN M P, et al., 1999. Omega 3 fatty acids in bipolar
  disorder: a preliminary double-blind, placebo-con-trolled trial[J]. Archives of General
  Psychiatry, 56（5）: 407-412.

SUNG M K, LAUTENS M, THOMPSON L U, et al., 1998. Mammalian lignans inhibit
  the growth of estrogen-independent human colon tumor cells[J]. Anticancer Research, 18
  （3A）: 1405-1408.

TAIOLI E, NICOLOSI A, WYNDER E L, et al., 1991. Dietary habits and breast cancer:
  a comparative study of the United States and Italian data[J]. Nutrition and Cancer, 16（3-
  4）: 259-265.

THAM D M, GARDNER C D, HASKELL W L, et al., 1998. Clinical review 97: potential
  health benefits of dietary phytoestrogens: a review of the clinical, epidemiological, and
  mechanistic evidence[J]. The Journal of Clinical Endocrinology and Metabolism, 83（7）:
  2223-2235.

THOMPSON L U, RICKARD S E, ORCHESON L J, et al., 1996. Flaxseed and its lignin and oil components reduce mammary tumor growth at a late stage of carcinogenesis[J]. Carcinogenesis, 17（6）: 1373-1376.

TINOCO J, 1982. Dietary requirement and function of alpha-linolenic acid in animals[J]. Progress in Lipid Research, 21（1）: 1-45.

TOU J C, THOMPSON L U, 1999. Exposure to flaxseed or its lignin component during different developmental stages influences rat mammary gland structures[J]. Carcinogenesis, 20（9）: 1831-1835.

TRICHOPOULOU A, KATSOUYANNI K, STUVER S, et al., 1995. Consumption of olive oil and specific food groups in relation to breast cancer risk in Greece[J]. Journal of the National Cancer Institute, 87（2）: 110-116.

TROWELL H C, BURKITT D P, 1981. Western disease: their emergence and prevention[M]. Cambridge: Harvard University Press.

TUCKER M R, OKADA T, JOHNSON S D, et al., 2012. Sporophytic ovule tissues modulate the initiation and progression of apomixes in Hieracium[J]. Journal of Experimental Botany, 63（8）: 3229-3241.

VELASQUEZ M T, BHATHENA S J, 2001. Dietary phytoestrogens: a possible role in renal disease protection[J]. American Journal of Kidney Diseases, 37（5）: 1056-1068.

VIELLE-CALZADA J P, NUCCIO M L, BUDIMAN M A, et al., 1996. Comparative gene expression in sexual and apomictic ovaries of *Pennisetum ciliare*（L.）Link[J]. Plant Molecular Biology, 32: 1085-1092.

WALKOWIAK M, SPASIBIONEK S, KROTKA K, 2022. Variation and genetic analysis of fatty acid composition in flax（*Linum usitatissimum* L.）[J]. Euphytica（1）: 218.

YAM D, ELIRAZ A, BERRY E M, et al., 1996. Diet and disease-the Israeli paradox: possible dangers of a high omega-6 polyunsaturated fatty acid diet[J]. Israel Journal of Medical Sciences, 32（11）: 1134-1143.

YAN L, YEE J A, LI D H, et al., 1998. Dietary flaxseed supplementation and experimental metastasis of melanoma cells in mice[J]. Cancer Letters, 124（2）: 181-186.

YUAN H M, GUO W D, ZHAO L J, et al., 2021. Genome-wide identification and expression analysis of the WRKY transcription factor family in flax（*Linum usitatissimum* L.）[J]. BMC genomics, 22（1）: 375.

ZIBOH V A, 1989. Implications of dietary oils and polyunsaturated fatty acids in the managemental cutaneous disorders[J]. Archives of Dermatology, 125（2）: 241-245.